电工电子国家级实验教学示范中心系列教材

单片机综合实训教程

——IAP15W4K58S4

崔承毅　高庆华　主　编

王开宇　王　洁　副主编

赵冠男　姜艳红　程春雨
　　　　　　　　　　参　编
周晓丹　商云晶

電子工業出版社

Publishing House of Electronics Industry

北京·BEIJING

内 容 简 介

本书以宏晶科技公司的 IAP15W4K58S4 单片机为基础，介绍 STC15 系列单片机的设计使用方法。结合单片机综合实训的特点，详细介绍了 Keil 与 STC-ISP 软件的设计使用方法，对 IAP15W4K58S4 单片机的相关资源进行了重点介绍，给出了电子系统设计中可能涉及的电机控制、显示、传感器和无线通信等功能的具体设计方法和相关程序。

本书力求简单实用，对各个知识点进行了模块化编写，各模块都给出了具体的设计方法和相关程序，读者可以将各功能模块进行自由组合，任意发挥，设计出功能丰富、完善的作品。

本书注重单片机理论与实践的结合，具有较好的操作性与实训性，可以作为高校自动化、计算机、电子、电气、控制及相关专业的教材，也可作为单片机开发人员和单片机系统设计人员的参考用书。

图书在版编目（CIP）数据

单片机综合实训教程：IAP15W4K58S4 / 崔承毅，高庆华主编. —北京：电子工业出版社，2018.1
ISBN 978-7-121-33151-0

Ⅰ. ①单… Ⅱ. ①崔… ②高… Ⅲ. ①单片微型计算机－高等学校－教材 Ⅳ. ①TP368.

中国版本图书馆 CIP 数据核字（2017）第 297200 号

策划编辑：竺南直
责任编辑：张　京
印　　刷：北京京师印务有限公司
装　　订：北京京师印务有限公司
出版发行：电子工业出版社
　　　　　北京市海淀区万寿路 173 信箱　邮编 100036
开　　本：787×1 092　1/16　印张：14.25　字数：364.8 千字
版　　次：2018 年 1 月第 1 版
印　　次：2020 年 7 月第 3 次印刷
定　　价：35.00 元

凡所购买电子工业出版社图书有缺损问题，请向购买书店调换。若书店售缺，请与本社发行部联系，联系及邮购电话：（010）88254888，88258888。

质量投诉请发邮件至 zlts@phei.com.cn，盗版侵权举报请发邮件至 dbqq@phei.com.cn。

本书咨询联系方式：davidzhu@phei.com.cn。

前　言

单片机发展到今天，已经与我们的生活密不可分，生活中的手机、家用电器、医疗器械、机器人、汽车等都离不开单片机这个“大脑”。对于那些对电子技术感兴趣，并且想从事电子设计工作的学生来说，单片机技术更是一项不可或缺的技能。

51 单片机是初学者比较好的入门选择，因为多年来 51 单片机在教育领域中被广泛采用，所以学习 51 单片机的资源也非常丰富，许多知识点和内容，学生可以“拿来即用”，很容易上手掌握。但是，51 单片机的缺点也很明显，运行速度不高、性能稍差。针对这一问题，我国宏晶科技公司对传统的 8051 单片机进行了全面的升级与创新，推出了多款 STC 高性能单片机，目前已经发展到了 STC15 系列。STC15 系列单片机具有高速、高可靠、低功耗、超强抗干扰等特点，其指令代码完全兼容传统的 8051 单片机，但是速度比其快 8～12 倍；内部集成高精度 R/C 时钟和复位电路，可省掉晶振和外部复位电路，上电即可工作。IAP15W4K58S4 单片机还具有在线仿真下载程序的功能，将仿真器和编程器等功能集成于一片芯片之中，具有很大的创新性。STC15W4K32S4 系列单片机还集成了 6 路 PWM、8 路高速 10 位 ADC（30 万次/秒），内置 4KB 大容量 SRAM、4 组独立的高速异步串行通信端口、1 组高速同步串口通信端口 SPI，内置比较器，功能强大。

IAP15W4K58S4 单片机可以在线仿真调试，并且集成了丰富的功能，仅通过一个芯片就可以实现单片机的设计、仿真调试、程序下载等功能，因此本书以 IAP15W4K58S4 单片机为基础，介绍单片机设计的相关知识。除了重点介绍单片机的相关知识点外，本书还结合电子系统设计涉及的知识点，介绍了显示、传感器、电机驱动、无线通信等知识，并给出了相关的设计程序。本书力求简单、实用，略去了繁杂的叙述性语言，对知识点进行了相应的归纳总结，内容简洁明了，学生参考本书就可以动手完成实训。

本书共分为 14 章：第 1 章介绍单片机的开发环境，即怎样利用 Keil 和 STC-ISP 软件进行单片机的设计开发；第 2 章着重介绍 IAP15W4K58S4 单片机的相关资源，对单片机的引脚进行了归纳，介绍了单片机的时钟、复位及存储器等资源；第 3～9 章分别介绍了单片机的中断、定时器/计数器、串口通信、模数转换器、PCA、PWM、比较器；第 10 章介绍了与显示相关的数码管、点阵、LCD1602、LCD12864 等的设计使用方法；第 11 章给出了温度传感器 DS18B20、DHT11 湿度传感器、超声波传感器设计的相关知识；第 12 章给出了红外无线通信和蓝牙无线通信的设计方法；第 13 章介绍了电机驱动的相关电路及驱动芯片；第 14 章给出了单片机综合实训的设计题目及部分设计内容。

本书由多位老师协力完成，其中，崔承毅编写第 2、7、8、12 章，高庆华编写第 4、5、14 章，王开宇编写第 11 章，王洁编写第 6 章，姜艳红编写第 1 章，赵冠男编写第 3 章，程春雨编写第 9 章，周晓丹编写第 10 章，商云晶编写第 13 章。在此，向为此书辛勤付出的各位老师表示感谢。同时，在本书编写过程中，金明录老师和王开宇老师都给予了很大的帮助，在此致以深深的谢意！

本书涉及的知识点较多，在编写过程中，难免有纰漏和不足之处，请广大读者批评指正，提出宝贵意见，以便帮助我们改进和提高，更好地满足读者的需要。

编　者

目　　录

第 1 章　STC15 单片机及开发环境介绍

STC15W4K32S4 系列单片机是 STC 公司生产的单时钟/机器周期（1T）的单片机，是宽电压、高速、高可靠、低功耗、超强抗干扰的新一代 8051 单片机。指令代码完全兼容传统 8051 单片机，但是速度比其快 8～12 倍；内部集成高精度 R/C 时钟和复位电路，可省掉晶振和外部复位电路，上电即可工作；有 8 路 10 位 PWM，8 路高速 10 位 ADC（30 万次/秒），内置 4KB 大容量 SRAM、4 组独立的高速异步串行通信端口、1 组高速同步串口通信端口 SPI，内置比较器，功能强大。

1.1　IAP15W4K58S4 单片机

1.1.1　IAP15W4K58S4 单片机介绍

IAP15W4K58S4 是 STC15 系列单片机的一种，掌握了 IAP15W4K58S4 单片机的使用方法，STC15 系列中其他型号的单片机也就触类旁通了。IAP 版本的最大特点是可实现在线程序仿真及程序下载，调试程序无需仿真器及编程器，使用方便，因此，本书以 PDIP40 封装的 IAP15W4K58S4 单片机为主，介绍 STC15 系列单片机的设计和使用方法。PDIP40 的 IAP15W4K58S4 单片机引脚图如图 1.1.1 所示。

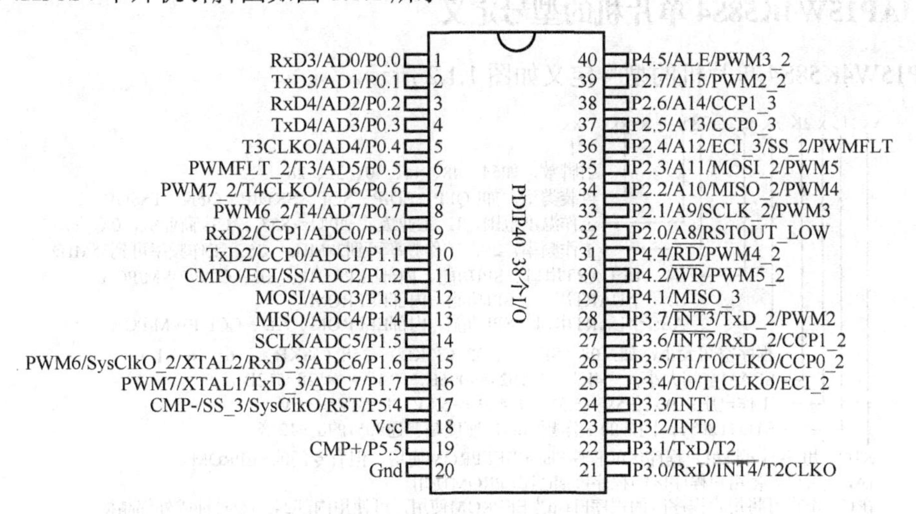

图 1.1.1　PDIP40 封装的 IAP15W4K58S4 单片机引脚图

1.1.2　STC15 单片机的主要特色

（1）单时钟/机器周期（1T）的单片机，速度比传统的 8051 单片机快 8～12 倍。

（2）工作电压为 2.5～5.5V。

（3）58KB 的内部 Flash。

（4）4096B 的 SRAM。

（5）ISP/IAP，在系统可编程/在应用可编程，无需仿真器和下载器。

（6）8 路高速 10 位 ADC（30 万次/秒）。

（7）6 通道 15 位的高精度 PWM 及 2 通道 CCP。

（8）内部高精度 R/C 时钟。

（9）内部高可靠 MAX810 专用复位电路。

（10）4 组独立的高速异步串口端口。

（11）一组高速同步通信端口 SPI。

（12）低功耗设计：

① 掉电模式：典型功耗<0.1μA；

② 空闲模式：典型功耗 2mA；

③ 正常工作模式：典型功耗 4～7mA；

④ 掉电模式可由外部中断唤醒。

（13）共 7 个定时器，5 个 16 位可重装载定时/计数器（T0/T1/T2/T3/T4，其中 T0/T1 兼容普通的 8051 单片机），2 路 CCP 可再实现两路定时器。另外，SysClkO 可将系统时钟进行分频输出（SysClkO，SysClkO/2，SysClkO/4，SysClkO/16）。

（14）比较器，可当作一路 ADC 使用。

（15）通用 I/O，38 个，四种工作模式（标准模式、强推挽模式、高阻输入模式、开漏模式）。

1.1.3 IAP15W4K58S4 单片机的型号定义

IAP15W4K58S4 单片机的型号定义如图 1.1.2 所示。

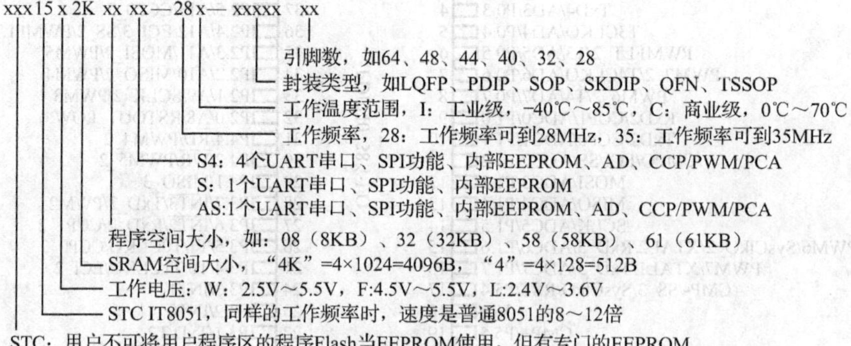

图 1.1.2 IAP15W4K58S4 单片机的型号定义

1.1.4 IAP15W4K58S4 单片机的内部结构

IAP15W4K58S4 单片机的内部结构如图 1.1.3 所示。

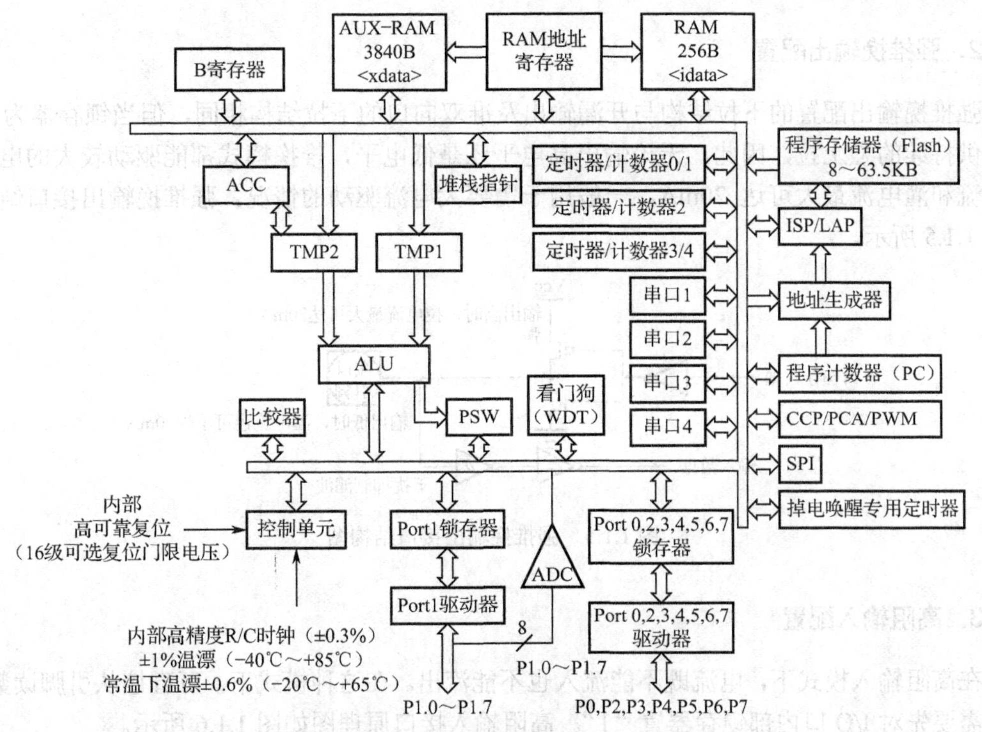

图 1.1.3　IAP15W4K58S4 单片机的内部结构

IAP15W4K58S4 单片机包括：单片机 CPU、程序存储器（程序 Flash，EEPROM）、数据存储器（基本 RAM、扩展 RAM、特殊功能寄存器）、EEPROM（数据 Flash，与程序 Flash 共用一个地址空间）、定时器/计数器、串行口、中断系统、比较器、ADC 模块、CCP 模块（可选作 DAC 使用）、SPI 接口、专用高精度 PWM 模块以及硬件“看门狗”、电源监控、专用复位电路、内部高精度 R/C 时钟模块。

1.1.5　IAP15W4K58S4 单片机的通用 I/O 结构

PDIP40 封装的 IAP15W4K58S4 单片机，除了 18 引脚 Vcc 和 20 引脚 Gnd，共有 38 个 I/O 口，每个 I/O 口都可以设置成四种工作模式：准双向口（弱上拉）模式；强推挽输出模式；仅为输入（高阻）模式及开漏输出模式。

1. 准双向口（弱上拉）输出配置

准双向口（弱上拉）模式与标准 8051 单片机输出模式类似，灌电流可达 20mA，拉电流典型值为 200μA。准双向口的接口结构如图 1.1.4 所示。

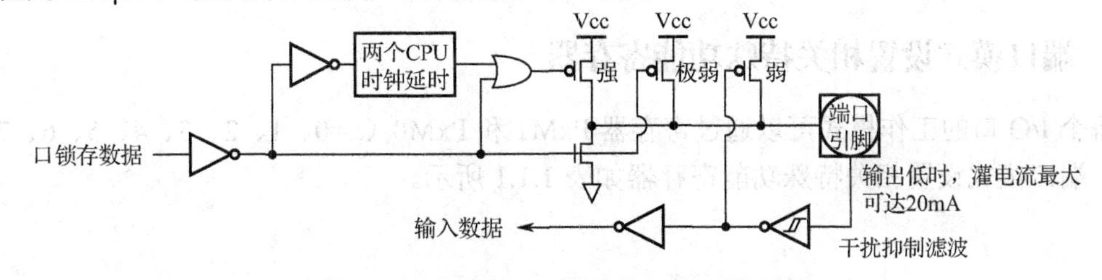

图 1.1.4　准双向口（弱上拉）接口原理图

2．强推挽输出配置

强推挽输出配置的下拉结构与开漏输出及准双向口的下拉结构相同，但当锁存器为“1”时提供持续的强上拉，因此，无论输出高电平还是低电平，推挽模式都能驱动较大的电流，拉电流和灌电流最大可达 20mA，一般用于需要大电流驱动的情况。强推挽输出接口结构图如图 1.1.5 所示。

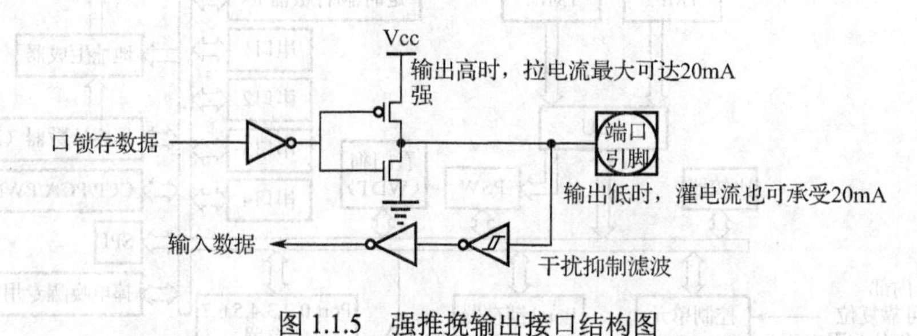

图 1.1.5　强推挽输出接口结构图

3．高阻输入配置

在高阻输入模式下，电流既不能流入也不能流出。在这种模式下，可直接从引脚读数据，而不需要先对 I/O 口内部锁存器置“1”。高阻输入接口原理图如图 1.1.6 所示。

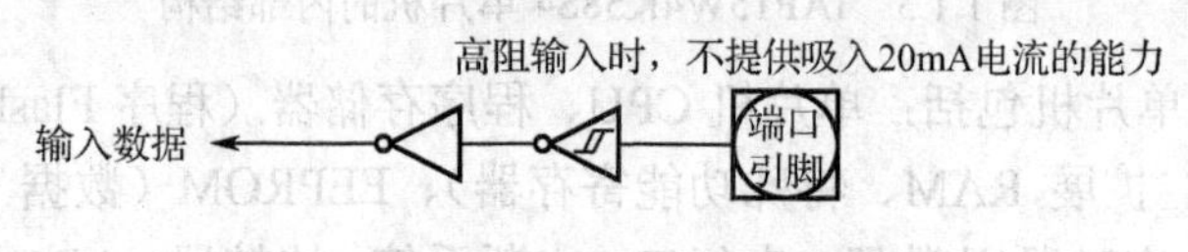

图 1.1.6　高阻输入接口原理图

4．开漏输出配置

开漏输出模式下，输出驱动没有接任何负载，因此，在此模式下，必须外接上拉电阻才可以读外部状态或对外输出。开漏输出接口原理图如图 1.1.7 所示。

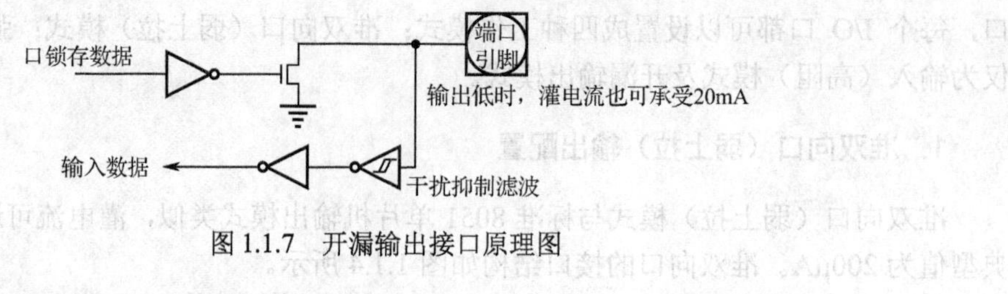

图 1.1.7　开漏输出接口原理图

1.1.6　端口模式设置相关特殊功能寄存器

每个 I/O 口的工作模式可以通过寄存器 PxM1 和 PxM0（x=0、1、2、3、4、5、6、7）来设置。端口模式设置相关特殊功能寄存器如表 1.1.1 所示。

表 1.1.1　I/O 口工作模式寄存器

符　号	描　述	地　址	位地址及符号								初 始 值
			B7	B6	B5	B4	B3	B2	B1	B0	
P1M1	P1 模式配置 1	91H									0000,0000
P1M0	P1 模式配置 0	92H									0000,0000
P0M1	P0 模式配置 1	93H									0000,0000
P0M0	P0 模式配置 0	94H									0000,0000
P2M1	P2 模式配置 1	95H									0000,0000
P2M0	P2 模式配置 0	96H									0000,0000
P3M1	P3 模式配置 1	B1H									0000,0000
P3M0	P3 模式配置 0	B2H									0000,0000
P4M1	P4 模式配置 1	B3H									0000,0000
P4M0	P4 模式配置 0	B4H									0000,0000

在设置每一个 I/O 端口的模式时都需要对这两个寄存器的 PnM1 和 PnM0 进行操作。端口的四种模式设置如表 1.1.2 所示。

表 1.1.2　I/O 口工作模式设置

PxM1	PxM0	模　式
0	0	准双向口输出
0	1	强推挽输出
1	0	高阻输入
1	1	开漏输出

将端口 P0、P1、P2 设置为准双向口，根据表 1.1.2，汇编代码如下：

```
MOV P0M0,#00H
MOV P0M1,#00H
MOV P1M0,#00H
MOV P1M1,#00H
MOV P2M0,#00H
MOV P2M1,#00H
```

将 P0.7 设为准双向口，P0.6 设为强推挽输出，P0.5 设为高阻输入；P0.4 设为开漏输出，P0.3～P0.0 都设为准双向口，C 语言代码如下：

```
IO_Init()
{
    P0M0=0x30;//0011 0000
    P0M1=0x50;//0101 0000
}
```

1.2 软件开发环境介绍

本节介绍使用 IAP15W4K58S4 型号单片机，在 Keil 软件开发环境下进行程序调试、下载的整个过程。在进行程序下载和进行相关设置时，需要使用 STC-ISP 软件，用户可以到 STC 的官网免费下载最新版本的软件。软件环境的搭建过程如下。

1.2.1 将 STC 的驱动添加到 Keil 软件中

由于 Keil 软件当前并不支持 STC 单片机，因此需要手动在 Keil 软件中安装 STC 单片机的仿真驱动，操作如下。

第 1 步，STC-ISP 软件界面如图 1.2.1 所示，打开“Keil 仿真设置”选项卡。

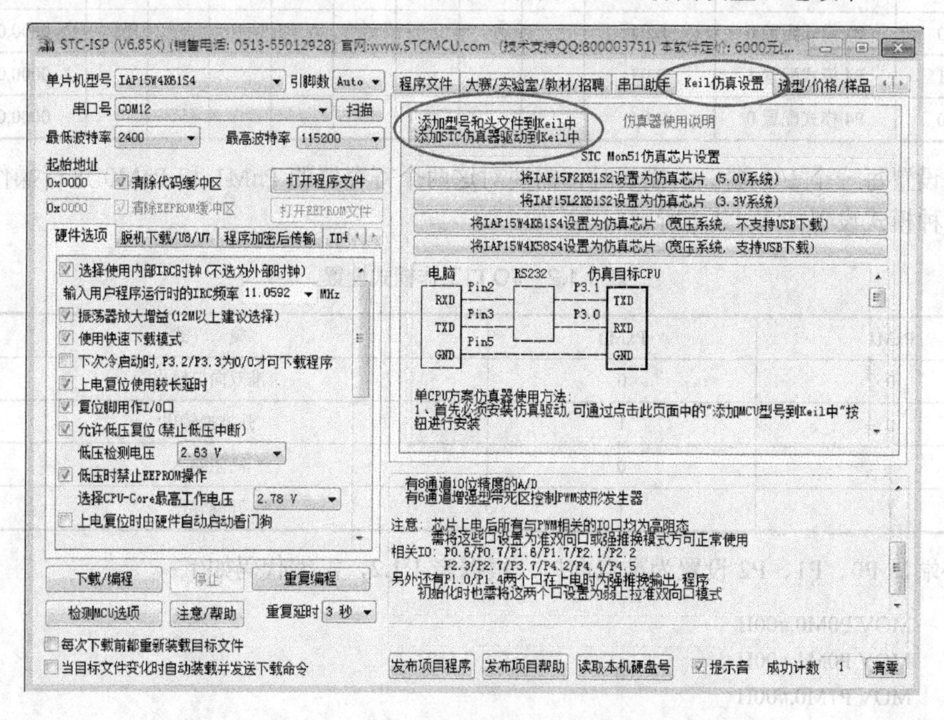

图 1.2.1 仿真驱动的添加过程

第 2 步，单击“添加型号和头文件到 Keil 中，添加 STC 仿真器驱动到 Keil 中”按钮，打开目录选择窗口，选择 Keil 所在的目录，如 C:\Keil，而且目录下必须有 C51 目录和 UVx 目录存在，如图 1.2.2 所示。

第 3 步，在目录选择窗口中，指定 Keil 的安装目录（如 Keil 软件安装在 C:盘，其目录为 C:\Keil\），选择好目录后，单击“确定”按钮，如果安装成功，则弹出如图 1.2.3 所示的提示对话框。

第 4 步，在 C:\Keil\C51\INC\的目录中可以看到 STC 文件夹，说明安装成功，如图 1.2.4 所示。

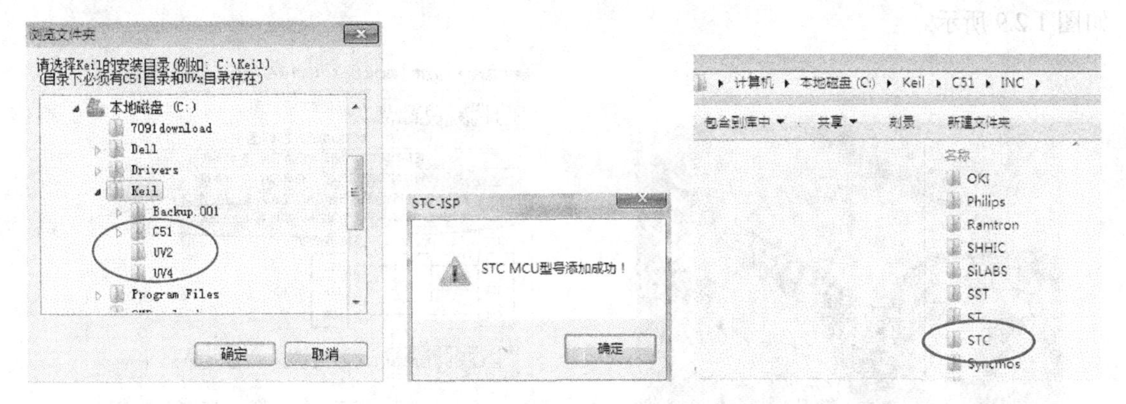

图 1.2.2　安装目录的选择　　图 1.2.3　型号添加成功的界面　　图 1.2.4　STC 文件夹添加成功

1.2.2　将 IAP15W4K58S4 芯片设置成仿真芯片

第 1 步，在计算机上安装 USB 转串口的驱动程序。因为，将程序下载到单片需要用到 USB 转串口下载线，常用的驱动芯片有 PL2303 和 CH340（厂家会提供驱动程序）。安装好驱动程序后，在计算机上插上 USB 转串口下载线，在“计算机管理”目录下的“设备管理器”中，可以看到 USB 转串口分配的端口号 COM11（随机分配），如图 1.2.5 所示。在 STC-ISP 软件中，也可以选择到此端口，如图 1.2.6 所示。

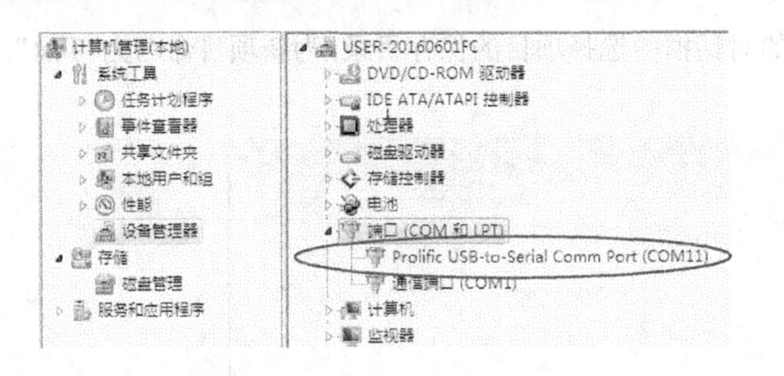

图 1.2.5　USB 转串口分配端口号　　　　　　　　图 1.2.6　STC-ISP 中选择 USB 转串口 COM11

第 2 步，将下载线的 VCC 和 GND 接到单片机的 VCC、GND；单片机的 P3.0（RXD）接到下载线的 TXD，单片机的 P3.1（TXD）接到下载线的 RXD。连接图如图 1.2.7 所示，接好后，将 USB 接口插入计算机。

第 3 步，在 STC-ISP 软件中，打开“Keil 仿真设置”选项卡，在“STC Mon51 仿真芯片设置”下方的按钮选项中选择“将 IAP15W4K58S4 设置为仿真芯片（宽压系统，支持 USB 下载）”，开始监控程序下载（有的下载线需要重新上电，即将 VCC 脚重插一下才能下载程序），下载完监控程序后，IAP15W4K58S4 就可以当作仿真芯片使用了，无须开发系统。设置界面如图 1.2.8 所示。

1.2.3　在 Keil 中创建项目

第 1 步，在 Keil 软件中选择 Project→“New uVision Project”命令，创建工程项目，

如图 1.2.9 所示。

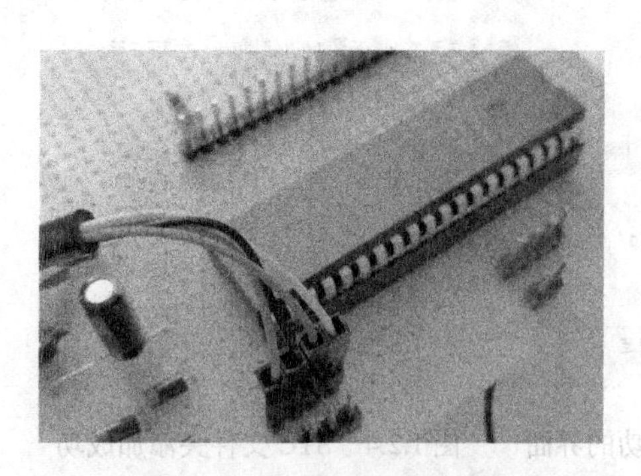

图 1.2.7　下载线连接图

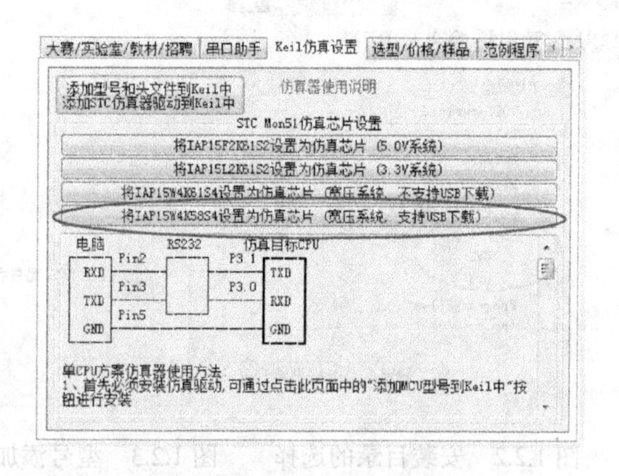

图 1.2.8　Keil 仿真设置选项卡

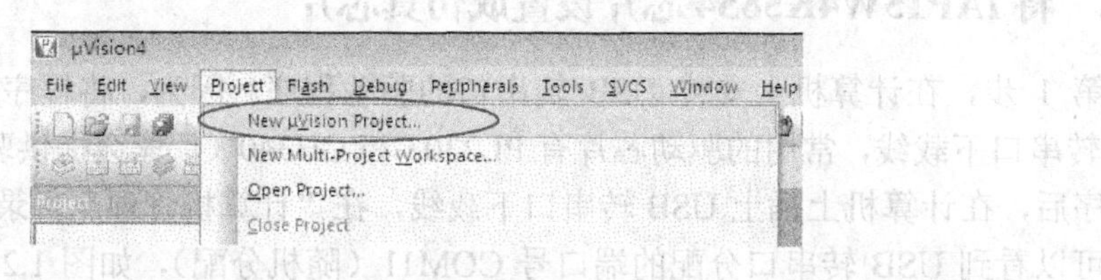

图 1.2.9　Project 选项

第 2 步，在弹出如图 1.2.10 所示的对话框中选择项目的保存目录，为新项目命名为“Test”，单击“保存”按钮。

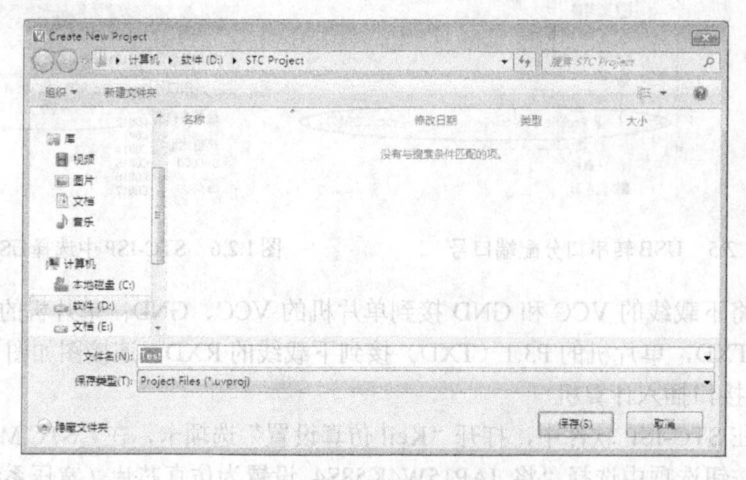

图 1.2.10　项目保存界面

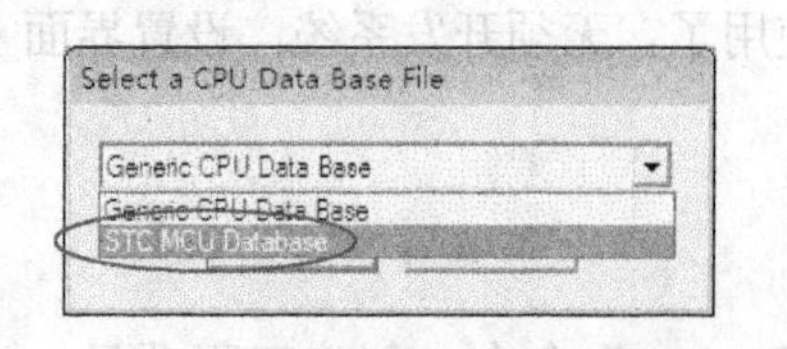

图 1.2.11　STC MCU Database 选择

第 3 步，若 STC 的驱动安装成功，则在选择芯片型号时便会有“STC MCU Database”选项，如图 1.2.11 所示，单击选取该选项，单击“OK”按钮。

第 4 步，弹出如图 1.2.12 所示的对话框，单击“+”，会列出 STC 单片机的型号。这里选择“STC15W4K32S4”，

单击“OK”按钮。

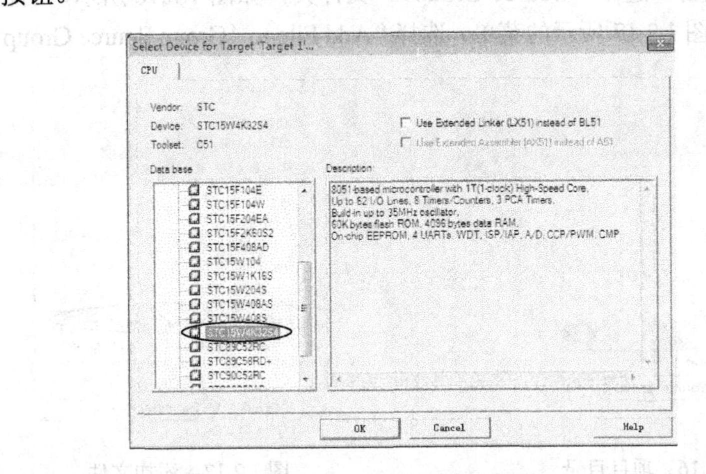

图 1.2.12　芯片型号的选择

第 5 步，弹出如图 1.2.13 所示的对话框，单击“否”按钮即可，项目创建完成。

第 6 步，项目创建完成后需要在项目中添加源文件，在软件菜单栏中单击“File”，在下拉菜单中选择“New…”命令，如图 1.2.14 所示。

图 1.2.13　复制启动代码的询问窗口

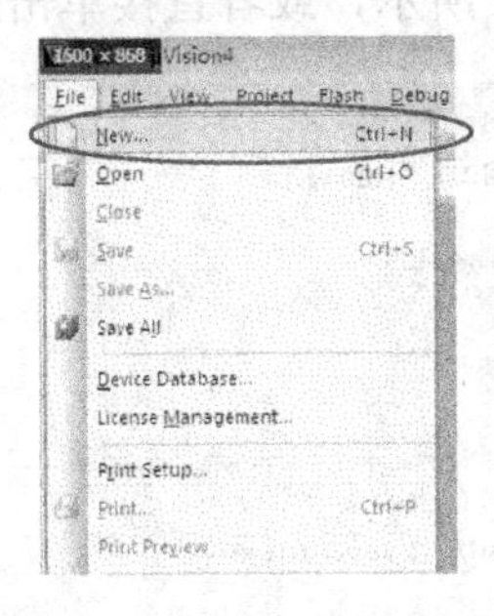

图 1.2.14　新建文件选项

第 7 步，选择“File”并在下拉列表中单击“Save”命令，弹出要保存文件的路径，在弹出的对话框中，为新建的文件命名为“Test.c”，如图 1.2.15 所示，然后单击“保存”按钮。

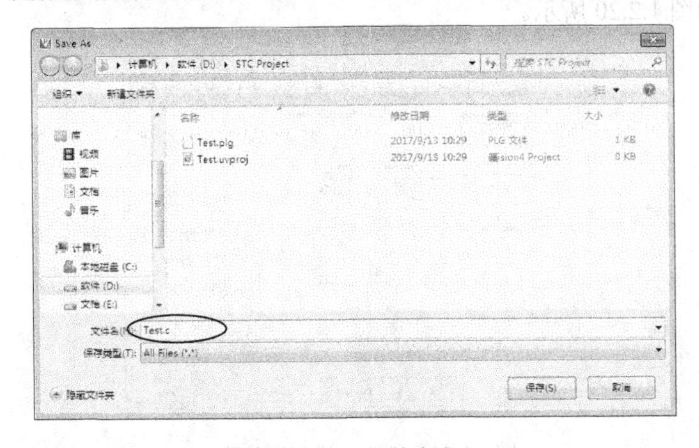

图 1.2.15　文件命名

第 8 步，展开项目，选中“Source Group1”文件夹，如图 1.2.16 所示，右击鼠标。

第 9 步，打开如图 1.2.17 所示的菜单，选择“Add File to‘Group Source Group1’…”命令。

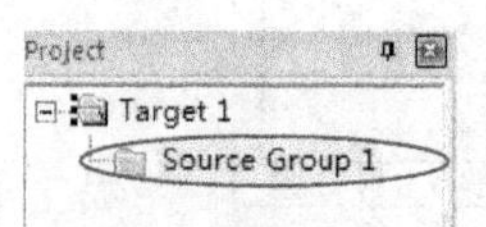

图 1.2.16　项目目录

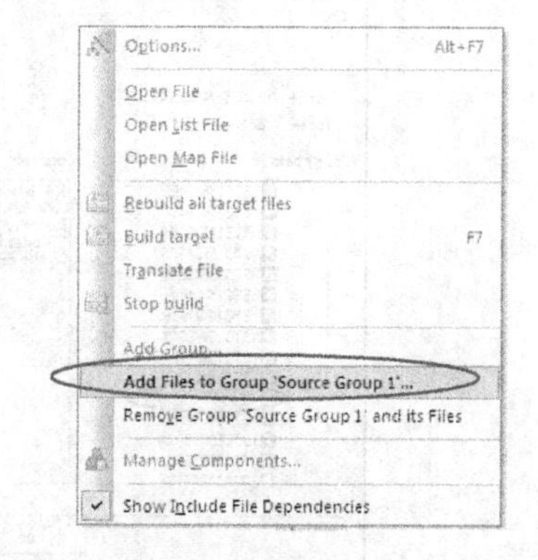

图 1.2.17　添加文件

第 10 步，在弹出的对话框中选择“Test.c”文件，单击“Add”按键，这样就把源文件添加到了项目中，如图 1.2.18 所示，然后在文件中添加代码并保存。

第 11 步，单击菜单栏中的“Project”，选择“Options for Target‘Target1’…”命令，如图 1.2.19 所示，或者直接单击工具栏上的按钮 。

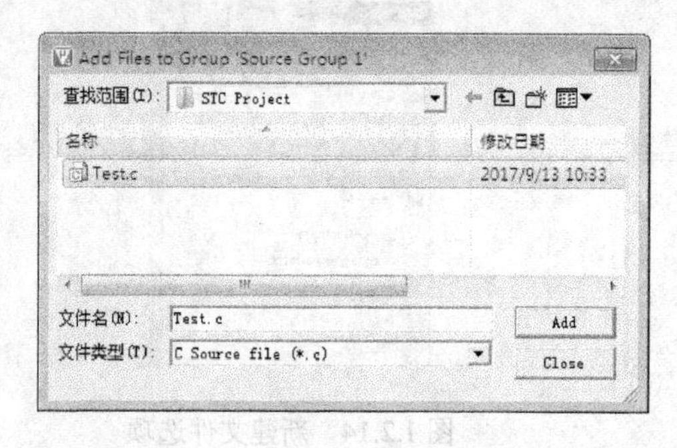

图 1.2.18　保存文件

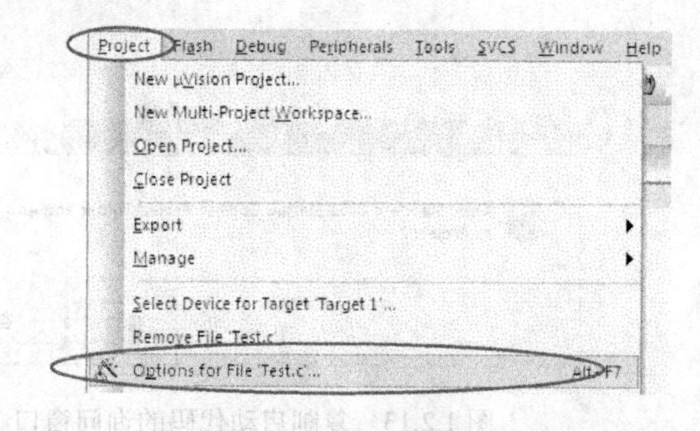

图 1.2.19　项目属性

第 12 步，在弹出对话框中选择“Output”，选择“Create HEX File”复选框，使项目生成“HEX”文件，如图 1.2.20 所示。

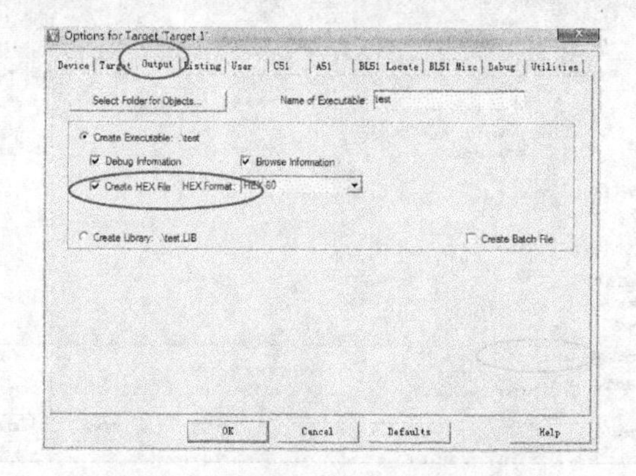

图 1.2.20　输出二进制文件选项

第 13 步，在“Target”选项卡中选择数据存储器的类型，不同的存储器访问方式不同，如图 1.2.21 所示。

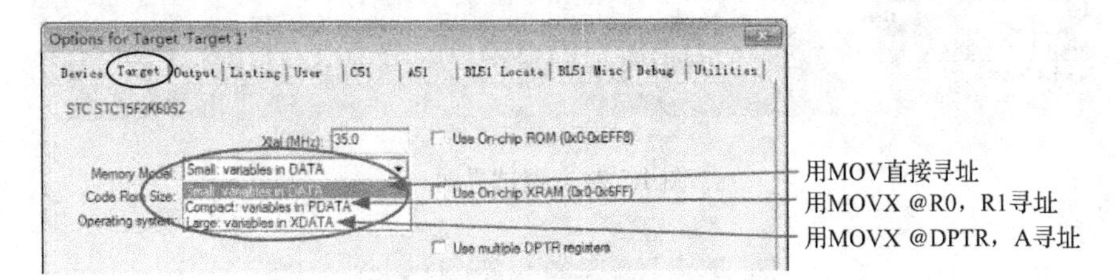

图 1.2.21　数据存储器的选择

第 14 步，在“Debug”选项卡中选中“Use”单选按钮，在仿真驱动下拉列表中选择“STC Monitor-51 Driver”项，如图 1.2.22 所示。

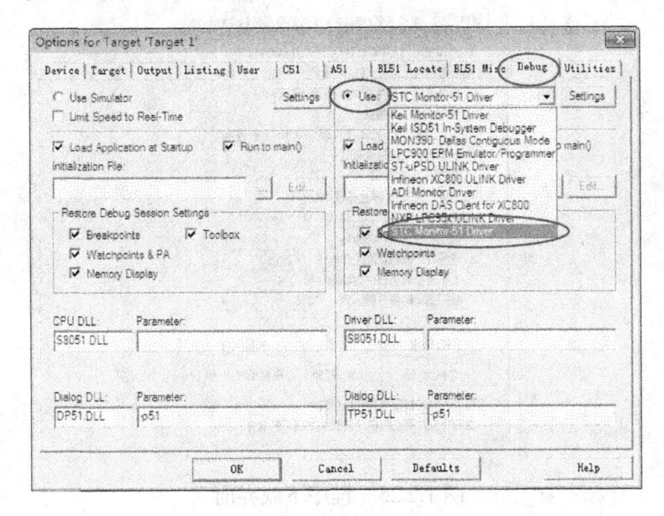

图 1.2.22　Debug 设置

单击“Settings”按钮，进入如图 1.2.23 的设置界面，对串口的端口号和波特率进行设置，串口号要与 USB 转串口下载线分配的串口一致，然后单击“OK”按钮。

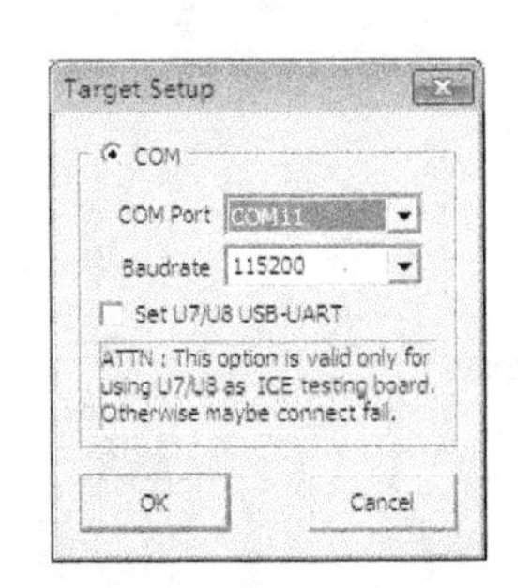

图 1.2.23　串口和波特率设置

第 15 步，项目设置完成后，通过 USB 转串口线将仿真芯片与计算机相连，对创建的项目进行编译至没有错误后，按“Ctrl+F5”组合键开始调试，如图 1.2.24 所示。

第 16 步，程序的下载使用 STC-ISP，首先选择单片机型号，在这里选择“IAP15W4K58S4”，串口选择 USB 转串口线分配的串口，单击“打开程序文件”，选择项目文件夹下生成的“.HEX”文件，单击“下载/编程”，便可以将程序下载到单片机（单片机与下载线的连接与第 2 步的连接方法相同，有的下载线需要重新上电后才能下载程序），如图 1.2.25 所示。

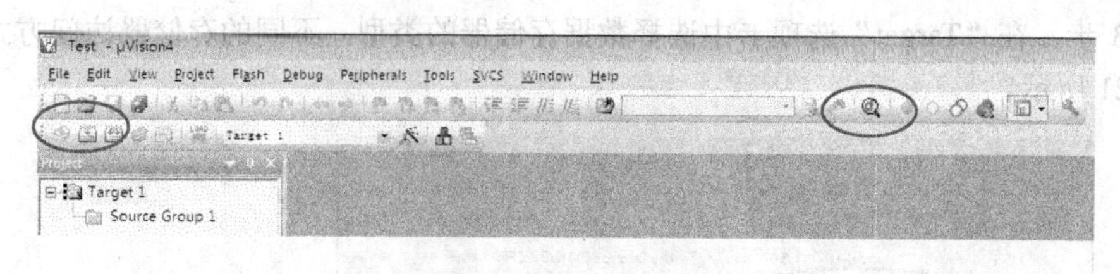

图 1.2.24　调试界面

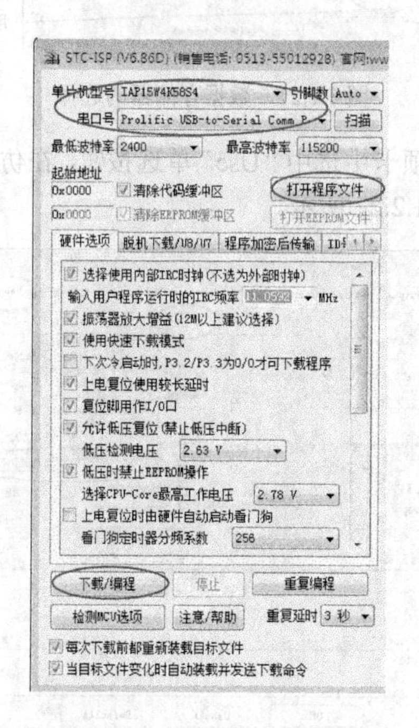

图 1.2.25　程序下载界面

第2章　IAP15W4K58S4单片机资源介绍

IAP15W4K58S4是一款高性能的单片机，资源丰富，本章将对该单片机的引脚、存储空间、时钟、复位等进行介绍。IAP15W4K58S4单片机有LQFP、PDIP、SOP等多种封装形式，对于学习该单片机的用户来说，PDIP40的封装形式较常用，因此，本章以PDIP40封装的单片机为例，介绍IAP15W4K58S4单片机的相关资源。

2.1　IAP15W4K58S4单片机引脚

2.1.1　IAP15W4K58S4单片机的I/O端口基本配置

PDIP40封装的IAP15W4K58S4单片机引脚图如图2.1.1所示，可见其引脚大多是功能复用的，不同于传统的51单片机，IAP15W4K58S4的Vcc位于第18引脚（2.5～5.5V宽电压输入），Gnd位于20引脚。其并行端口共有5个，共38个通用I/O口，可设置标准模式、强推挽模式、高阻模式、开漏模式等四种工作方式。并行端口有：

- P0.0～P0.7，第1脚至第8脚。
- P1.0～P1.7，第9脚至第16脚。
- P2.0～P2.7，第32脚至第39脚。
- P3.0～P3.7，第21脚至第28脚。
- P4.1第29脚，P4.2第30脚，P4.4第31脚，P4.5第40脚。
- P5.4第17脚，P5.5第19脚。

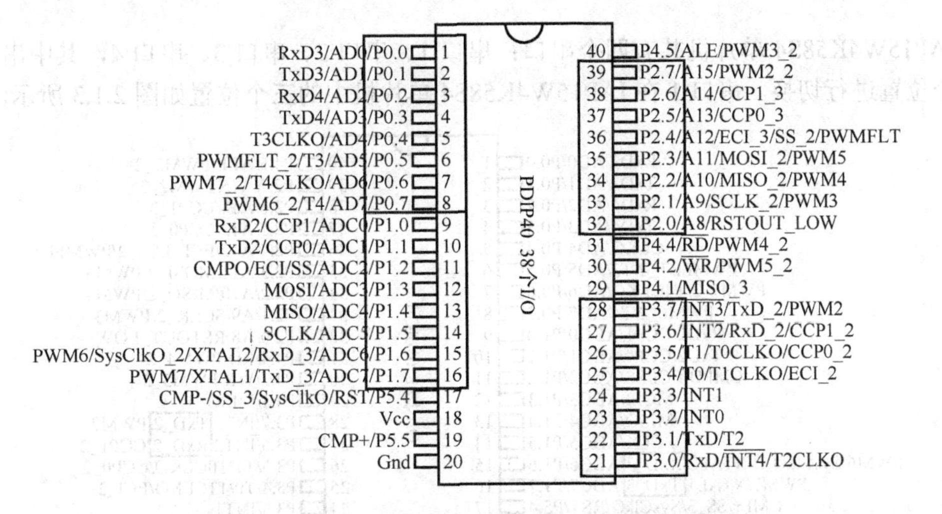

图2.1.1　PDIP40封装的IAP15W4K58S4单片机引脚图

2.1.2 外部中断引脚

IAP15W4K58S4 单片机共有五个外部中断，引脚位置如图 2.1.2 所示。

- 第 23 脚，P3.2 复用为外部中断 0 输入，INT0（既可上升沿中断又可下降沿中断）。
- 第 24 脚，P3.3 复用为外部中断 1 输入，INT1（既可上升沿中断又可下降沿中断）。
- 第 27 脚，P3.6 复用为外部中断 2 输入，INT2（只能下降沿中断）。
- 第 28 脚，P3.7 复用为外部中断 3 输入，INT3（只能下降沿中断）。
- 第 21 脚，P3.0 复用为外中断 4 输入，INT4（只能下降沿中断）。

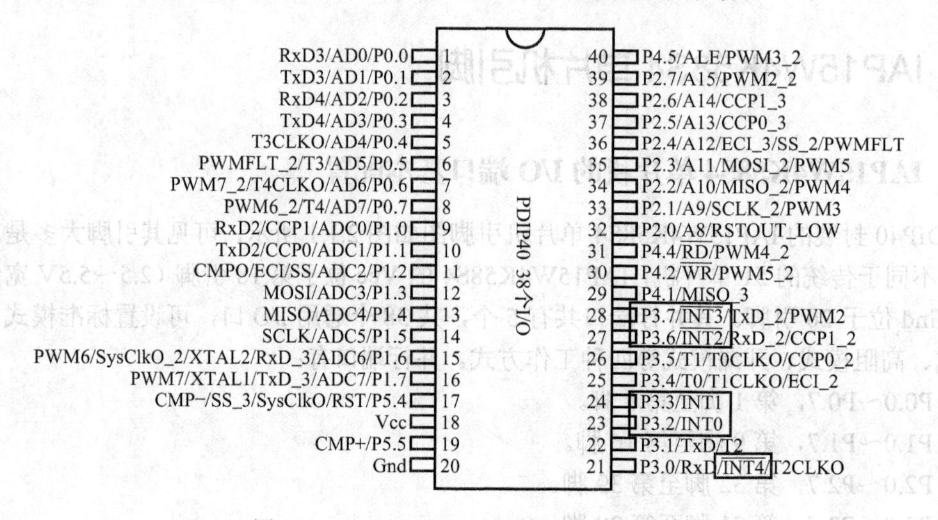

图 2.1.2 IAP15W4K58S4 的外部中断引脚

2.1.3 串口引脚

IAP15W4K58S4 单片机共有四个串口：串口 1、串口 2、串口 3、串口 4，其中串口 1 可在三个位置进行切换。串口 1 在 IAP15W4K58S4 单片机中的三个位置如图 2.1.3 所示。

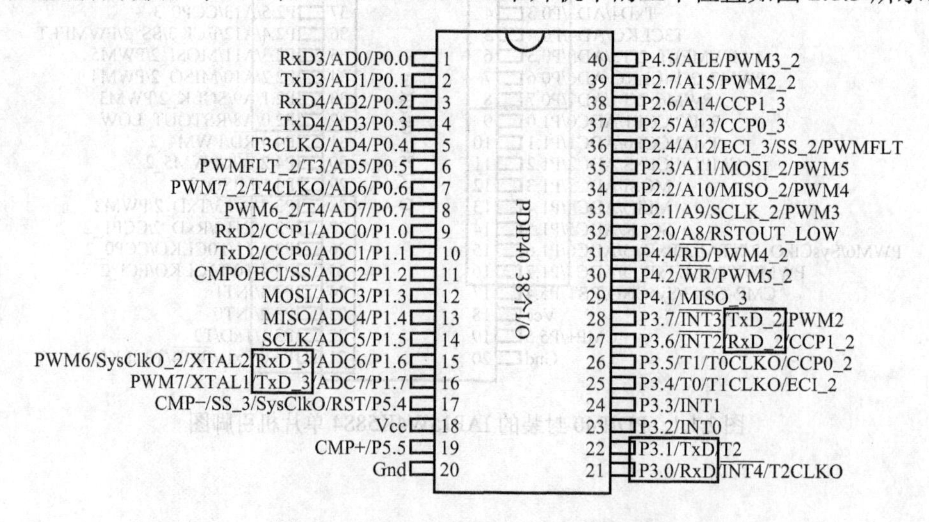

图 2.1.3 串口 1 在芯片中的 3 个位置

- 串口 1 位置 1：21 脚，P3.0 复用为 RxD（数据接收）；22 脚，P3.1 复用为 TxD（数据发送）。注意：IAP15W4K58S4 单片机可在线仿真调试，程序下载时要用到此端口。串口 1 建议放在切换位置 2 或位置 3 上。
- 串口 1 位置 2：27 脚，P3.6 复用为 RxD_2（数据接收）；28 脚，P3.7 复用为 TxD_2（数据发送）。
- 串口 1 位置 3：15 脚，P1.6 复用为 RxD_3（数据接收）；16 脚，P1.7 复用为 TxD_3（数据发送）。

通过寄存器 AUXR1/P_SW1 的第 6 位和第 7 位（S1_S1、S1_S0），可以将串口 1 切换到串口 1 的位置 2 或位置 3。寄存器 AUXR1/P_SW1 的各位功能定义如表 2.1.1 所示。

表 2.1.1 寄存器 AUXR1/P_SW1 的各位功能定义

地 址	D7	D6	D5	D4	D3	D2	D1	D0	复位值
A2H	S1_S1	S1_S0	CCP_S1	CCP_S0	SPI_S1	SPI_S0	0	DPS	0000 0000

其中，S1_S1、S1_S0 的组合定义如表 2.1.2 所示。

表 2.1.2 寄存器 AUXR1/P_SW1 的各位功能定义

S1_S1	S1_S0	串口 1/S1 可在 P1/P3 之间来回切换
0	0	串口 1/S1 在[P3.0/RxD, P3.1/TxD]
0	1	串口 1/S1 在[P3.6/RxD_2, P3.7/TxD_2]
1	0	串口 1/S1 在[P1.6/RxD_3/XTAL2, P1.7/TxD_3/XTAL1] 串口 1 在 P1 口时要使用内部时钟
1	1	无效

其他 3 个串口定义如下，在 IAP15W4K58S4 中的位置如图 2.1.4 所示。

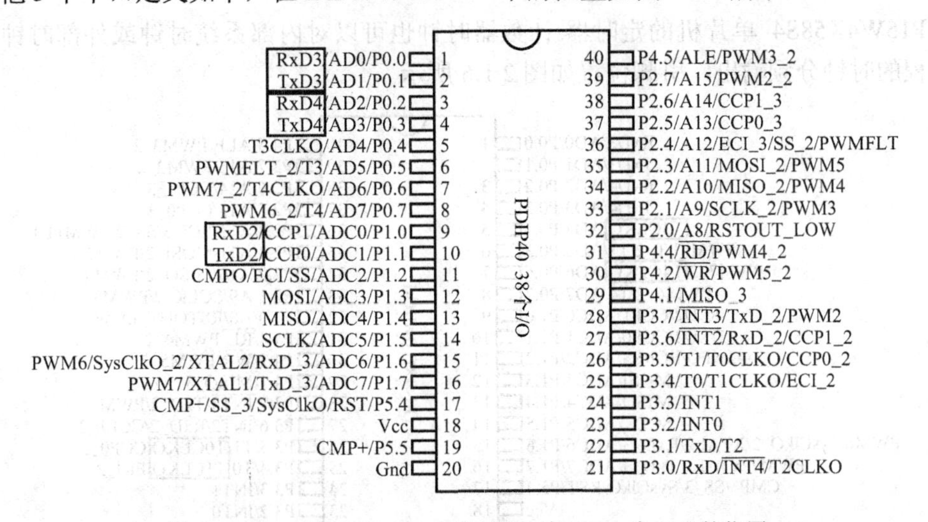

图 2.1.4 IAP15W4K58S4 中串口 2、串口 3、串口 4 的位置

- 串口 2：9 脚，P1.0 复用为 RxD2（数据接收）；10 脚，P1.1 复用为 TxD2（数据发送）。
- 串口 3：1 脚，P0.0 复用为 RxD3（数据接收）；2 脚，P0.1 还复用为 TxD3（数据发送）。

● 串口 4：3 脚，P0.2 复用为 RxD4（数据接收）；4 脚，P0.3 复用为 TxD4（数据接收）。

2.1.4 IAP15W4K58S4 单片机的定时器/计数器引脚

STC15W4K32S4 系列单片机共有 5 个 16 位的定时器/计数器，其外部计数脉冲输入引脚位置如图 2.1.5 所示。

● 25 引脚，P3.4 复用为定时器/计数器 T0，外部计数脉冲输入引脚。
● 26 引脚，P3.5 复用为定时器/计数器 T1，外部计数脉冲输入引脚。
● 22 引脚，P3.1 复用为定时器/计数器 T2，外部计数脉冲输入引脚。
● 6 引脚，P0.5 复用为定时器/计数器 T3，外部计数脉冲输入引脚。
● 8 引脚，P0.7 复用为定时器/计数器 T4，外部计数脉冲输入引脚。

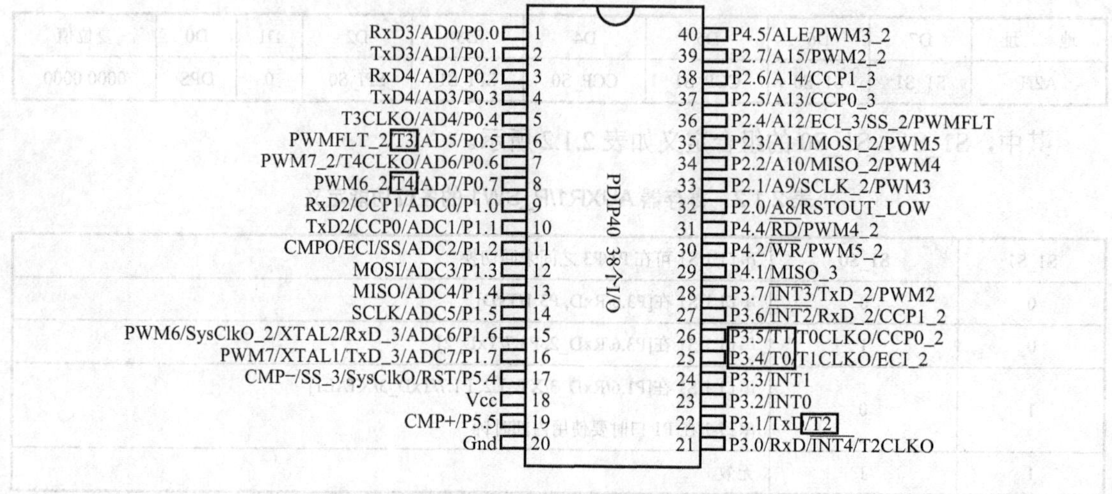

图 2.1.5 IAP15W4K58S4 外部计数脉冲输入引脚

IAP15W4K58S4 单片机的定时器/计数器时钟也可以对内部系统时钟或外部时钟输入进行可编程的时钟分频输出，引脚位置如图 2.1.6 所示。

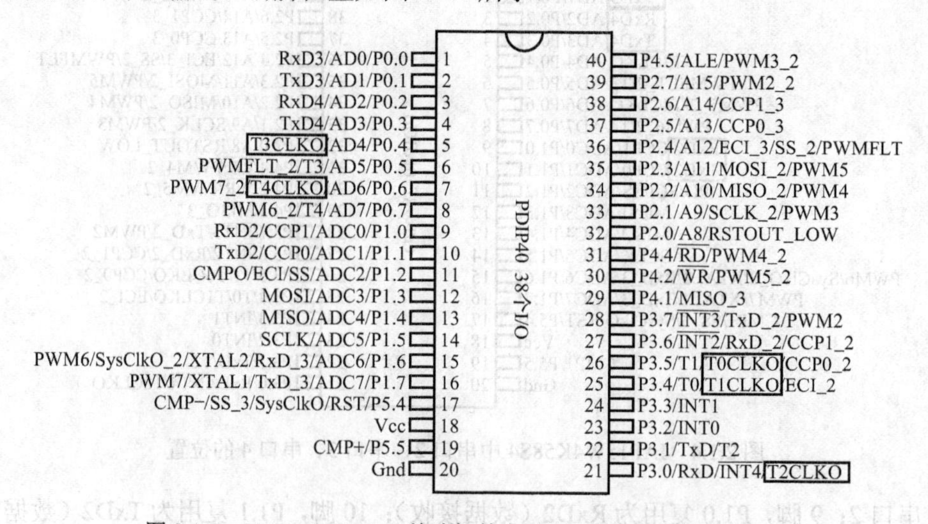

图 2.1.6 IAP15W4K58S4 单片机的定时器/计数器时钟输出引脚

- 26 脚，P3.5 复用为定时器/计数器 T0 的时钟输出 T0CLKO，对内部系统时钟或 T0/P3.4 的时钟输入进行可编程的时钟分频输出。
- 25 脚，P3.4 复用为定时器/计数器 T1 的时钟输出 T1CLKO，对内部系统时钟或 T1/P3.5 的时钟输入进行可编程的时钟分频输出。
- 21 脚，P3.0 复用为定时器/计数器 2 的时钟输出 T2CLKO，对内部系统时钟或 T2/P3.1 的时钟输入进行可编程的时钟分频输出。
- 5 脚，P0.4 复用为定时器/计数器 3 的时钟输出 T3CLKO，对内部系统时钟或 T3/P0.5 的时钟输入进行可编程的时钟分频输出。
- 7 脚，P0.6 复用为定时器/计数器 4 的时钟输出 T4CLKO，对内部系统时钟或 T4/P0.7 的时钟输入进行可编程的时钟分频输出。

通过将寄存器 INT_CLKO/AUXR2 的 T0CLKO、T1CLKO、T2CLKO 位来进行时钟 T0、T1、T2 输出控制。INT_CLKO/AUXR2 的定义如表 2.1.3 所示。

表 2.1.3 寄存器 INT_CLKO/AUXR2 的各位功能定义

地 址	D7	D6	D5	D4	D3	D2	D1	D0
8FH	—	EX4	EX3	EX2	—	T2CLKO	T1CLKO	T0CLKO

- T0CLKO=“1”，将 P3.5 引脚设置为定时器 0 的时钟输出，T0CLKO；
- T1CLKO=“1”，将 P3.4 引脚设置为定时器 1 的时钟输出，T1CLKO；
- T2CLKO=“1”，将 P3.0 引脚设置为定时器 2 的时钟输出，T2CLKO。

通过将寄存器 T4T3M 的 T3CLKO、T4CLKO 位进行时钟 T3、T4 输出控制，如表 2.1.4 所示。

表 2.1.4 寄存器 T4T3M 的各位功能定义

地 址	D7	D6	D5	D4	D3	D2	D1	D0
D1H	T4R	T4_C$\overline{\text{T}}$	T4x12	T4CLO	T3R	T3_C$\overline{\text{T}}$	T3x12	T3CLKO

- T3CLKO=“1”，将 P0.4 引脚设置为定时器 3 的时钟输出，T3CLKO；
- T4CLKO=“1”，将 P0.6 引脚设置为定时器 4 的时钟输出，T4CLKO。

2.1.5 IAP15W4K58S4 单片机的 SPI 引脚

IAP15W4K58S4 单片机提供 SPI 接口。SPI 是一种全双工、高速、同步的通信总线，有两种操作模式：主模式和从模式。在主模式下，支持高达 3Mbps 的速率。SPI 接口共有四个引脚：SCLK（SPI Clock，串行时钟信号），MISO（Master In Slave Out，主入从出），MOSI（Master Out Slave In，主出从入），和 $\overline{\text{SS}}$（Slave Select，从机选择信号）。IAP15W4K58S4 单片机的 SPI 接口的引脚及其两组切换引脚如表 2.1.5 所示。

SPI 接口的切换引脚通过寄存器 AUXR1/P_SW1 的 SPI_S1 和 SPI_S0 来设置，AUXR1/P_SW1 的各位功能定义如表 2.1.6 所示。

表 2.1.5　IAP15W4K58S4 单片机的 SPI 接口的引脚

引　脚	切 换 引 脚	SPI 定义	功 能 解 释
P1.3		MOSI	SPI 主机输出从机输入
P1.4		MISO	SPI 主机输入从机输出
P1.5		SCLK	SPI 主机时钟输出或从机时钟输入
P1.2		$\overline{SS}$	SPI 从机时的从机片选输入端
	P2.3	MOSI_2	SPI 主机输出从机输入，备用切换引脚 2
	P2.2	MISO_2	SPI 主机输入从机输出，备用切换引脚 2
	P2.1	SCLK_2	SPI 时钟备用切换引脚 2
	P2.4	$\overline{SS}$_2	SPI 从机时的从机片选输入端，备用切换引脚 2
	P4.0	MOSI_3	SPI 主机输出从机输入，备用切换引脚 3
	P4.1	MISO_3	SPI 主机输入从机输出，备用切换引脚 3
	P4.3	SCLK_3	SPI 时钟，备用切换引脚 3
	P5.4	$\overline{SS}$_3	SPI 从机时的从机片选输入端，备用切换引脚 3

表 2.1.6　寄存器 AUXR1/P_SW1 的各位功能定义

地　址	D7	D6	D5	D4	D3	D2	D1	D0	复 位 值
A2H	S1_S1	S1_S0	CCP_S1	CCP_S0	SPI_S1	SPI_S0	0	DPS	0000 0000

其中，SPI_S1、SPI_S0 的组合定义如表 2.1.7 所示。

表 2.1.7　SPI_S1、SPI_S0 的组合定义

SPI_S1	SPI_S0	SPI 可在 P1/P2/P4 之间来回切换
0	0	SPI 在[P1.2/SS, P1.3/MOSI, P1.4/MISO, P1.5/SCLK]中
0	1	SPI 在[P2.4/SS_2, P2.3/MOSI_2, P2.2/MISO_2, P2.1/SCLK_2]中
1	0	SPI 在[P5.4/SS_3, P4.0/MOSI_3, P4.1/MISO_3, P4.3/SCLK_3]中
1	1	无效

2.1.6　IAP15W4K58S4 单片机的 PWM 引脚

IAP15W4K58S4 单片机提供了 6 路各自独立的增强型 PWM 波形发生器，从 PWM2 到 PWM7，同时还提供了一组供切换的 PWM 引脚，PWM 引脚及 PWM 异常控制引脚的位置如表 2.1.8 所示。

PWM 引脚的切换通过 P_SW2 寄存器的第 4、5 位进行控制，P_SW2 寄存器的定义如表 2.1.9 所示。

表 2.1.8 6 路 PWM 引脚及其切换引脚

引 脚	切换引脚	功能解释
P3.7		脉宽调制输出通道 PWM2
	P2.7	PWM2 的替换引脚 PWM2_2
P2.1		脉宽调制输出通道 PWM3
	P4.5	PWM3 的替换引脚 PWM3_2
P2.2		脉宽调制输出通道 PWM4
	P4.4	PWM4 的替换引脚 PWM4_2
P2.3		脉宽调制输出通道 PWM5
	P4.2	PWM5 的替换引脚 PWM5_2
P1.6		脉宽调制输出通道 PWM6
	P0.7	PWM6 的替换引脚 PWM6_2
P1.7		脉宽调制输出通道 PWM7
	P0.6	PWM7 的替换引脚 PWM7_2
P2.4		PWM 异常停机控制引脚 PWMFLT
	P0.5	PWMFLT 的替换引脚 PWMFLT_2

表 2.1.9 P_SW2 寄存器的定义

地 址	D7	D6	D5	D4	D3	D2	D1	D0
BAH			PWM67_S	PWM2345_S		S4_S	S3_S	S2_S

PWM2/PWM3/PWM4/PWM5/PWMFLT 可在两个地方切换，由寄存器 P_SW2 的 PWM2345_S 位进行控制：

- 当 PWM2345_S=0 时，选择第一组（P3.7、P2.1、P2.2、P2.3、P2.4）；
- 当 PWM2345_S=1 时，选择第二组（P2.7、P4.5、P4.4、P4.2、P0.5）。

PWM6/PWM7 可在两个地方切换，由寄存器 P_SW2 的 PWM67_S 位控制：

- 当 PWM67_S=0 时，选择第一组（P1.6、P1.7）；
- 当 PWM67_S=1 时，选择第二组（P0.7、P0.6）。

2.1.7 IAP15W4K58S4 单片机的 CCP 引脚

IAP15W4K58S4 单片机有两路可编程计数器阵列（Capture Compare PWM，CCP）模块，对应的引脚有 CCP0 和 CCP1 及外部时钟输入引脚 ECI，单片机同时提供了两组切换引脚，具体的引脚位置如表 2.1.10 所示。

表 2.1.10 CCP 引脚及其切换引脚

引 脚	切换引脚	CCP 定义	功能解释
P1.2		ECI	可编程计数阵列定时器的外部时钟输入
P1.1		CCP0	捕获/脉冲输出/脉宽调制通道 0

续表

引　脚	切换引脚	CCP定义	功能解释
P1.0		CCP1	捕获/脉冲输出/脉宽调制通道1
	P3.4	ECI_2	可编程计数阵列定时器的外部时钟输入切换引脚2
	P3.5	CCP0_2	捕获/脉冲输出/脉宽调制通道0，切换引脚2
	P3.6	CCP1_2	捕获/脉冲输出/脉宽调制通道1，切换引脚2
	P2.4	ECI_3	可编程计数阵列定时器的外部时钟输入切换引脚3
	P2.5	CCP0_3	捕获/脉冲输出/脉宽调制通道0，切换引脚3
	P2.6	CCP1_3	捕获/脉冲输出/脉宽调制通道1，切换引脚3

CCP 引脚的切换通过寄存器 AUXR1/P_SW1 的 CCP_S1、CCP_S0 位来控制，寄存器 AUXR1/P_SW1 的各位功能定义如表 2.1.11 所示。

表 2.1.11　寄存器 AUXR1/P_SW1 的各位功能定义

地　址	D7	D6	D5	D4	D3	D2	D1	D0	复位值
A2H	S1_S1	S1_S0	CCP_S1	CCP_S0	SPI_S1	SPI_S0	0	DPS	0000 0000

其中，CCP_S1、CCP_S0 的组合定义如表 2.1.12 所示。

表 2.1.12　CCP_S1、CCP_S0 的组合定义

CCP_S1	CCP_S0	CCP可在P1/P2/P3之间来回切换
0	0	CCP在[P1.2/ECI, P1.1/CCP0, P1.0/CCP1]中
0	1	CCP在[P3.4/ECI_2, P3.5/CCP0_2, P3.6/CCP1_2]中
1	0	CCP在[P2.4/ECI_3, P2.5/CCP0_3, P2.6/CCP1_3]中
1	1	无效

2.1.8　IAP15W4K58S4 单片机的读/写控制

在某些情况下，单片机需要扩展外部数据存储器，读写控制引脚包括 8 位数据总线、16 位地址总线、写控制端、读控制端和数据锁存 ALE。IAP15W4K58S4 单片机的读写控制引脚位置如图 2.1.7 所示。P0 口可分时用作数据总线（D0～D7）与 16 位地址总线的低 8 位地址（AD0～AD7），16 位地址总线的高 8 位为 P2 口（AD8～AD15）。读写控制的辅助引脚还包括：

- 30 脚，P4.2，复用为扩展片外数据存储器时的写控制端/WR。
- 31 脚，P4.4，复用为扩展片外数据存储器时的读控制端/RD。
- 40 脚，P4.5，复用为 ALE，在扩展外部数据存储器时利用此引脚锁存低 8 位地址。

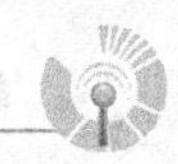

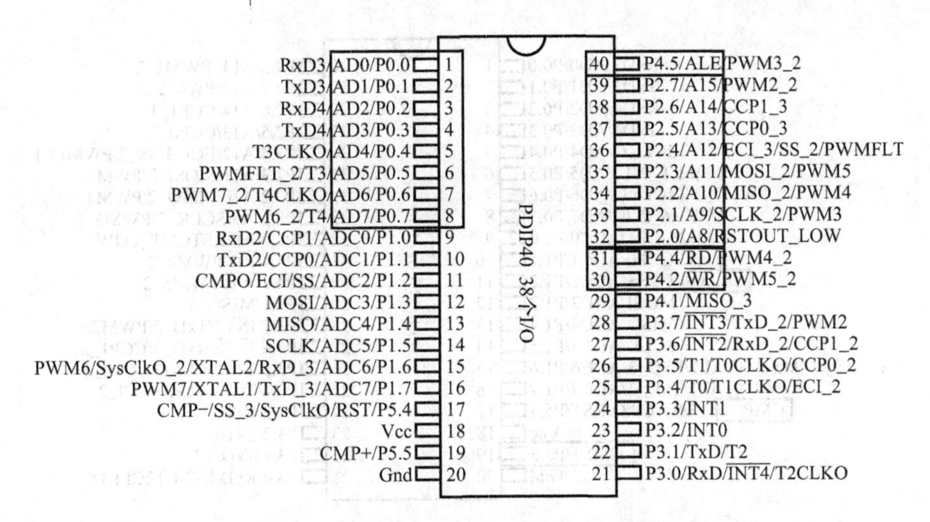

图 2.1.7　IAP15W4K58S4 单片机的读写控制引脚

2.1.9　IAP15W4K58S4 单片机的 ADC 引脚

IAP15W4K58S4 单片机的 P1 口（P1.0～P1.7，9～16 脚）同时复用为 8 通道模数转换器 ADC 输入口，STC15 系列 I/O 口用作模数转换 ADC 时不需要对 I/O 口输出状态进行额外配置。ADC 引脚位置如图 2.1.8 所示。

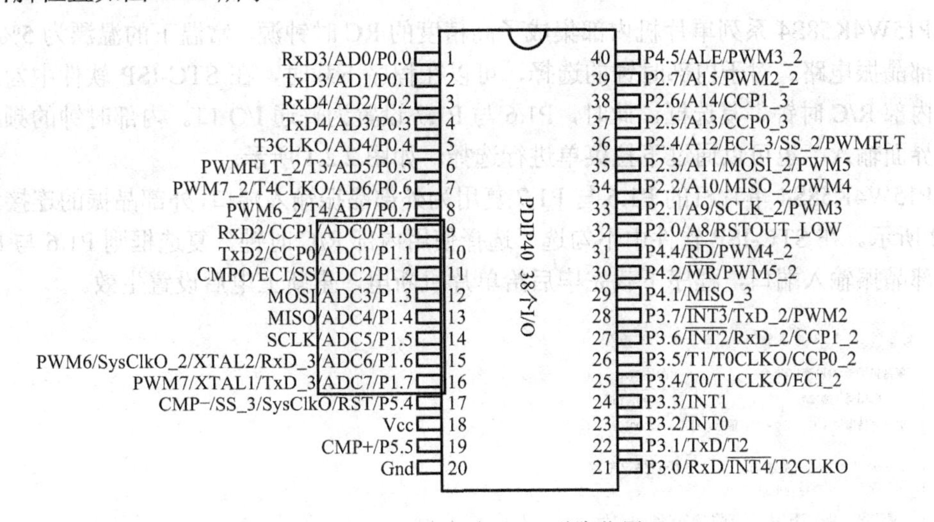

图 2.1.8　8 路高速 ADC 引脚位置

2.1.10　IAP15W4K58S4 单片机的比较器引脚

IAP15W4K58S4 单片机内置比较器功能。比较器引脚包括：比较器的比较结果输出端 CMPO（P1.2，11 引脚），比较器负极输入端 CMP-（P5.4，17 引脚），比较器正极输入端 CMP+（P5.5，19 引脚），具体位置如图 2.1.9 所示。

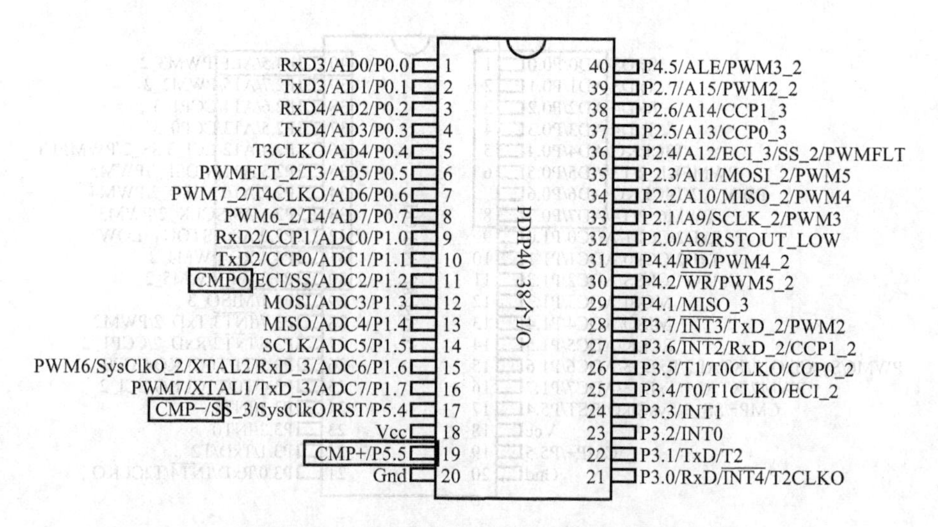

图 2.1.9 IAP15W4K58S4 单片机比较器引脚

2.2 IAP15W4K58S4 单片机的时钟

2.2.1 外部晶振引脚及内部时钟资源

IAP15W4K58S4 系列单片机内部集成了高精度的 RC 时钟源，常温下的温漂为 5%，可以不接外部晶振电路。对于内部时钟的选择，可以在程序下载时，在 STC-ISP 软件中勾选“选择使用内部 R/C 时钟”复选框，此时，P1.6 与 P1.7 设置为普通 I/O 口。内部时钟的频率可以直接在界面输入，也可以通过下拉菜单进行选择，如图 2.2.1 所示。

IAP15W4K58S4 单片机的 P1.6 与 P1.7 复用为外部晶振输入端口，外部晶振的连接电路如图 2.2.2 所示。在 STC-ISP 软件中不勾选“选择使用内部 R/C 时钟”复选框则 P1.6 与 P1.7 设置为外部晶振输入端口，程序下载完毕后给单片机断电，重新上电后设置生效。

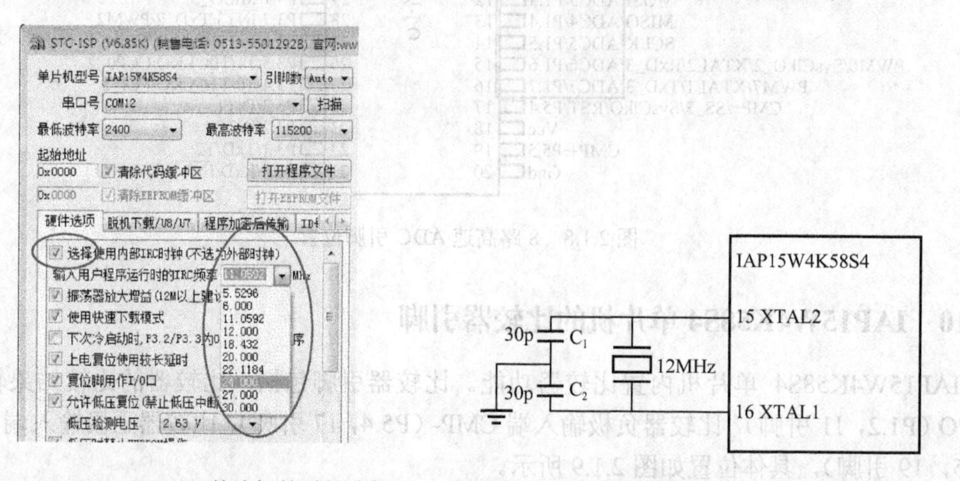

图 2.2.1 IAP15W4K58S4 单片机的时钟选择

图 2.2.2 IAP15W4K58S4 单片机的外部晶振电路

2.2.2 IAP15W4K58S4 单片机的系统时钟

系统时钟 SysCLK（System Clock，系统时钟）是指对主时钟 MCLK（Main Clock，主时钟）进行分频后提供给 CPU、定时器、串口、SPI、CCP/PWM/PCA、A/D 转换的实际工作时钟。主时钟可以是内部 R/C 时钟，也可以是外部输入的时钟或外部晶振提供的时钟。

如果希望降低系统的功耗，可以对主时钟 MCLK 进行分频，通过时钟分频寄存器 CLK_DIV 的 CLKS2、CLKS1、CLKS0 位进行设置，如表 2.2.1 所示。

表 2.2.1 寄存器 CLK_DIV 的各位功能定义

地 址	D7	D6	D5	D4	D3	D2	D1	D0
97H	MCKO_S1	MCKO_S0	ADRJ	Tx_Rx	MCLKO_S2	CLKS2	CLKS1	CLKS0

CLKS2、CLKS1、CLKS0 的组合可将主时钟进行 1、1/2、1/4、1/8、1/16、1/32、1/64、1/128 分频，如表 2.2.2 所示。

表 2.2.2 系统时钟选择控制

CLKS2	CLKS1	CLKS0	系 统 时 钟
0	0	0	主时钟频率/1，不分频
0	0	1	主时钟频率/2
0	1	0	主时钟频率/4
0	1	1	主时钟频率/8
1	0	0	主时钟频率/16
1	0	1	主时钟频率/32
1	1	0	主时钟频率/64
1	1	1	主时钟频率/128

注：系统时钟是指对主时钟进行分频后供给 CPU、串行口、SPI、定时器、CCP/PWM/PCA、A/D 转换的实际工作时钟

2.2.3 IAP15W4K58S4 单片机的系统时钟输出

IAP15W4K58S4 单片机的 17 脚（P5.4）还复用为 SysClkO，可实现编程主时钟输出。通过设置寄存器 INT_CLKO 的 SysCKO_S2 及寄存器 CLK_DIV 的 SysCKO_S1 和 SysCKO_S0 来实现系统时钟 SysClk 的可编程输出，寄存器 CLK_DIV 和 INT_CLKO 的各位功能定义如表 2.2.3 所示。可以实现：无输出、输出主时钟 SysClk、输出 1/2 主时钟 SysClk、输出 1/4 主时钟 SysClk，输出 1/16 主时钟 SysClk。对于 STC15 系列 5V 单片机，所有 I/O 口对外允许最高输出频率为 13.5MHz，所以这里最高输出也不能超过 13.5MHz。

表 2.2.3 寄存器 CLK_DIV 和 INT_CLKO 的各位功能定义

名 称	D7	D6	D5	D4	D3	D2	D1	D0
CLK_DIV	SysCKO_S1	SysCKO_S0	ADRJ	Tx_Rx	SysCLKO_2	CLKS2	CLKS1	CLKS0
INT_CLKO	—	EX4	EX3	EX2	SysCKO_S2	T2CLKO	T1CLKO	T0CLKO

SysCKO_S2、SysCKO_S1、SysCKO_S0 的组合定义如表 2.2.4 所示。

表 2.2.4　IAP15W4K58S4 单片机的对外时钟输出设置

SysCKO_S2	SysCKO_S1	SysCKO_S0	系统时钟对外分频输出
0	0	0	系统时钟不对外输出时钟
0	0	1	系统时钟对外输出时钟，输出时钟频率=SysClk/1
0	1	0	系统时钟对外输出时钟，输出时钟频率= SysClk/2
0	1	1	系统时钟对外输出时钟，输出时钟频率= SysClk/4
1	0	0	系统时钟对外输出时钟，输出时钟频率= SysClk/16

注：系统时钟是指对主时钟进行分频后供给 CPU、串行口、SPI、定时器、CCP/PMW/PCA、A/D 转换的实际工作时钟

IAP15W4K58S4 单片机通过 CLK_DIV 寄存器的第 3 位 SysClkO_2 来选择系统时钟的输出引脚：

- SysClkO_2=0 时，选择 SysClkO/P5.4 对外输出时钟；
- SysClkO_2=1 时，选择 SysClkO_2/P1.6 对外输出时钟；

2.3　IAP15W4K58S4 单片机的复位电路

IAP15W4K58S4 单片机内部集成了专用复位电路 MAX810，可以不接外部复位电路，若要使用外部复位引脚 RST，则需在程序下载软件中进行设置，外部复位与内部的 MAX810 专用复位电路是逻辑或的关系。STC15 系列单片机有 7 种复位方式。

2.3.1　外部 RST 复位

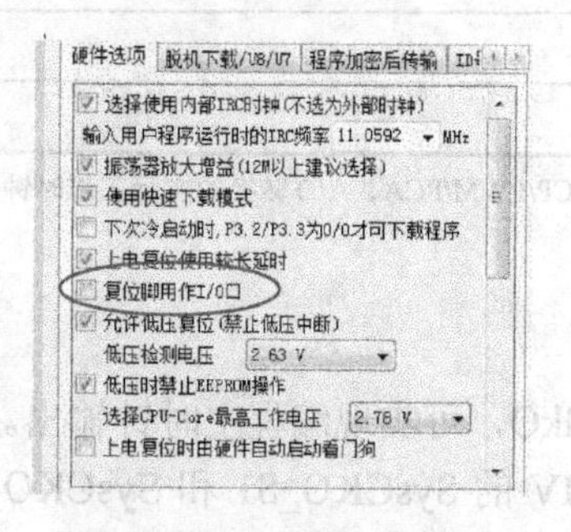

图 2.3.1　IAP15W4K58S4 单片机的复位引脚选择

IAP15W4K58S4 单片机的外部复位引脚位于 17 引脚（P5.4），出厂时该引脚被设置成 I/O 口，要将其设置为复位引脚，可在 STC-ISP 下载程序时设置。如图 2.3.1 所示，不勾选“复位脚用作 I/O 口”复选框，将其设置为 RST 引脚。

将 RST 复位引脚拉高并维持最少 24 个时钟加 20μs 后，单片机进入复位状态，RST 复位引脚拉回低电平后，单片机结束复位状态，并将寄存器 IAP_CONTR 中的第 6 位 SWBS 置“1”，同时从 ISP 监控程序区启动。外部 RST 复位是热启动复位中的硬复位。

2.3.2　软件复位

在 STC 推出的单片机中提供了软件复位的功能，即在 STC 单片机正在运行用户程序时，对单片机系统进行软件复位。该功能通过设置 IAP_CONTR 寄存器中第 6 位和第 5 位（SWBS、SWRST）实现，SWBS 要与 SWRST 配合才有效。寄存器 IAP_CONTR 的各位功能定义如表 2.3.1 所示。

表 2.3.1 寄存器 IAP_CONTR 的各位功能定义

地　址	D7	D6	D5	D4	D3	D2	D1	D0
C7H	IAPEN	SWBS	SWRST	CMD_FAIL	—	WT2	WT1	WT0

- SWBS=1 时，从系统 ISP 监控区启动；SWBS=0 时，从用户应用程序区启动。
- SWRST=1 时，软件控制产生复位，单片机自动复位；SWRST=0 时，无操作。

2.3.3 掉电复位/上电复位

当电源电压 Vcc 低于掉电复位/上电复位检测门限电压时，将单片机内的所有逻辑电路复位，属于冷启动复位的一种。当内部 Vcc 电压达到掉电复位/上电复位检测门限电压后，延迟 32768 个时钟，结束掉电/上电复位过程。该过程结束后，单片机将特殊功能寄存器 IAP_CONTR 中的第 6 位 SWBS 置“1”，同时从系统 ISP 监控区启动程序。

对于 5V 供电的单片机，其掉电复位/上电复位检测门限电压为 3.2V；对于 3.3V 供电的单片机，其掉电复位/上电复位检测门限电压为 1.8V。

2.3.4 MAX810 专用复位电路复位

STC15 系列单片机内部集成了 MAX810 专用复位电路。若在 STC-ISP 软件中允许 MAX810 专用复位电路，当选中“上电复位使用较长延时”复选框时，允许使用 STC 单片机内 MAX810 专用复位电路，否则不使用该专用复位电路，如图 2.3.2 所示。当使能使用该专用复位电路时，在掉电复位/上电复位后产生约 180ms 复位延时，然后才结束复位过程。

该过程结束后，单片机将特殊功能寄存器 IAP_CONTR 中的第 6 位 SWBS 置“1”，同时从系统 ISP 监控区启动程序。

2.3.5 内部低电压检测复位

除了前面提到的上电复位检测门限电压外，STC15 系列单片机还额外提供了一组更可靠的内部低电压检测门限电压。该复位方式属于热启动复位中的一种硬件复位方式。当电源电压 Vcc 低于内部低电压检测（LVD）门限电压时，可产生复位信号。在 STC-ISP 软件中进行设置，界面如图 2.3.3 所示。在该界面中，选中“允许低压复位（禁止低压中断）”复选框，使能低压检测；否则将使能低电压检测中断。

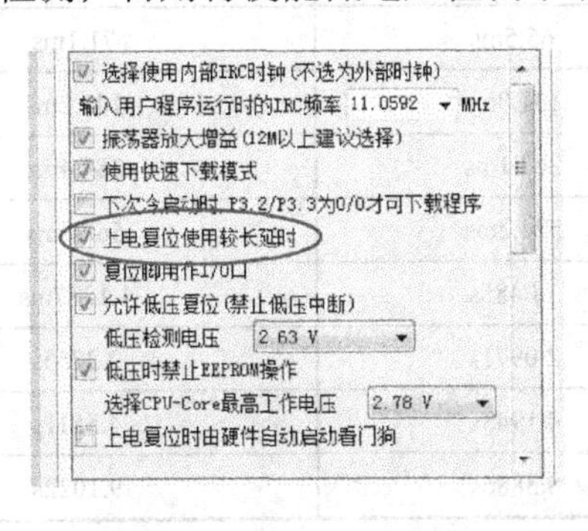

图 2.3.2 上电复位使用较长延时

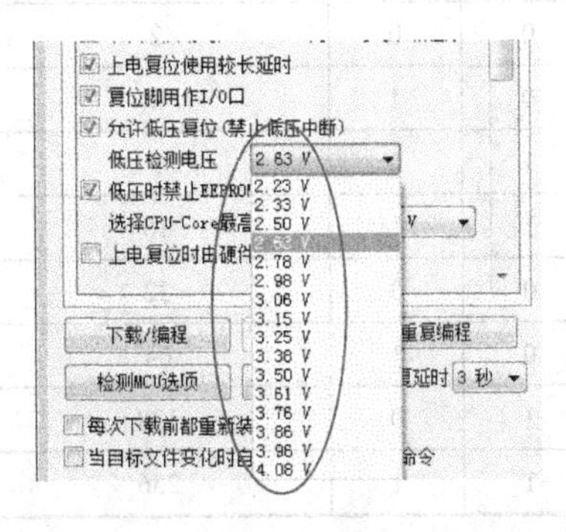

图 2.3.3 上电复位使用较长延时

2.3.6 看门狗复位

在一些对可靠性要求比较苛刻的场合，如工业控制、汽车电子、航空航天等，为了防止“系统在异常情况下受到干扰，即程序跑飞，引入了看门狗（Watchdog）机制。所谓的看门狗机制是指，如果MCU/CPU不在规定的时间内按规定访问看门狗，则认为MCU/CPU处于异常工作状态，看门狗就会强迫MCU/CPU进行复位，使系统重新从头开始执行用户程序。看门狗复位是热启动复位中的软件复位的一种方式。STC单片机内提供了看门狗控制寄存器WDT_CONTR，用于实现看门狗复位功能，各位功能定义如表2.3.2所示。

表2.3.2 寄存器WDT_CONTR的各位功能定义

地 址	D7	D6	D5	D4	D3	D2	D1	D0
0C1H	WDT_FLAG	—	EN_WDT	CLR_WDT	IDLE_WDT	PS2	PS1	PS0

- WDT_FLAG：看门狗溢出标志位。

当溢出时，该位由硬件置“1”。该位可由软件清除。

- EN_WDT：看门狗允许位。

当设置为“1”时，启动看门狗。

- CLR_WDT：看门狗清零。

当设置为“1”时，看门狗将重新计数。硬件将自动清除该位。

- IDLE_WDT：看门狗IDLE模式位。

当设置为“1”时，看门狗定时器在“空闲模式”计数。当清零该位时，看门狗定时器在“空闲模式”时不计数。

- PS2～PS0看门狗定时器预分频值。

看门狗溢出时间由下面的公式确定：

溢出时间=（12×预分频值×32768）/振荡器频率

不同振荡器频率下的看门狗溢出时间如表2.3.3所示。

表2.3.3 不同振荡器频率下的看门狗溢出时间

PS2	PS1	PS0	预 分 频 值	看门狗溢出时间（12MHz）	看门狗溢出时间（11.0592MHz）
0	0	0	2	65.5ms	71.1ms
0	0	1	4	131.0ms	142.2ms
0	1	0	8	262.1ms	284.4ms
0	1	1	16	524.2ms	568.8ms
1	0	0	32	1.0485s	1.1377ms
1	0	1	64	2.0971s	2.2755s
1	1	0	128	4.1943s	4.5511s
1	1	1	256	8.3886s	9.1022s

STC-ISP 软件也提供了开启看门狗定时器和设置分频系数的功能，如图 2.3.4 所示。在该界面中，如果选中“上电复位时由硬件自动启动看门狗”复选框，将在上电时自动打开看门狗。通过该界面，可以在“看门狗定时器分频器系数”右侧的下拉列表框中选择预分频值。

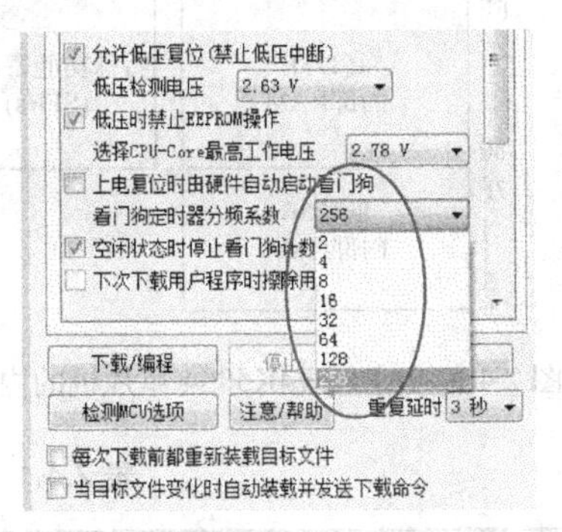

图 2.3.4 看门狗定时器分频系数选择

2.3.7 程序地址非法复位

如果程序指针指向PC的地址空间超过了有效的程序地址空间，就会引起程序地址非法复位，该复位方式是热启动复位中的软件复位的一种。当程序地址非法复位状态结束后，不影响特殊功能寄存器 IAP_CONTR 中第 6 位 SWBS 的值，单片机将根据该位值确定从用户应用程序区启动还是从系统 ISP 监控区启动。

2.4 IAP15W4K58S4 单片机的内部存储器

2.4.1 IAP15W4K58S4 单片机的程序存储器

程序存储器用于存放用户程序、数据和表格等信息。STC15 系列单片机的所有程序存储器都是片上 Flash 存储器，不能访问外部程序存储器。IAP15W4K58S4 单片机共有 58KB 的 Flash 存储空间，可反复擦写 10 万次以上。STC15 系列单片机的程序存储器和数据存储器是各自独立编址的。

2.4.2 IAP15W4K58S4 单片机的数据存储器

IAP15W4K58S4 单片机内部集成了 4096B 的内部数据存储器，其在物理和逻辑上分为 256B 的内部 RAM（idata）及 3840B 的内部扩展 RAM（xdata）。此外，STC15 系列 40 引脚以上单片机还可以访问外部扩展的 64KB 数据存储器。

1. 内部 RAM

内部 RAM 的结构如图 2.4.1 所示，地址范围为 00H～FFH，共 256B，可分为 3 部分：低 128B RAM、高 128B 及特殊功能寄存器区。低 128B 的数据存储器既可以直接寻址又可以间接寻址。高 128B 和特殊功能寄存器区的地址相同，但是在物理上是独立的，使用时通过不同的寻址方式加以区分，高 128B RAM 只能间接寻址，特殊功能寄存器只能直接寻址。

低 128B RAM 又可分为：工作寄存器组区、可位寻址区、用户 RAM 和堆栈区，如图 2.4.2 所示。

（1）工作寄存器区地址范围为 00H～1FH。共 4 个寄存器组，每组包括 8 个 8 位工作寄存器，编号为 R0～R7。程序状态字 PSW 中的 RS1 和 RS0 组合决定使用哪个寄存器组，如表 2.4.1 所示。

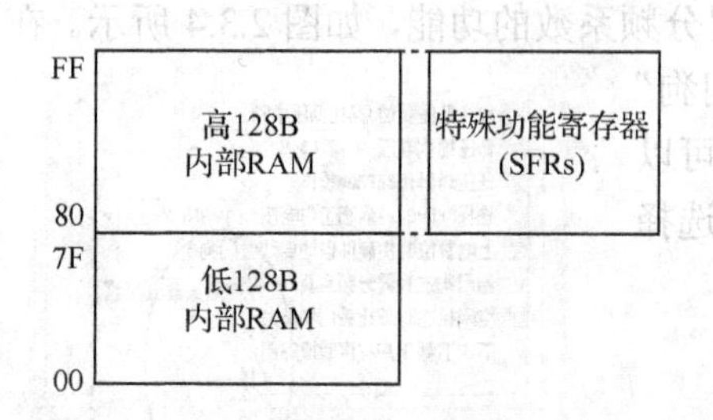

图 2.4.1　IAP15W4K58S4 单片机的内部 RAM

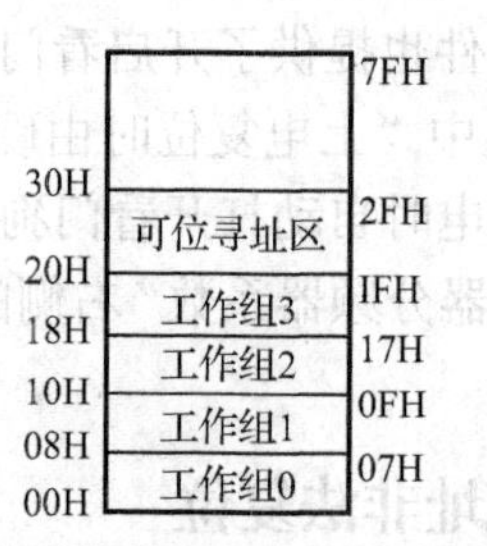

图 2.4.2　IAP15W4K58S4 单片机的低 128B RAM

表 2.4.1　程序状态字 PSW 中的各位功能定义

地　址	D7	D6	D5	D4	D3	D2	D1	D0
D0H	CY	AC	F0	RS1	RS0	OV	—	P

RS1 和 RS0 组合选择工作寄存器组，具体定义如表 2.4.2 所示。

表 2.4.2　RS1 和 RS0 组合定义

RS1	RS0	当前使用的工作寄存器组（R0～R7）
0	0	0 组（00H～07H）
0	1	1 组（08H～0FH）
1	0	2 组（10H～17H）
1	1	3 组（18H～1FH）

（2）可位寻址区：20H～2FH。共 16 字节单元，除了可按字节存取，还可以对单元中任何一位进行存取操作。

（3）用户 RAM 和堆栈区。8 位的堆栈指针 SP 用于指向堆栈区，单片机复位后，堆栈指针 SP 为 07H，用户初始化 SP 一般设置在 80H 以后的单元为宜。

2．内部扩展 RAM/XRAM

STC15W4K32S4 系列单片机除了 256 的基本 RAM 外，还集成了 3840B 的扩展 RAM，地址范围为 0000H～0EFFH。

访问内部扩展 RAM 的方法与访问传统 8051 单片机访问外部扩展 RAM 的方法相同，但不影响 P0 和 P2、读写端口 P4.2、P4.4 及 ALE 端口 P4.5。要访问扩展 RAM，在 C 语言中，使用 xdata 声明存储类型即可，如“unsigned char xdata i=0;”。

3．外部扩展 RAM

STC15W4K32S4 系列单片机的 RAM 可以扩展到 64KB，扩展 RAM 的访问方式受特殊功能寄存器 AUXR 的 EXTRAM 位控制。寄存器 AUXR 的各位功能定义如表 2.4.3 所示。

表 2.4.3　寄存器 AUXR 的各位功能定义

地　址	D7	D6	D5	D4	D3	D2	D1	D0
8EH	T0x12	T1x12	UAR_M0x6	T2R	T2_C/$\overline{T}$	T2x12	EXTRAM	S1ST2

- EXTRAM=0，允许访问内部的扩展 RAM，内部扩展 RAM 地址为 00H～EFFH（3840B，3.75KB），因最大寻址空间为 64KB，超过 F00H 单元的地址空间为外部扩展 RAM，F00H～FFFFH（60.25KB）；
- EXTRAM=1，禁止访问内部的扩展 RAM，用户可以访问 64KB 的外部 RAM 存储空间。

EXTRAM 位对 RAM 访问空间的控制如图 2.4.3 所示。

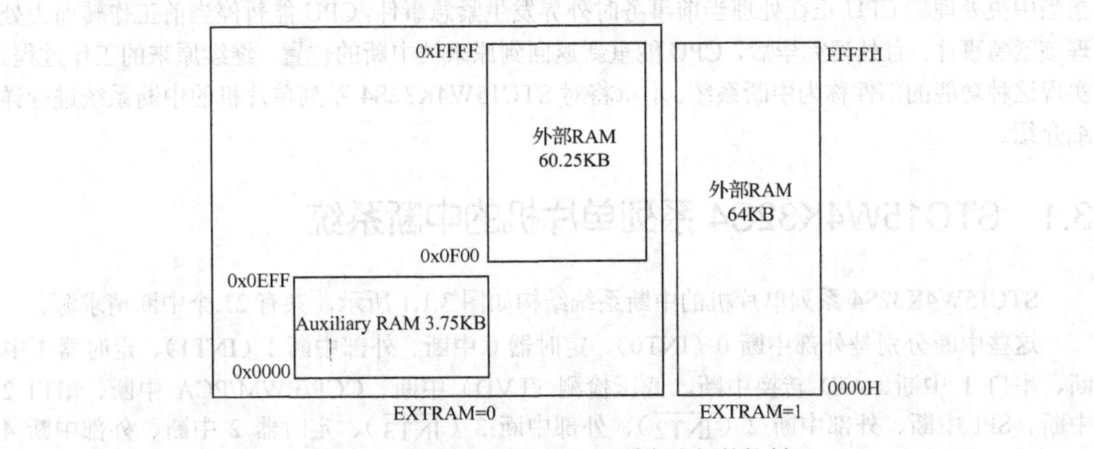

图 2.4.3　EXTRAM 位对 RAM 访问空间的控制

第3章 中断系统

单片机中设置中断系统的目的是让CPU具有实时处理外部紧急事件的能力。所谓中断是指当中央处理器CPU正在处理当前事务时外界发生紧急事件，CPU能暂停当前工作转而去处理该紧急事件；且处理完毕后，CPU能重新返回到原来被中断的位置，继续原来的工作过程。实现这种功能的部件称为中断系统。本章将对STC15W4K32S4系列单片机的中断系统进行详细介绍。

3.1 STC15W4K32S4系列单片机的中断系统

STC15W4K32S4系列单片机的中断系统结构如图3.1.1所示，共有21个中断请求源。

这些中断分别是外部中断0（INT0）、定时器0中断、外部中断1（INT1）、定时器1中断、串口1中断、A/D转换中断、低压检测（LVD）中断、CCP/PWM/PCA中断、串口2中断、SPI中断、外部中断2（$\overline{\text{INT2}}$）、外部中断3（$\overline{\text{INT3}}$）、定时器2中断、外部中断4（$\overline{\text{INT4}}$）、串口3中断、串口4中断、定时器3中断、定时器4中断、比较器中断、PWM中断和PWM异常检测中断。其中，与PWM相关的中断将在其他章节进行详细介绍，本章不再赘述。

单片机内有多个中断源，若多个中断源同时要求CPU为其服务，则CPU响应哪个中断取决于中断源的轻重缓急顺序，即单片机规定了每一个中断源的中断优先级。当中断系统正在执行一个中断服务时，中断优先级高的中断请求可以暂时中止CPU正在处理的优先级较低的中断源的服务程序，待处理完毕更高优先级的中断服务后，再继续执行被中断的低优先级的中断服务程序。这样的过程称为中断嵌套。STC15W4K32S4系列单片机的21个中断源中，除外部中断2（$\overline{\text{INT2}}$）、外部中断3（$\overline{\text{INT3}}$）、定时器2中断、串口3中断、串口4中断、定时器3中断、定时器4中断及比较器中断固定为最低优先级中断外，其他中断源都具有两个中断优先级，可以实现二级中断服务嵌套。图3.1.2为二级中断嵌套的主程序和中断服务程序的运行示意图。

3.2 中断寄存器

STC15W4K32S4系列单片机中，与中断系统相关的寄存器可分为三大类：中断允许寄存器、中断请求控制寄存器和中断优先级控制寄存器。本节将对这些中断寄存器进行详细描述。

3.2.1 中断允许寄存器

单片机CPU对中断源的开放或屏蔽，以及是否允许每个中断源的中断，都是由中断允许寄存器控制的。也就是说，若想实现某个中断源的中断允许，CPU首先必须开放中断。STC15W4K32S4系列单片机的中断允许寄存器如表3.2.1所示。

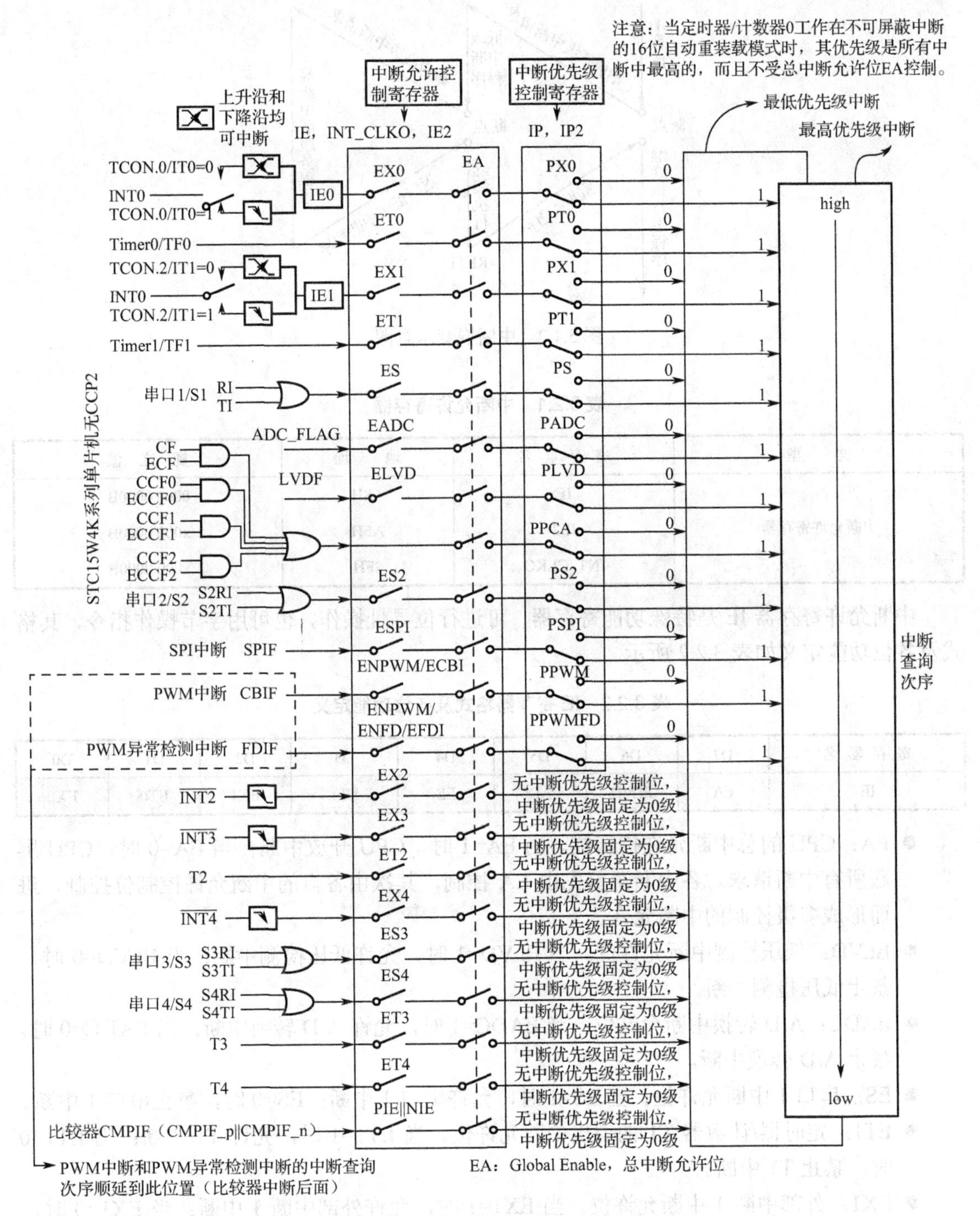

图 3.1.1 中断系统结构图

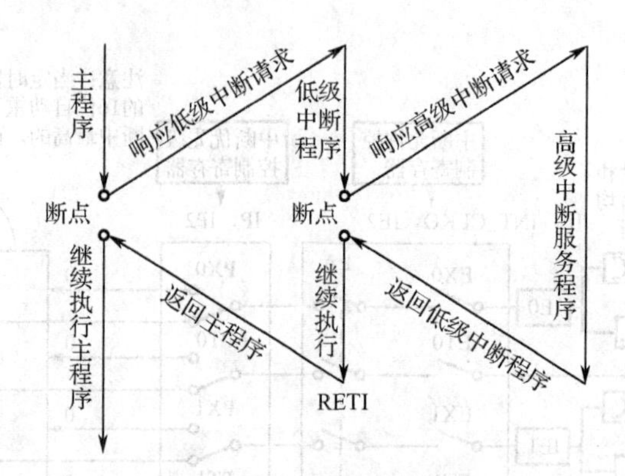

图 3.1.2　中断嵌套示意图

表 3.2.1　中断允许寄存器

类　型	寄 存 器 名	地　址	复 位 值
中断允许寄存器	IE	A8H	0000 0000B
	IE2	AFH	x000 0000B
	INT_CLKO	8FH	x000 0000B

中断允许寄存器 IE 是特殊功能寄存器，可进行位寻址操作，也可用字节操作指令，其格式及各位功能定义如表 3.2.2 所示。

表 3.2.2　IE 寄存器格式及各位功能定义

寄 存 器 名	D7	D6	D5	D4	D3	D2	D1	D0
IE	EA	ELVD	EADC	ES	ET1	EX1	ET0	EX0

- EA：CPU 的总中断允许控制位。当 EA=1 时，CPU 开放中断；当 EA=0 时，CPU 屏蔽所有中断请求。各中断源首先由 EA 控制，其次由各自的中断允许控制位控制，进而形成多级控制的中断允许。
- ELVD：低压检测中断允许位。当 ELVD=1 时，允许低压检测中断；当 ELVD=0 时，禁止低压检测中断。
- EADC：A/D 转换中断允许位。当 EADC=1 时，允许 A/D 转换中断；当 EADC=0 时，禁止 A/D 转换中断。
- ES：串口 1 中断允许位。当 ES=1 时，允许串口 1 中断；ES=0 时，禁止串口 1 中断。
- ET1：定时器/计数器 T1 的溢出中断允许位。当 ET1=1 时，允许 T1 中断；当 ET1=0 时，禁止 T1 中断。
- EX1：外部中断 1 中断允许位。当 EX1=1 时，允许外部中断 1 中断；当 EX1=0 时，禁止外部中断 1 中断。
- ET0：定时器/计数器 T0 的溢出中断允许位。当 ET0=1 时，允许 T0 中断；当 ET0=0 时，禁止 T0 中断。
- EX0：外部中断 0 中断允许位。当 EX0=1 时，允许外部中断 0 中断；当 EX0=0 时，禁止外部中断 0 中断。

中断允许寄存器 IE2 不可进行位寻址操作，只能用字节操作指令进行修改，其格式及各位功能定义如表 3.2.3 所示。

表 3.2.3 IE2 寄存器格式及各位功能定义

寄 存 器 名	D7	D6	D5	D4	D3	D2	D1	D0
IE2	—	ET4	ET3	ES4	ES3	ET2	ESPI	ES2

- ET4：定时器 T4 中断允许位。当 ET4=1 时，允许 T4 中断；当 ET4=0 时，禁止 T4 中断。
- ET3：定时器 T3 中断允许位。当 ET3=1 时，允许 T3 中断；当 ET3=0 时，禁止 T3 中断。
- ES4：串行口 4 中断允许位。当 ES4=1 时，允许串行口 4 中断；当 ES4=0 时，禁止串行口 4 中断。
- ES3：串行口 3 中断允许位。当 ES3=1 时，允许串行口 3 中断；当 ES3=0 时，禁止串行口 3 中断。
- ET2：定时器 T2 中断允许位。当 ET2=1 时，允许 T2 中断；当 ET2=0 时，禁止 T2 中断。
- ESPI：SPI 中断允许位。当 ESPI=1 时，允许 SPI 中断；当 ESPI=0 时，禁止 SPI 中断。
- ES2：串行口 2 中断允许位。当 ES2=1 时，允许串行口 2 中断；当 ES2=0 时，禁止串行口 2 中断。

外部中断允许和时钟输出寄存器 INT_CLKO（AUXR2）是 STC15 系列单片机新增加的，也只能用字节操作指令进行修改，其格式及各位功能定义如表 3.2.4 所示。

表 3.2.4 INT_CLKO 寄存器格式及各位功能定义

寄 存 器 名	D7	D6	D5	D4	D3	D2	D1	D0
INT_CLKO	—	EX4	EX3	EX2	MCKO_S2	T2CLKO	T1CLKO	T0CLKO

- EX4：外部中断 4 中断允许位。当 EX4=1 时，允许中断；当 EX4=0 时，禁止中断；外部中断 4 只能下降沿触发。
- EX3：外部中断 3 中断允许位。当 EX3=1 时，允许中断；当 EX3=0 时，禁止中断；外部中断 3 也只能下降沿触发。
- EX2：外部中断 2 中断允许位。当 EX2=1 时，允许中断；当 EX2=0 时，禁止中断；外部中断 2 同样只能下降沿触发。
- MCKO_S2、T2CLKO、T1CLKO 和 T0CLKO 与中断无关，故在此不作说明。

单片机复位后，IE、IE2 和 INT_CLKO（AUXR2）寄存器的各位被清 0，用户可通过程序对它们的相应位实现置“1”或清“0”操作，来允许或禁止各中断源的中断请求。

3.2.2 中断请求控制寄存器

单片机的每个中断源若想处于允许状态，除了 CPU 开放中断外，该中断源还必须向 CPU 申请中断，这些都可通过设置表 3.2.5 中的中断请求控制寄存器的相应位来实现。

表 3.2.5 中断请求控制寄存器

类　型	寄存器名	地　址	复位值
中断请求控制寄存器	TCON	88H	0000 0000B
	SCON	98H	0000 0000B
	S2CON	9AH	0100 0000B
	S3CON	ACH	0000 0000B
	S4CON	84H	0000 0000B
	PCON	87H	0011 0000B
	ADC_CONTR	BCH	0000 0000B
	CMPCR1	E6H	0000 0000B

1. 定时器/计数器控制寄存器 TCON

TCON 为定时器/计数器 T0 和 T1 的控制寄存器，此外也保存 T0 和 T1 的溢出中断源和外部请求中断源等，可位寻址，其格式及各位功能定义如表 3.2.6 所示。

表 3.2.6 寄存器 TCON 的各位功能定义

寄存器名	D7	D6	D5	D4	D3	D2	D1	D0
TCON	TF1	TR1	TF0	TR0	IE1	IT1	IE0	IT0

- TF1：T1 溢出中断标志。T1 允许计数后，从初始值开始加 1 计数。当产生溢出时，由硬件置“1”，并向 CPU 申请中断；TF1 一直保持“1”直至 CPU 响应中断，才由硬件清“0”，也可由查询软件清“0”。
- TF0：T0 溢出中断标志。T0 允许计数后，从初始值开始加 1 计数。当产生溢出时，由硬件置“1”，并向 CPU 申请中断；TF0 一直保持“1”直至 CPU 响应中断，才由硬件清“0”，也可由查询软件清“0”。
- IE1：外部中断 1（INT1/P3.3）中断请求标志。当 IE1=1 时，外部中断 1 向 CPU 申请中断；CPU 响应此中断时，由硬件清“0”。
- IT1：外部中断 1 中断源类型选择位。当 IT1=0 时，INT1/P3.3 引脚上的上升沿或下降沿信号均可触发外部中断 1；当 IT1=1 时，外部中断 1 为下降沿触发方式。
- IE0：外部中断 0（INT0/P3.2）中断请求标志。当 IE0=1 时，外部中断 0 向 CPU 申请中断；CPU 响应此中断时，由硬件清“0”。
- IT0：外部中断 0 中断源类型选择位。当 IT0=0 时，INT0/P3.2 引脚上的上升沿或下降沿信号均可触发外部中断 0；当 IT0=1 时，外部中断 0 为下降沿触发方式。

2. 串行口 1 控制寄存器 SCON

串行口控制寄存器 SCON 可位寻址，其格式及各位功能定义如表 3.2.7 所示。

表 3.2.7 寄存器 SCON 的各位功能定义

寄 存 器 名	D7	D6	D5	D4	D3	D2	D1	D0
SCON	SM0/FE	SM1	SM2	REN	TB8	RB8	TI	RI

- TI：串行口 1 发送中断标志。TI 在以下两种情况被置“1”，串行口 1 以方式 0 发送时，每当发送完 8 位数据，由硬件置“1”；若以方式 1、方式 2 或方式 3 发送时，在发送停止位的开始时置“1”。TI=1 表示串行口 1 正在向 CPU 申请发送中断；但 CPU 响应该中断请求，转向执行中断服务程序时并不会对 TI 清零，TI 必须由用户在中断服务程序中清零。
- RI：串行口 1 接收中断标志。RI 在以下各种情况被置“1”，串行口 1 允许接收且以方式 0 工作，则每当接收到第 8 位数据时置“1”；若以方式 1、方式 2 或方式 3 接收且 SM2=0 时，则每当接收到停止位的中间时置“1”；若以方式 2 或方式 3 接收且 SM2=1 时，则仅当接收到的第 9 位数据 RB8 为 1，且接收到停止位的中间时置“1”。RI=1 表示串行口 1 正在向 CPU 申请接收中断，RI 也必须由用户的中断服务程序清零。
- SCON 的其他位与中断无关，故不在此处介绍。

3．串行口 2 控制寄存器 S2CON

S2CON 是串行口 2 控制寄存器，不可位寻址，其格式及各位功能定义如表 3.2.8 所示。

表 3.2.8 寄存器 S2CON 的各位功能定义

寄 存 器 名	D7	D6	D5	D4	D3	D2	D1	D0
S2CON	S2SM0	—	S2SM2	S2REN	S2TB8	S2RB8	S2TI	S2RI

- S2TI：串行口 2 发送中断标志。S2TI 在以下两种情况被置“1”，串行口 2 以方式 0 发送时，每当发送完 8 位数据，由硬件置“1”；若以方式 1、方式 2 或方式 3 发送时，在发送停止位的开始时置“1”。S2TI=1 表示串行口 2 正在向 CPU 申请发送中断；但 CPU 响应该中断请求，转向执行中断服务程序时并不会对 S2TI 清零，S2TI 必须由用户在中断服务程序中清零。
- S2RI：串行口 2 接收中断标志。S2RI 在以下各种情况被置“1”，串行口 2 允许接收且以方式 0 工作，则每当接收到第 8 位数据时置“1”；若以方式 1、方式 2 或方式 3 接收且 S2SM2=0 时，则每当接收到停止位的中间时置“1”；若以方式 2 或方式 3 接收且 S2SM2=1 时，则仅当接收到的第 9 位数据 S2RB8 为 1，且接收到停止位的中间时置“1”。S2RI=1 表示串行口 2 正在向 CPU 申请接收中断，S2RI 也必须由用户的中断服务程序清零。
- S2CON 的其他位与中断无关，故不在此处介绍。

4．串行口 3 控制寄存器 S3CON

S3CON 是串行口 3 控制寄存器，不可位寻址，其格式及各位功能定义如表 3.2.9 所示。

表 3.2.9 寄存器 S3CON 的各位功能定义

寄存器名	D7	D6	D5	D4	D3	D2	D1	D0
S3CON	S3SM0	S3ST3	S3SM2	S3REN	S3TB8	S3RB8	S3TI	S3RI

- S3TI：串行口 3 发送中断标志。S3TI 在以下两种情况被置“1”，串行口 3 以方式 0 发送时，每当发送完 8 位数据，由硬件置“1”；若以方式 1、方式 2 或方式 3 发送，则在发送停止位的开始时置“1”。S3TI=1 表示串行口 3 正在向 CPU 申请发送中断；但 CPU 响应该中断请求，转向执行中断服务程序时并不会对 S3TI 清零，S3TI 必须由用户在中断服务程序中清零。
- S3RI：串行口 3 接收中断标志。S3RI 在以下各种情况被置“1”，串行口 3 允许接收且以方式 0 工作，则每当接收到第 8 位数据时置“1”；若以方式 1、方式 2 或方式 3 接收且 S3SM2=0 时，则每当接收到停止位的中间时置“1”；若以方式 2 或方式 3 接收且 S3SM2=1，则仅在接收到的第 9 位数据 S3RB8 为 1，且接收到停止位的中间时置“1”。S3RI=1 表示串行口 3 正在向 CPU 申请接收中断，S3RI 也必须由用户的中断服务程序清零。
- S3CON 的其他位与中断无关，故不在此处介绍。

5. 串行口 4 控制寄存器 S4CON

S4CON 是串行口 4 控制寄存器，不可位寻址，其格式及各位功能定义如表 3.2.10 所示。

表 3.2.10 寄存器 S4CON 的各位功能定义

寄存器名	D7	D6	D5	D4	D3	D2	D1	D0
S4CON	S4SM0	S4ST4	S4SM2	S4REN	S4TB8	S4RB8	S4TI	S4RI

- S4TI：串行口 4 发送中断标志。S4TI 在以下两种情况被置“1”，串行口 4 以方式 0 发送时，每当发送完 8 位数据，由硬件置“1”；若以方式 1、方式 2 或方式 3 发送，则在发送停止位的开始时置“1”。S4TI=1 表示串行口 4 正在向 CPU 申请发送中断；但 CPU 响应该中断请求，转向执行中断服务程序时并不会对 S4TI 清零，S4TI 必须由用户在中断服务程序中清零。
- S4RI：串行口 4 接收中断标志。S4RI 在以下各种情况被置“1”，串行口 4 允许接收且以方式 0 工作，则每当接收到第 8 位数据时置“1”；若以方式 1、方式 2 或方式 3 接收且 S4SM2=0，则每当接收到停止位的中间时置“1”；若以方式 2 或方式 3 接收且 S4SM2=1，则仅在接收到的第 9 位数据 S4RB8 为 1，且接收到停止位的中间时置“1”。S4RI=1 表示串行口 4 正在向 CPU 申请接收中断，S4RI 也必须由用户的中断服务程序清零。
- S4CON 的其他位与中断无关，故不在此处介绍。

6. 低压检测中断相关寄存器：电源控制寄存器 PCON

PCON 是电源控制寄存器，其格式及各位功能定义如表 3.2.11 所示。

表 3.2.11　寄存器 PCON 的各位功能定义

寄 存 器 名	D7	D6	D5	D4	D3	D2	D1	D0
PCON	SMOD	SMOD0	LVDF	POF	GF1	GF0	PD	IDL

- LVDF：低压检测标志位，也是低压检测中断请求标志位。
  在正常工作和空闲工作状态时，若内部工作电压 Vcc 低于低压检测门限电压，无论有没有允许低压检测中断，LVDF 自动为“1”；该位必须由软件清零。清零后，若内部工作电压 Vcc 继续低于低压检测门限电压，该位又被自动置“1”。
  在进入掉电工作状态前，若低压检测电路未被许可产生中断，则在进入掉电模式后，该低压检测电路不工作以降低功耗；若被许可产生中断，则低压检测电路继续工作。当内部工作电压 Vcc 低于低压检测门限电压时，产生低压检测中断，可将 MCU 从掉电状态中唤醒。
- PCON 的其他位与中断无关，故不在此处介绍。

7. A/D 转换控制寄存器 ADC_CONTR

ADC_CONTR 是 A/D 转换控制寄存器，其格式及各位功能定义如表 3.2.12 所示。

表 3.2.12　寄存器 ADC_CONTR 的各位功能定义

寄 存 器 名	D7	D6	D5	D4	D3	D2	D1	D0
ADC_CONTR	ADC_POWER	SPEED1	SPEED0	ADC_FLAG	ADC_START	CHS2	CHS1	CHS0

- ADC_POWER：ADC 电源控制位。当 ADC_POWER=0 时，关闭 ADC 电源；当 ADC_POWER=1 时，打开 ADC 电源。
- ADC_FLAG：ADC 转换结束标志位，可用于请求 A/D 转换的中断。ADC_FLAG=1，表示 A/D 转换结束。不管 A/D 转换结束由该位申请产生中断，还是通过软件查询该位 A/D 转换是否完成，该标志位都必须由软件清零。
- ADC_START：ADC 转换启动控制位。当 ADC_START=1 时，转换开始；当 ADC_START=0 时，转换结束。
- ADC_CONTR 的其他位与中断无关，故不在此处介绍。

8. 比较器控制寄存器 1：CMPCR1

CMPCR1 是比较器控制寄存器 1，其格式及各位功能定义如表 3.2.13 所示。

表 3.2.13　寄存器 CMPCR1 的各位功能定义

寄 存 器 名	D7	D6	D5	D4	D3	D2	D1	D0
CMPCR1	CMPEN	CMPIF	PIE	NIE	PIS	NIS	CMPOE	CMPRES

- CMPEN：比较器模块使能位。当 CMPEN =1 时，使能比较器模块；当 CMPEN =0 时，比较器模块禁用，即关闭比较器的电源。

- CMPIF：比较器中断标志位。当比较器的输出由逻辑低变成逻辑高时，若 PIE 被设置为 1，则将内建的 CMPIF_p 寄存器置“1”；当比较器的输出由逻辑高变成逻辑低时，若 NIE 被设置为 1，则将内建的 CMPIF_n 寄存器置“1”。当 CPU 读取 CMPIF 时，会同时读 CMPIF_p 和 CMPIF_n，只要有一个为 1，CMPIF 就被置为“1”。CMPIF 标志必须由软件清零，当对该位写“0”时，同时将 CMPIF_p 和 CMPIF_n 标志清零。
- PIE：比较器上升沿中断使能位。当 PIE =1 时，使能比较器上升沿中断；当 PIE=0 时，禁用比较器上升沿中断。
- NIE：比较器下降沿中断使能位。当 NIE =1 时，使能比较器下降沿中断；当 NIE=0 时，禁用比较器下降沿中断。
- CMPCR1 的其他位与中断无关，故不在此处介绍。

3.2.3 中断优先级控制寄存器

STC15W4K32S4 系列单片机的两个中断优先级可通过设置中断优先级控制寄存器来实现，如表 3.2.14 所示。

表 3.2.14 中断优先级控制寄存器

类 型	寄 存 器 名	地 址	复 位 值
中断优先级控制寄存器	IP	B8H	0000 0000B
	IP2	B5H	xx00 0000B

中断优先级控制寄存器 IP 可实现位寻址操作，其格式及各位功能定义如表 3.2.15 所示。

表 3.2.15 IP 寄存器格式及各位功能定义

寄 存 器 名	D7	D6	D5	D4	D3	D2	D1	D0
IP	PPCA	PLVD	PADC	PS	PT1	PX1	PT0	PX0

- PPCA：PCA 的中断优先级控制位。当 PPCA=0 时，PCA 中断为最低优先级中断（优先级 0）；当 PPCA=1 时，PCA 中断为最高优先级中断（优先级 1）。
- PLVD：低压检测中断优先级控制位。当 PLVD=0 时，低压检测中断为最低优先级中断（优先级 0）；当 PLVD=1 时，低压检测中断为最高优先级中断（优先级 1）。
- PADC：A/D 转换中断优先级控制位。当 PADC=0 时，A/D 转换中断为最低优先级中断（优先级 0）；当 PADC=1 时，A/D 转换中断为最高优先级中断（优先级 1）。
- PS：串口 1 中断优先级控制位。当 PS=0 时，串口 1 中断为最低优先级中断（优先级 0）；当 PS=1 时，串口 1 中断为最高优先级中断（优先级 1）。
- PT1：定时器 1 中断优先级控制位。当 PT1=0 时，定时器 1 中断为最低优先级中断（优先级 0）；当 PT1=1 时，定时器 1 中断为最高优先级中断（优先级 1）。
- PX1：外部中断 1 优先级控制位。当 PX1=0 时，外部中断 1 为最低优先级中断（优先级 0）；当 PX1=1 时，外部中断 1 为最高优先级中断（优先级 1）。
- PT0：定时器 0 中断优先级控制位。当 PT0=0 时，定时器 0 中断为最低优先级中断（优先级 0）；当 PT0=1 时，定时器 0 中断为最高优先级中断（优先级 1）。

- PX0：外部中断 0 优先级控制位。当 PX0=0 时，外部中断 0 为最低优先级中断（优先级 0）；当 PX0=1 时，外部中断 0 为最高优先级中断（优先级 1）。

中断优先级控制寄存器 IP2 不可位寻址，其格式及各位功能定义如表 3.2.16 所示。

表 3.2.16 IP2 寄存器格式及各位功能定义

寄存器名	D7	D6	D5	D4	D3	D2	D1	D0
IP2	—	—	—	PX4	PPWMFD	PPWM	PSPI	PS2

- PX4：外部中断 4 优先级控制位。当 PX4=0 时，外部中断 4 为最低优先级中断（优先级 0）；当 PX4=1 时，外部中断 4 为最高优先级中断（优先级 1）。
- PPWMFD：PWM 异常检测中断优先级控制位。当 PPWMFD=0 时，PWM 异常检测中断为最低优先级中断（优先级 0）；当 PPWMFD=1 时，PWM 异常检测中断为最高优先级中断（优先级 1）。
- PPWM：PWM 中断优先级控制位。当 PPWM=0 时，PWM 中断为最低优先级中断（优先级 0）；当 PPWM=1 时，PWM 中断为最高优先级中断（优先级 1）。
- PSPI：SPI 中断优先级控制位。当 PSPI=0 时，SPI 中断为最低优先级中断（优先级 0）；当 PSPI=1 时，SPI 中断为最高优先级中断（优先级 1）。
- PS2：串口 2 中断优先级控制位。当 PS2=0 时，串口 2 中断为最低优先级中断（优先级 0）；当 PS2=1 时，串口 2 中断为最高优先级中断（优先级 1）。

中断优先级控制寄存器 IP 和 IP2 的各位都可以由用户置“1”或清零，STC15W4K32S4 系列单片机复位后，各个中断源均为低优先级中断。

3.3 中断优先级和中断响应过程

中断优先级控制寄存器决定了每个中断源的优先级，单片机在响应中断的过程中，要满足如下两条基本规则：

（1）高优先级中断可以打断低优先级中断，反之不能；

（2）任何一个中断，不管是高级还是低级，一旦被响应，则相同级别的其他中断请求将被禁止，直至执行到返回指令回到主程序后，再执行一条指令才能响应新的中断请求。

STC15W4K32S4 系列单片机共有 21 个中断源，当多个相同优先级中断同时提出中断请求时，单片机响应哪个，是由内部的查询次序来决定的。也就是说，在每个优先级内，还有一个辅助优先级结构。STC15W4K32S4 系列单片机各中断源优先级查询次序如表 3.3.1 所示。此外，当定时器/计数器 0 工作在不可屏蔽中断的 16 位自动重装载模式时，若允许 T0 中断（只需置位 ET0，不必置位 EA），则该中断优先级是所有中断中最高的。也就是说，任何一个中断都不能打断它。

单片机在执行某一程序（主程序）的过程中，有中断源发出中断请求信号，相应的中断请求标志位置“1”。CPU 查询到后，在满足中断响应条件下，CPU 响应该中断。此时，主程序被打断，接下来将执行下列操作：

（1）当前正在执行的指令全部执行完毕；

（2）PC 值压入堆栈，保护现场；

（3）阻止相同优先级的其他中断；

（4）将中断向量地址装载到程序计数器 PC；

（5）执行相应的中断服务程序。

汇编语言中，中断服务程序通常以 RETI 指令作为结束，将堆栈中保护的地址送回 PC，返回主程序，从中断处继续往下执行。值得一提的是，不能用 RET 指令来代替 RETI 指令。虽然 RET 指令也可以控制 PC 返回到主程序中断的位置，但是它没有清零中断优先级状态触发器的功能。因此，中断控制系统会误以为中断仍在进行，从而不能响应相同或低优先级的中断请求。此外，在中断服务程序中若有入栈（PUSH 指令）操作，则在 RETI 指令前必须进行相应的出栈（POP 指令）操作，否则不能正确返回主程序的断点处。

当某中断被响应时，装入程序计数器 PC 的值称为中断向量，即该中断源所对应的中断服务程序的入口地址。STC15W4K32S4 系列单片机各中断源服务程序的入口地址（即中断向量）如表 3.3.1 所示。

表 3.3.1　各中断源入口地址及优先级查询次序

中　断　号	中断源名称	中断源入口地址	中断优先级查询次序
0	外部中断 0	0003H	
1	定时器/计数器 0 中断	000BH	
2	外部中断 1	0013H	
3	定时器/计数器 1 中断	001BH	
4	串行口 1 中断	0023H	最高
5	A/D 转换中断	002BH	↓
6	低压检测中断	0033H	
7	PCA 中断	003BH	
8	串行口 2 中断	0043H	
9	SPI 中断	004BH	
10	外部中断 2	0053H	
11	外部中断 3	005BH	
12	定时器/计数器 2 中断	0063H	
13～15	预留中断源	006BH; 0073H; 007BH	
16	外部中断 4	0083H	
17	串行口 3 中断	008BH	
18	串行口 4 中断	0093H	
19	定时器/计数器 3 中断	009BH	
20	定时器/计数器 4 中断	00A3H	
21	比较器中断	00ABH	最低
22	PWM 中断	00B3H	
23	PWMFD	00BBH	

从表 3.3.1 所示的中断向量数值可以看出，它们都位于程序存储器的开始部分，因此中断向量的位置通常存放一条跳转到中断服务程序入口地址的跳转指令。

中断处理函数在 Keil C 中声明的格式如下：

```
void 中断函数名()   interrupt   n   [using   m]
```

其中，用户可以根据中断类型来取中断函数的名称；“interrupt”代表此函数为中断函数；“n”代表具体的中断号，如“0”代表外部中断 0；“[using m]”为可选项，代表要使用的寄存器组，m=0, 1, 2, 3。

例如，外部中断 0 和 PWM 中断声明如下：

```
void INT0(void) interrupt 0 using 1;
void PWM(void) interrupt 22 using 0;
```

3.4 外部中断

STC15W4K32S4 系列单片机共有 4 个外部中断源。外部中断 0（INT0）和外部中断 1（INT1）有两种触发方式：上升沿或下降沿均可触发方式和仅下降沿触发方式。TCON 寄存器中的 IT0/TCON.0 和 IT1/TCON.2 决定了它们的触发方式。此外，INT0 和 INT1 还可以用于将单片机从掉电模式唤醒。

外部中断 2（$\overline{\text{INT2}}$）、外部中断 3（$\overline{\text{INT3}}$）和外部中断 4（$\overline{\text{INT4}}$）都只能下降沿触发。外部中断 2～4 的中断请求标志位被隐藏起来了，对用户来说是不可见的，故也无须用户清零。当相应的中断服务程序被响应后或中断允许位 EXn（n=2, 3, 4）被清零后，这些中断请求标志位会立即自动地被清零；也可以通过软件禁止相应的中断允许控制位将其清零（特殊应用）。外部中断 2（$\overline{\text{INT2}}$）、外部中断 3（$\overline{\text{INT3}}$）和外部中断 4（$\overline{\text{INT4}}$）也可用于将单片机从掉电模式唤醒。

由于系统每个时钟对外部中断引脚采样 1 次，所以为了确保被检测到，这些引脚上的输入信号应该至少维持两个时钟周期。如果外部中断是仅下降沿触发的，要求必须在相应的引脚维持高电平至少 1 个时钟周期，而且低电平也要持续至少一个时钟周期，这样才能确保该下降沿被 CPU 检测到。同样，如果外部中断是上升沿、下降沿均可触发的，则要求必须在相应的引脚维持低电平或高电平至少 1 个时钟周期，而且高电平或低电平也要持续至少一个时钟周期，这样才能确保 CPU 能够检测到该上升沿或下降沿。

第 4 章　定时器/计数器

定时器/计数器是微型计算机非常重要的功能部件，它能够避免采用软件定时完全占用 CPU 的缺陷，从而提高 CPU 工作效率。

4.1　定时器/计数器工作原理

IAP15W4K58S4 单片机内部设有 5 个 16 位定时器/计数器，分别为 T0、T1、T2、T3 和 T4，这些定时器/计数器均可独立实现对外可编程时钟输出，且都具有定时和计数两种功能。定时器/计数器的核心部件是一个 16 位加法计数器，用于对脉冲进行计数，如图 4.1.1 所示。当加法计数器对系统时钟脉冲计数时称为定时器，对外部引脚输入脉冲计数时则称为计数器。计数器对其中一个脉冲源进行输入计数，每输入一个脉冲，计数值加 1。当计数器计数到全为 1 时，再输入一个脉冲就使计数值回零，同时使最高位溢出一个脉冲，使溢出标志位 TFx 置 1，作为计数器的溢出中断标志。

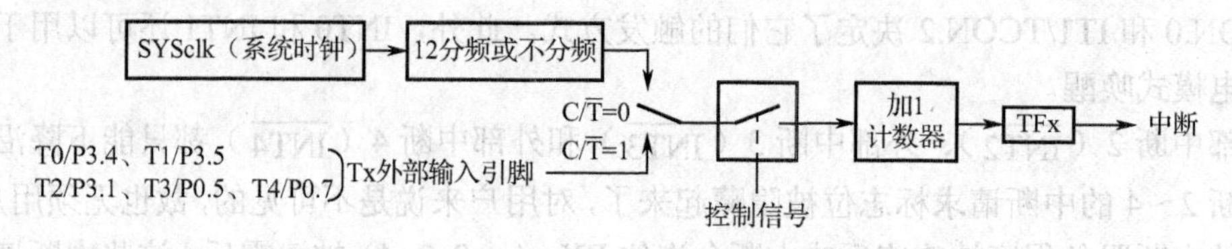

图 4.1.1　定时器/计数器电路结构图

定时功能：当脉冲源为系统时钟时，在每个时钟周期计数器加 1（1T 方式）或 12 个时钟周期计数器加 1（12T 方式），由于计数脉冲的周期是固定的，所以脉冲数乘以计数脉冲周期就是定时时间。

计数功能：当脉冲源为单片机引脚输入的外部脉冲时，就是外部事件的计数器。当计数器对应的输入端 Tx 有一个负跳变时计数值加 1。需要注意的是，单片机引脚输入的外部信号最高允许频率不能大于系统时钟频率的 1/4，如系统时钟为 11.0592MHz，则允许外部输入信号最高频率为 2.7648MHz，如果高于这个频率，输入信号的部分脉冲在引脚输入通道检测过程中会丢失，测量得到的频率会出现误差，表现为比真实值低。

定时器/计数器 T0 和 T1 有 4 种工作方式，通过特殊功能寄存器进行设定，其溢出标志位 TF0 和 TF1 对用户可见，而定时器/计数器 T2、T3 和 T4 只有 16 位自动重装初值这一种工作方式，同时，其溢出标志位对用户是不可见的。

4.2　定时器/计数器 T0、T1

4.2.1　定时器/计数器 T0、T1 的特殊功能寄存器

IAP15W4K58S4 单片机的定时器/计数器 T0、T1 的结构如图 4.2.1 所示，它们的工作方式

和启动运行分别由 TMOD、TCON、AUXR 三个特殊功能寄存器决定。TH0、TL0、TH1、TL1 分别是定时器/计数器 T0、T1 的高 8 位、低 8 位，用于装入计数初值，复位值为 0x00。P3.4 和 P3.5 分别是定时器/计数器 T0 和 T1 的外部计数脉冲输入端。

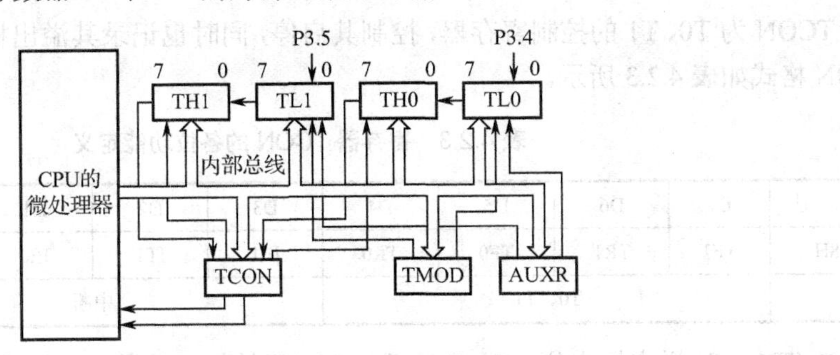

图 4.2.1 定时器/计数器 T0、T1 结构图

1. 工作方式寄存器 TMOD

TMOD 为 T0、T1 的工作方式寄存器，其中，低 4 位为 T0 的控制字段，高 4 位为 T1 的控制字段，它们的含义完全相同，各位功能定义如表 4.2.1 所示。

表 4.2.1 寄存器 TMOD 的各位功能定义

地 址	D7	D6	D5	D4	D3	D2	D1	D0	复 位 值
89H	GATE	C/$\overline{T}$	M1	M0	GATE	C/$\overline{T}$	M1	M0	0000 0000
	T1				T0				

需要注意，凡是地址能被 8 整除的寄存器都可以进行位寻址，即直接对位进行操作，地址不能被 8 整除的寄存器只能对整个字节进行操作。

- GATE：门控位，用于外部引脚控制定时器启动与停止。当 GATE=0 时，TR0 或 TR1 位置 1 即可启动定时器/计数器；当 GATE=1 时，TR0 或 TR1 位置 1，同时外部引脚 P3.2（INT0）或 P3.3（INT1）为高电平才可启动定时器/计数器。
- C/$\overline{T}$：功能选择位。当 C/$\overline{T}$=0 时，用作定时器，对内部系统时钟计数；当 C/$\overline{T}$=1 时，用作计数器，对外部输入脉冲进行计数。
- M1、M0：T0 和 T1 工作方式选择位，定义如表 4.2.2 所示。

表 4.2.2 T0、T1 工作方式

M1 M0	工 作 方 式	功 能 说 明
0 0	方式 0	16 位自动重装初值的定时器/计数器
0 1	方式 1	16 位定时器/计数器
1 0	方式 2	8 位自动重装初值的定时器/计数器
1 1	方式 3	对于 T1 无效，停止计数，对于 T0 为不可屏蔽中断的 16 位自动重装初值定时器/计数器

TMOD 寄存器不能进行位寻址，只能用字节指令操作其中的各个位。例如，需要设置 T0 工作方式 1 定时模式，那么 M1=0，M0=1，C/$\overline{T}$=0，GATE=0，因此，低 4 位应为 0001，T1

未用，通常设为0000，则TMOD=0X01。

2. 控制寄存器TCON

TCON为T0、T1的控制寄存器，控制其启停，同时也记录其溢出标志及外部中断的控制。TCON格式如表4.2.3所示。

表4.2.3 寄存器TCON的各位功能定义

地　址	D7	D6	D5	D4	D3	D2	D1	D0	复 位 值
88H	TF1	TR1	TF0	TR0	IE1	IT1	IE0	IT0	0000 0000
	T0、T1				中断				

- TF1：T1溢出标志位。T1启动后从初值开始加1计数，当计满产生溢出时，由硬件自动置1标志位TF1，并向CPU申请中断，CPU响应中断后，由硬件清“0”标志位TF1。TF1也可由查询软件清“0”。
- TR1：T1的运行控制位。由用户软件置“1”或清“0”来启动或关闭T1。当TMOD中的GATE=0时，TR1置“1”启动T1计数，TR1清“0”禁止T1计数；当GATE=1时，只有TR1置“1”且引脚P3.3（INT1）输入高电平时才可启动T1计数。
- TF0：T0溢出标志位。其功能与TF1类似。
- TR0：T0的运行控制位。其功能与TR1类似。
- TCON的低4位与外部中断有关，与定时器/计数器无关，在对应章节有介绍，这里不再赘述。

TCON可位寻址，启动、停止定时器/计数器或清除溢出标志位都可以用位操作指令实现。例如：

```
TR1=1;          //启动T1
TF1=0;          //T1溢出标志位清“0”
```

3. 辅助寄存器AUXR

AUXR为辅助寄存器，用于设置T0、T1计数脉冲的分频系数和T2的功能，以及串口UART的波特率控制。AUXR格式如表4.2.4所示。

表4.2.4 寄存器AUXR的各位功能定义

地　址	D7	D6	D5	D4	D3	D2	D1	D0	复 位 值
8EH	T0x12	T1x12	UART_M0x6	T2R	T2_C/$\overline{T}$	T2x12	EXTRAM	S1ST2	0000 0000

- T0x12：T0速度控制位。当T0x12=0时，T0计数脉冲与传统8051单片机计数脉冲完全相同，计数脉冲周期为系统时钟周期的12倍，即12分频（12T方式）；当T0x12=1时，T0计数脉冲为系统时钟脉冲，即不分频（1T方式）。
- T1x12：T1速度控制位。当T1x12=0时，T1计数脉冲与传统8051单片机计数脉冲完全相同，计数脉冲周期为系统时钟周期的12倍，即12分频（12T方式）；当T1x12=1时，T1计数脉冲为系统时钟脉冲，即不分频（1T方式）。

AUXR 不能位寻址，对 T0x12、T1x12 操作时需要字节运算语句进行控制。例如：

```
AUXR|=0x80;          //设置 T0x12 为 1，T0 定时计数脉冲周期为系统时钟周期
AUXR &= 0xBF;        //设置 T1x12 为 0，T1 定时计数脉冲周期为系统时钟周期的 12 倍
```

4.2.2 定时器/计数器 T0、T1 的工作方式

通过对寄存器 TMOD 中的 M1、M0 的设置，T0～T4 有 4 种工作方式，分别为方式 0、方式 1、方式 2 和方式 3。其中 T0 可以工作在 4 种工作方式中的任意一种，T1 不能工作在工作方式 3。

1. T0、T1 的工作方式 0

T0、T1 的工作方式 0 为 16 位自动重装初值定时器/计数器，其内部逻辑结构相同，下面以 T0 为例进行介绍，其逻辑结构如图 4.2.2 所示。

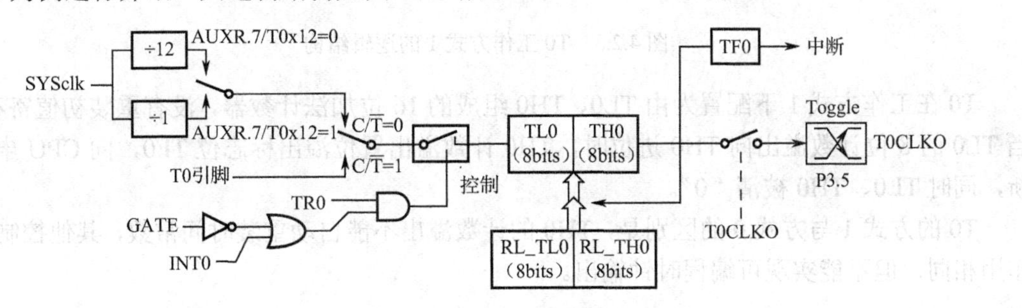

图 4.2.2 T0 工作方式 0 的逻辑结构

T0 在工作方式 0 下除了具有由初值寄存器 TL0、TH0 组成的 16 位加法计数器外，还分别有两个隐藏的寄存器 RL_TL0、RL_TH0，用于保存 16 位定时器/计数器的重装初始值。当 TL0、TH0 构成的 16 位计数器计满溢出时，溢出标志位 TF0 置 1，并向 CPU 申请中断，同时 RL_TL0、RL_TH0 的值自动装入 TL0、TH0 中，使其重新开始计数。TL0 和 RL_TL0 共用同一个地址，TH0 和 RL_TH0 共用同一个地址。当 TR0=0，即定时器停止时，对 TL0、TH0 寄存器写入数据，也会同时写入 RL_TL0、RL_TH0 寄存器中；当 TR0=1，即定时器运行时，对 TL0、TH0 写入数据，只会写入 RL_TL0、RL_TH0 寄存器中，而不会写入 TL0、TH0 寄存器中，这样不会影响 T0 的正常计数，巧妙地实现了 16 位自动重装载定时器。当读 TL0、TH0 的内容时，读出的内容就是 TL0、TH0 的内容，而不是 RL_TL0、RL_TH0 的内容。

门控位 GATE 对定时器/计数器的启动起辅助作用。当 GATE=0 时，只要将 TR0 位置 1 定时器/计数器就可启动计数；当 GATE=1 时，TR0 位置 1，且外部引脚 P3.2（INT0）输入高电平时，定时器/计数器才能启动计数，利用 GATE 的这一功能，可以很方便地测量脉冲宽度。

当 C/$\overline{T}$=0 时，多路开关链接到系统时钟的分频输出，T0 对内部系统时钟计数，T0 工作在定时器方式。由 T0x12 决定如何对系统时钟进行分频，当 T0x12=0 时，16 位加法计数器对系统时钟的 12 分频信号计数，即实现 12T 定时器功能；当 T0x12=1 时，计数器对系统时钟信号计数，实现 1T 定时器功能。

当 C/$\overline{T}$=1 时，多路开关链接到外部脉冲输入引脚 P3.4（T0），16 位加法计数器对外部脉冲计数，T0 工作在计数器方式。

T0在工作方式0定时工作状态时，定时时间计算公式如下：

定时时间（t）=（2^{16}-T0定时器的初始值）×系统时钟周期（T）×$12^{(1-T0x12)}$

2. T0、T1的工作方式1

T0、T1的工作方式1为16位不可重装定时器/计数器，不建议学习，其内部结构相似，下面以T0为例进行介绍，其逻辑结构如图4.2.3所示。

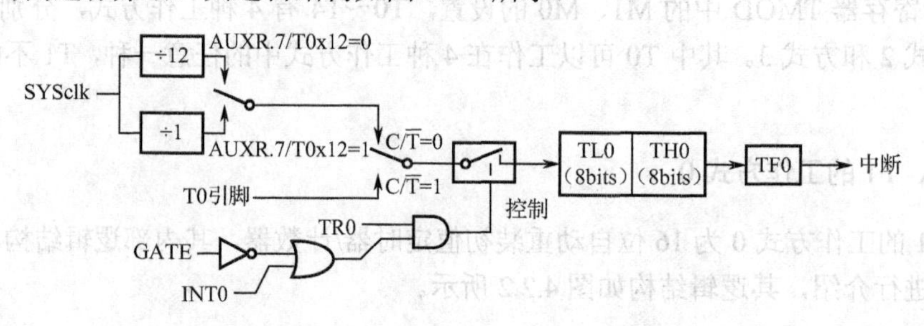

图4.2.3　T0工作方式1的逻辑结构

T0在工作方式1下配置为由TL0、TH0组成的16位加法计数器，没有重装初值寄存器。当TL0的8位计数溢出向TH0进位时，TH0计数溢出置位溢出标志位TF0，向CPU申请中断，同时TL0、TH0被清“0”。

T0的方式1与方式0的区别是，TH0的计数溢出不能自动重装时间常数，其他控制位的作用相同，但不能实现可编程时钟输出。

3. T0、T1的工作方式2

T0、T1的工作方式2为8位可自动重装定时器/计数器，不建议学习，其内部结构相似，下面以T0为例进行介绍，其逻辑结构如图4.2.4所示。

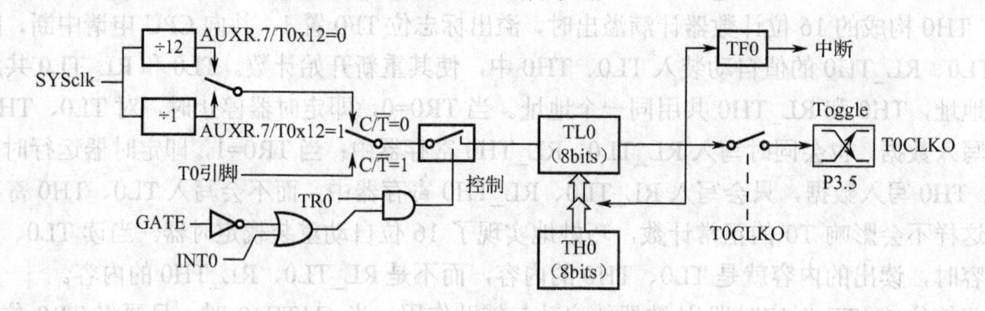

图4.2.4　T0工作方式2的逻辑结构

T0在工作方式2下，由寄存器TL0作为8位加法计数器，当TL0计数溢出时，不仅溢出标志位TF0置1，还自动将TH0的内容送入TL0，使TL0从初值开始重新计数，用户需要在程序中把时间常数预置在TH0中，再装入后，TH0的内容保持不变。

T0的工作方式2下其他控制位的作用与方式0相同，并且能够实现可编程时钟输出。

4.2.3　定时器/计数器T0、T1的应用

当定时器的初始值为0时可以确定其最大定时时长，如系统时钟为12MHz，定时器选择

工作方式 0，采用 1T 方式时最大定时时间为 5.46ms，采用 12T 方式时最大定时时间为 65.536ms。如果需要定时时间大于最大定时值，可采用中断方式扩展定时时间。

提示：STC-ISP 在线编程软件工具中有定时器计算器，用于定时器定时初始化设置，可以根据具体需求在相应界面进行设置，单击“生成 C 代码”按钮，即可生成相应的程序代码，生成界面如图 4.2.5 所示。

范例程序 | 波特率计算器 | 定时器计算器 | 软件延时计算器 | 头文件 | 官方网站资

系统频率 12.000 MHz　　选择定时器 定时器0

定时长度 5 毫秒　　定时器模式 16位自动重载 (15系列)

误差 0.00%　　定时器时钟 1T (FOSC)

```
void Timer0Init(void)        //5毫秒@12.000MHz
{
        AUXR |= 0x80;        //定时器时钟1T模式
        TMOD &= 0xF0;        //设置定时器模式
        TL0 = 0xA0;          //设置定时初值
        TH0 = 0x15;          //设置定时初值
        TF0 = 0;             //清除TF0标志
        TR0 = 1;             //定时器0开始计时
}
```

生成C代码　生成ASM代码　复制代码

图 4.2.5　STC-ISP 软件定时器计算器工作界面

T0、T1 定时应用示例如下。

例 4.1　假设单片机系统时钟频率为 12MHz，用定时器 T0 实现定时，在 P0.0 引脚输出周期为 10ms 的方波。

周期为 10ms 的方波需要定时时间为 5ms，每 5ms 定时时间到 P0.0 引脚取反即可实现，采用定时器 T0 进行定时，工作方式 0，不分频（1T 方式），T0 初值计算：

$$\text{T0 初始值}=65\,536-0.005\times 12\,000\,000=5536=\text{15A0H}$$

因此：TH0=15H，TL0=A0H。

C 语言参考源程序如下：

```
#include <STC15Fxxxx.H>
sbit P0_0 = P0^0;
void main()
{
    P0M0 = 0xff;
    P0M1 = 0x00;                //P0 口设为推挽输出
    AUXR |= 0x80;               //定时器时钟 1T 模式
    TMOD &= 0xF0;               //设置定时器模式
    TL0 = 0xA1;                 //设置定时初值
    TH0 = 0x15;                 //设置定时初值 μ
    TR0 = 1;                    //定时器 0 开始计时
    while(1){
            if(TF0==1){         //判断 5ms 是否到
                TF0 = 0;        //清除 TF0 标志
                P0_0 = !P0_0;   //5ms 到取反
            }
    }
```

例 4.2 用定时器 T1 实现 P0.0 和 P0.1 两个引脚上 LED 灯闪烁点亮，如图 4.2.6 所示，要求 LED 闪烁间隔为 1s，单片机系统时钟频率为 12MHz，用定时器 T1 实现定时。

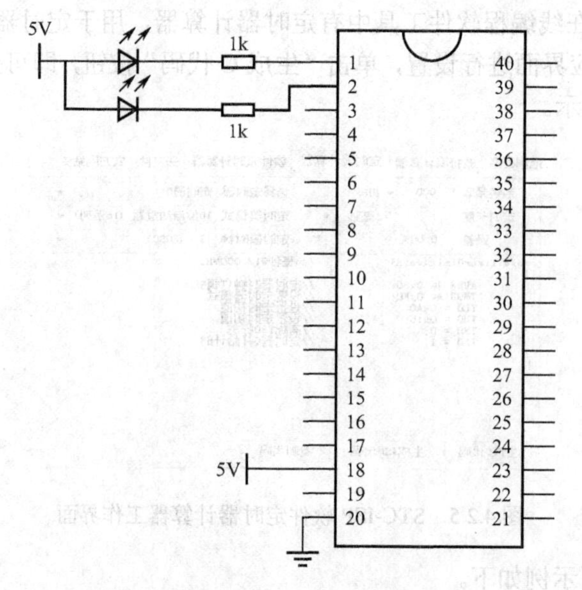

图 4.2.6 定时器 T1 实现 LED 灯闪烁点亮

采用定时器 T1 进行定时，工作方式 0，12 分频（12T 方式），系统时钟频率为 12MHz，最大定时时长为 65.536ms，若要定时 1s，需要进行累计实现。采用 T1 定时 50ms，累计 20 次可实现。T1 初值计算：

$$\text{T1 初始值}=65\,536-0.05\times12\,000\,000/12=15\,536=\text{3CB0H}$$

因此：TH1=3CH，TL1=B0H。

C 语言参考源程序如下：

```
#include <STC15Fxxxx.H>
sbit P0_0 = P0^0;
sbit P0_1 = P0^1;
unsigned char counter;
void main()
{
    P0M1 = 0;                                   //设置 P0 口为准双向口
     P0M0 = 0;
    AUXR &= 0xBF;                               //定时器时钟 12T 模式
    TMOD &= 0x0F;                               //设置定时器模式
    TL1 = 0xB0;                                 //设置定时初值
    TH1 = 0x3C;                                 //设置定时初值
    TR1 = 1;                                    //定时器 1 开始计时
    while(1)
        {
            if(TF1==1)                          //判断 50ms 是否到
            {
```

```
            TF1 = 0;                        //清除 TF1 标志
            counter++;
            if(counter==20)                 //若 1s 时间到，LED 灯取反
            {
                counter = 0;
                P0_0 = !P0_0;               //LED 灯闪烁
                P0_1 = !P0_1;
            }
        }
    }
}
```

T0、T1 计数应用示例如下。

例 4.3 用 T0 作计数器对外部信号进行计数，连续输入 5 个脉冲，使单片机控制 P0.0 口 LED 灯反向一次，如图 4.2.7 所示。采用 T0 方式 0 的计数方式。

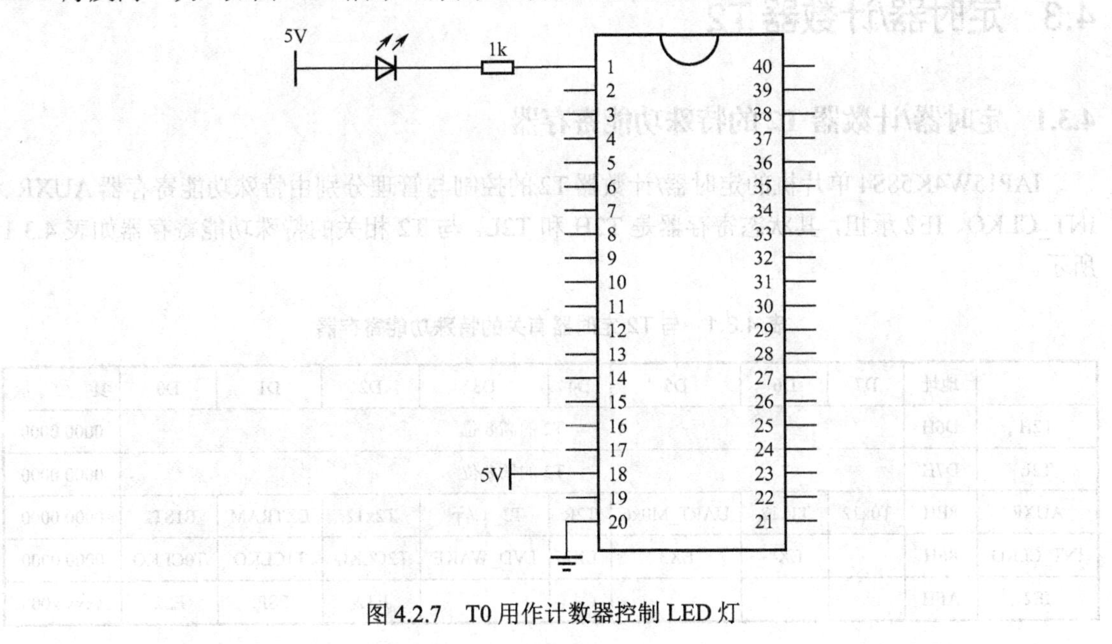

图 4.2.7 T0 用作计数器控制 LED 灯

C 语言参考源程序如下：

```
#include <STC15Fxxxx.H>
sbit LED = P0^0;
void main()
{
        P0M1 = 0;                           //设置 P0 口为准双向口
        P0M0 = 0;
        P3M0 = 0;
        P3M1 = 0;

        AUXR |= 0x80;                       //定时器 0 为 1T 模式
```

```
        TMOD = 0x04;                                    //设置 T0 为方式 0，计数
        TL0 = 0xFB;                                     //设置计数初值
        TH0 = 0xFF;                                     //设置计数初值
        TR0 = 1;                                        //启动计数
        EA = 1;                                         //总中断打开
        ET0 = 1;                                        //定时器中断打开

        while(1);
}
void Counter_ISR(void) interrupt 1 using 1
{
    LED=~LED;                                           //指示灯反相，可以看到闪烁
}
```

4.3 定时器/计数器 T2

4.3.1 定时器/计数器 T2 的特殊功能寄存器

IAP15W4K58S4 单片机的定时器/计数器 T2 的控制与管理分别由特殊功能寄存器 AUXR、INT_CLKO、IE2 承担，其状态寄存器是 T2H 和 T2L。与 T2 相关的特殊功能寄存器如表 4.3.1 所示。

表 4.3.1　与 T2 定时器有关的特殊功能寄存器

	地址	D7	D6	D5	D4	D3	D2	D1	D0	复 位 值
T2H	D6H	T2 的高 8 位								0000 0000
T2L	D7H	T2 的低 8 位								0000 0000
AUXR	8EH	T0x12	T1x12	UART_M0x6	T2R	T2_C/$\overline{\text{T}}$	T2x12	EXTRAM	S1ST2	0000 0000
INT_CLKO	8FH		EX4	EX3	EX2	LVD_WAKE	T2CLKO	T1CLKO	T0CLKO	0000 0000
IE2	AFH						ET2	ESPI	ES2	xxxx.x000

（1）T2 的启动运行由 AUXR 控制，可以用作定时器也可以用作计数器。

当 T2_C/$\overline{\text{T}}$=1 时，T2 用作计数器，计数脉冲为 P3.1 输入引脚的脉冲信号。

当 T2_C/$\overline{\text{T}}$=0 时，T2 用作定时器，若 T2x12=0，用作 12T 定时器，输入脉冲为系统时钟频率的 12 分频信号；若 T2x12=1，用作 1T 定时器，输入脉冲为系统时钟频率信号。

当 T2R=1 时，启动 T2 运行；当 T2R=0 时，停止 T2 运行。

（2）INT_CLKO 为可编程时钟输出寄存器。

当 T2CLKO 置 1 时，允许引脚 P3.0 作为 T2 的可编程时钟输出端口；

当 T2CLKO 清 0 时，禁止引脚 P3.0 作为 T2 的可编程时钟输出端口。

（3）IE2 为 T2 的中断允许位。

当 ET2=1 时，允许 T2 中断；当 ET2=0 时，禁止 T2 中断。

（4）S1ST2 为串行口 1（UART1）波特率发生器的选择控制位。

当 S1ST2=1 时，T2 为串行口 1（UART1）波特率发生器；当 S1ST2=0 时，T1 为串行口 1（UART1）波特率发生器。

4.3.2　定时器/计数器 T2 的工作方式

IAP15W4K58S4 单片机的定时器/计数器 T2 固定为 16 位自动重装方式，其逻辑结构如图 4.3.1 所示，T2 的电路结构与 T0、T1 相似。T2 除了可以当作定时器/计数器使用外，还可以用作串口的波特率发生器和可编程时钟输出源。

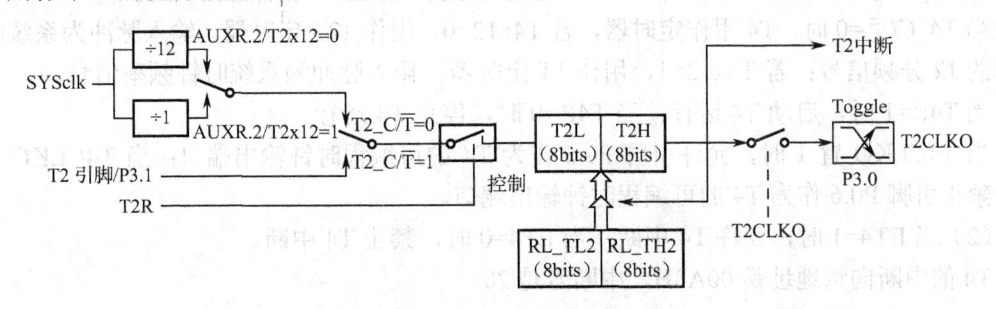

图 4.3.1　T2 的逻辑结构

4.4　定时器/计数器 T3、T4

4.4.1　定时器/计数器 T3、T4 的特殊功能寄存器

IAP15W4K58S4 单片机的定时器/计数器 T3、T4 的控制与管理分别由特殊功能寄存器 T4T3M、IE2 承担，其中 T3 的状态寄存器是 T3H 和 T3L，T4 的状态寄存器是 T4H 和 T4L。与 T3、T4 相关的特殊功能寄存器如表 4.4.1 所示。

表 4.4.1　与 T3、T4 定时器有关的特殊功能寄存器

	地址	D7	D6	D5	D4	D3	D2	D1	D0	复 位 值
T3H	D4H	T3 的高 8 位								0000 0000
T3L	D5H	T3 的低 8 位								
T4H	D2H	T4 的高 8 位								0000 0000
T4L	D3H	T4 的低 8 位								
T4T3M	D1H	T4R	T4_C/$\overline{T}$	T4x12	T4CLKO	T3R	T3_C/$\overline{T}$	T3x12	T3CLKO	0000 0000
IE2	AFH		ET4	ET3	ES4	ES3	ET2	ESPI	ES2	x0000000

T3 的特殊功能寄存器：

（1）T3 的启动运行由 T4T3M 控制，可以用作定时器，也可以用作计数器。

当 T3_C/$\overline{T}$=1 时，T3 用作计数器，计数脉冲为 P0.5 输入引脚的脉冲信号。

当 T3_C/$\overline{T}$=0 时，T3 用作定时器，若 T3x12=0，用作 12T 定时器，输入脉冲为系统时钟频率的 12 分频信号；若 T3x12=1，用作 1T 定时器，输入脉冲为系统时钟频率信号。

当 T3R=1 时，启动 T3 运行；当 T3R=0 时，停止 T3 运行。

当 T3CLKO 置 1 时，允许引脚 P0.4 作为 T3 的可编程时钟输出端口；当 T3CLKO 清 0 时，禁止引脚 P0.4 作为 T3 的可编程时钟输出端口。

（2）当 ET3=1 时，允许 T3 中断；当 ET3=0 时，禁止 T3 中断。

T3 的中断向量地址是 009BH，中断号是 19。

T4 的特殊功能寄存器：

（1）T4 的启动运行由 T4T3M 控制，可以用作定时器，也可以用作计数器。

当 T4_C/$\overline{T}$=1 时，T4 用作计数器，计数脉冲为 P0.7 输入引脚的脉冲信号。

当 T4_C/$\overline{T}$=0 时，T4 用作定时器，若 T4x12=0，用作 12T 定时器，输入脉冲为系统时钟频率的 12 分频信号；若 T4x12=1，用作 1T 定时器，输入脉冲为系统时钟频率信号。

当 T4R=1 时，启动 T4 运行；当 T4R=0 时，停止 T4 运行。

当 T4CLKO 置 1 时，允许引脚 P0.6 作为 T4 的可编程时钟输出端口；当 T4CLKO 清 0 时，禁止引脚 P0.6 作为 T4 的可编程时钟输出端口。

（2）当 ET4=1 时，允许 T4 中断；当 ET4=0 时，禁止 T4 中断。

T4 的中断向量地址是 00A3H，中断号是 20。

4.4.2 定时器/计数器 T3、T4 的工作方式

IAP15W4K58S4 单片机的定时器/计数器 T3、T4 固定为 16 位自动重装方式，逻辑结构分别如图 4.4.1 和图 4.4.2 所示。T3、T4 的电路结构与 T2 完全一致，其工作方式均固定为 16 位自动重装方式，除了可以当作定时器/计数器使用外，T3 还可以用作串口 3 的波特率发生器或可编程时钟输出，T4 还可作为串口 4 的波特率发生器或可编程时钟输出。

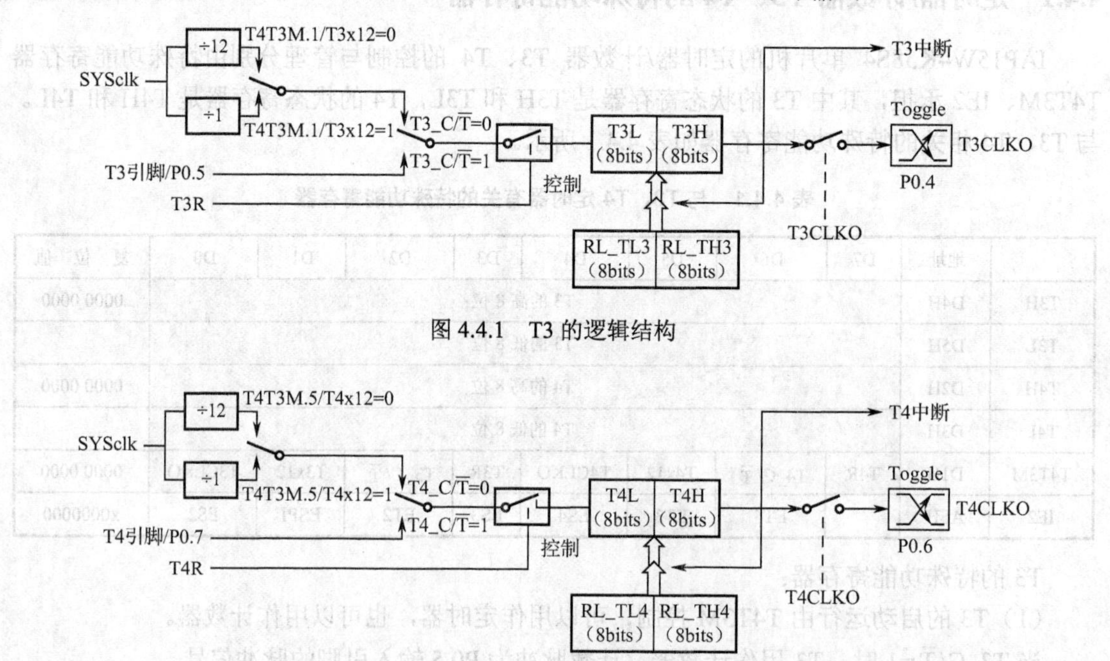

图 4.4.1 T3 的逻辑结构

图 4.4.2 T4 的逻辑结构

4.5 可编程时钟输出

IAP15W4K58S4 单片机除系统时钟 SysCLKO/P5.4 可编程输出外，还增加了 5 个可编程时钟输出引脚 T0CLKO/P3.5、T1CLKO/P3.4、T2CLKO/P3.0、T3CLKO/P0.4 和 T4CLKO/P0.6。在含有单片机的应用系统中，通常需要给外围器件提供时钟，过去常用 NE555 集成电路与分立元件来实现，现在 STC 单片机自带时钟输出功能，使用非常方便，不但可以降低成本，还缩小了电路板面积。

SysCLKO/P5.4 的时钟输出频率设置不要大于 I/O 口最高允许频率 13.5MHz，否则不能正常输出。T0CLKO/P3.5 的输出时钟频率由 T0 控制，T1CLKO/P3.4 的输出时钟频率由 T1 控制，相应的 T0 和 T1 工作在方式 0 和方式 2 下，即自动重装初值方式。T2CLKO/P3.0 的输出时钟频率由 T2 控制，T3CLKO/P0.4 的输出时钟频率由 T3 控制，T4CLKO/P0.6 的输出时钟频率由 T4 控制。

4.5.1 可编程时钟输出的特殊功能寄存器

可编程时钟输出由特殊功能寄存器 INT_CLKO 和 T4T3M 进行控制，相关定义如表 4.5.1 所示。

表 4.5.1 与可编程时钟输出有关的特殊功能寄存器

	地 址	D7	D6	D5	D4	D3	D2	D1	D0	复 位 值
INT_CLKO	8FH		EX4	EX3	EX2	LVD_WAKE	T2CLKO	T1CLKO	T0CLKO	0000 0000
T4T3M	D1H	T4R	T4_C/$\overline{T}$	T4x12	T4CLKO	T3R	T3_C/$\overline{T}$	T3x12	T3CLKO	0000 0000

- T0CLKO 为 T0 的时钟输出控制位。

当 T0CLKO=1 时，将 P3.5 配置为 T0 的时钟输出口；

当 T0CLKO=0 时，不允许将 P3.5 配置为 T0 的时钟输出口。

- T1CLKO 为 T1 的时钟输出控制位。

当 T1CLKO=1 时，将 P3.4 配置为 T1 的时钟输出口；

当 T1CLKO=0 时，不允许将 P3.4 配置为 T1 的时钟输出口。

- T2CLKO 为 T2 的时钟输出控制位。

当 T2CLKO=1 时，将 P3.0 配置为 T2 的时钟输出口；

当 T2CLKO=0 时，不允许将 P3.0 配置为 T2 的时钟输出口。

- T3CLKO 为 T3 的时钟输出控制位。

当 T3CLKO=1 时，将 P0.4 配置为 T3 的时钟输出口；

当 T3CLKO=0 时，不允许将 P0.4 配置为 T3 的时钟输出口。

- T4CLKO 为 T4 的时钟输出控制位。

当 T4CLKO=1 时，将 P0.6 配置为 T4 的时钟输出口；

当 T4CLKO=0 时，不允许将 P0.6 配置为 T4 的时钟输出口。

4.5.2 可编程时钟输出频率的计算

可编程时钟输出频率为定时器/计数器溢出率的二分频信号。

作为定时器时，可编程时钟输出频率 f_{out} 的计算公式如下。

1T 定时方式：$f_{out}=f_{sys}/2/(M-\text{Tx 初值})$

12T 定时方式：$f_{out}=f_{sys}/12/2/(M-\text{Tx 初值})$

式中，f_{sys} 为单片机系统时钟，Tx 为 T0、T1、T2，M 在工作方式 2 下为 256，其他方式下为 65 536。

作为定时器时，可编程时钟输出频率 f_{out} 的计算公式为：

$$f_{out}=\text{Tx 引脚外加脉冲频率}/2/(M-\text{Tx 初值})$$

式中，Tx 为 T0、T1、T2、T3、T4，M 在工作方式 2 下为 256，其他方式下为 65 536。

例 4.4 假设 IAP15W4K58S4 单片机的工作频率为 12MHz，T0 以工作方式 0（16 位自动重装初值）工作，为 1T 定时方式，编程实现 P3.5 引脚输出 38.4kHz 的时钟信号。

初值计算：

$$\text{T0 初值}=65\,536-12\,000\,000/(38\,400\times 2)=65\,380\text{，TH0=FF，TL0=64}$$

C 语言参考源程序如下：

```
#include <STC15Fxxxx.H>
void main()
{
        AUXR |= 0x80;              //T0 时钟为 1T 模式
        TMOD &= 0xF0;              //设置 T0 工作方式 0
        TL0 = 0x64;                //设置定时初值
        TH0 = 0xFF;                //设置定时初值
        INT_CLKO=0x01;             //允许 T0 时钟输出
        TR0=1;                     //启动 T0
        while(1);
}
```

第5章　串　行　口

串行接口（Serial Port）又称串口，也可称为串行通信接口（即COM口），是采用串行通信方式的扩展接口。常见的串行接口有RS-232、RS-485、RS-422等。

5.1　串行通信的基本概念

通信是人们传递信息的方式，计算机与外界的信息交换方式可分为并行通信和串行通信两种。并行通信是指数据的各位同时在多根数据线上发送或接收；串行通信是指数据的各位在同一根数据线上逐位发送或接收。图5.1.1为并行通信和串行通信示意图。

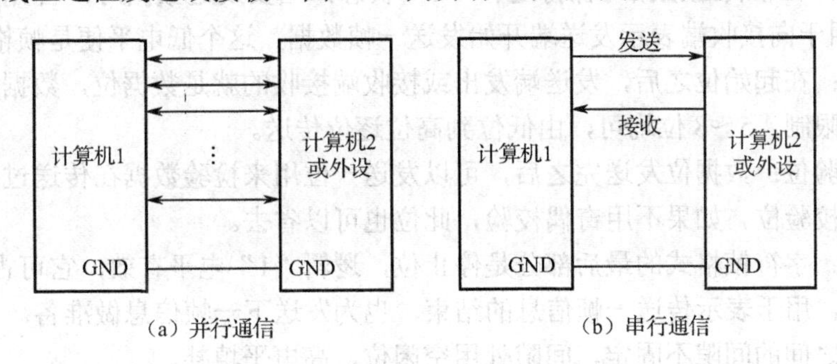

图5.1.1　并行通信和串行通信示意图

5.1.1　串行通信分类

串行通信按通信数据的时钟控制方式可分为同步通信和异步通信两类。

1. 同步通信

同步通信（Synchronous Communication）是一种连续传送数据的通信方式，一次通信传送多个字符数据，称为一帧信息。数据传送速率较高，通常可达56 000bps。其缺点是要求发送时钟和接收时钟保持严格同步。在发送数据前要先发送同步字符，再连续地发送数据。同步通信数据帧格式如图5.1.2所示。

同步 字符	数据 字符1	数据 字符2	…	数据 字符 *n*-1	数据 字符 *n*	校验 字符1	校验 字符2

图5.1.2　同步通信数据帧格式

2. 异步通信

异步通信（Asynchronous Communication）时，数据通常是以字符或字节为单位组成数据帧进行传送的。接收端和发送端各有一套彼此独立、互不同步的通信机构，由于收发数据的帧格式相同，因此可以相互识别接收到的数据信息。异步通信数据帧格式如图 5.1.3 所示。

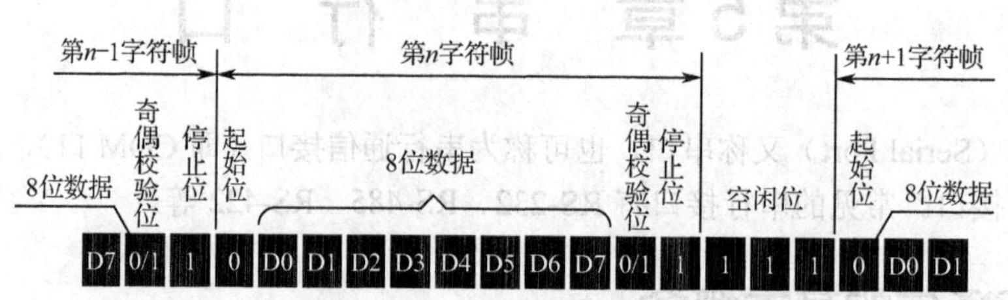

图 5.1.3　异步通信数据帧格式

数据帧又叫字符帧，是异步通信的重要指标之一，由起始位、数据位、奇偶校验位、停止位组成。

- 起始位：在不传送数据时保持逻辑“1”状态，当要发送数据时，首先发送一个逻辑“0”，用于向接收端表示发送端开始发送一帧数据，这个低电平便是帧格式的起始位。
- 数据位：在起始位之后，发送端发出或接收端接收的就是数据位，数据位的位数没有严格的限制，5～8 位均可，由低位到高位逐位传送。
- 奇偶校验位：数据位发送完之后，可以发送一位用来检验数据在传送过程中是否出错的奇偶校验位。如果不用奇偶校验，此位也可以省去。
- 停止位：字符帧格式的最后部分是停止位，逻辑“1”电平有效，它可占 1/2 位、1 位或 2 位，用于表示传送一帧信息的结束，也为发送下一帧信息做准备。
- 帧与帧之间的间隙不固定，间隙处用空闲位，高电平填补。

波特率是串行通信中的另一个重要指标，它是指传输数据的速率，也称比特率。波特率用于表征数据传输速度，波特率越高，数据传输速度越快。波特率的定义是每秒传输二进制数码的位数。例如，波特率为 1200bps 是指每秒能传输 1200 位二进制数码。波特率的倒数为每位数据传输时间。

异步通信的收、发方必须规定两件事：一是字符格式，即规定字符各部分所占的位数；二是所采用的波特率。这样才能保证数据传输的正确性。

5.1.2　串行通信的制式

在串行通信中，数据是在收、发双方之间传送的，按照数据传送方向，串行通信可分为单工、半双工和全双工三种制式，如图 5.1.4 所示。

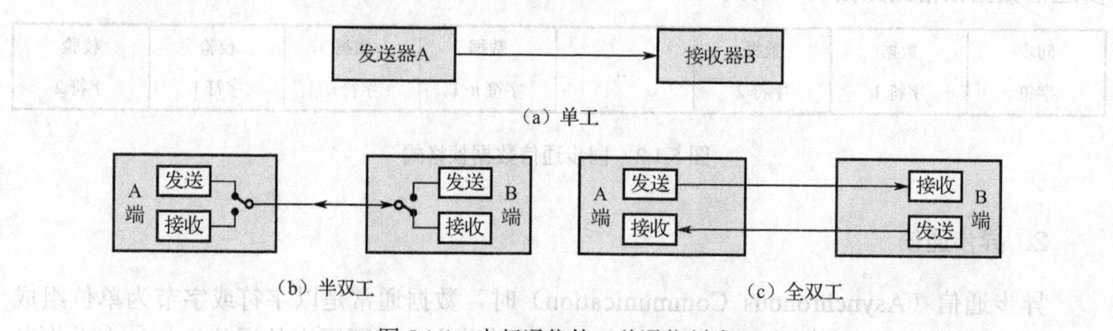

图 5.1.4　串行通信的三种通信制式

（1）单工制式：通信双方只能单向传送数据，一方接发送器，一方接接收器。

（2）半双工制式：通信双方都具有发送器和接收器，双方既可发送也可接收，但不能同时进行，即发送时不能接收、接收时不能发送。

（3）全双工制式：通信双方都具有发送器和接收器，并将信道划分为发送信道和接收信道，两端数据允许同时收发，因此，通信效率比前两种高。

5.2 IAP15W4K58S4 单片机串行口 1

IAP15W4K58S4 内部有 4 个采用 UART 工作方式的全双工串行口，每个串行口由两个数据缓冲器、一个移位寄存器、一个串行控制器和一个波特率发生器组成。每个串行口的数据缓冲器分为接收缓冲器和发送缓冲器，可以同时发送和接收数据。发送缓冲器只能写入，接收缓冲器只能读出，因此两个缓冲器可以共用一个地址码。

串行口 1 的两个数据缓冲器统称为 SBUF，地址码为 99H。通过软件指令来决定操作的是发送缓冲器还是接收缓冲器。例如，对 SBUF 进行读操作（x=SBUF）时，操作对象是串行口 1 的接收缓冲器；对 SBUF 进行写操作（SBUF=x）时，操作对象是串行口 1 的发送缓冲器。

IAP15W4K58S4 的串行口 1 对应的发送、接收引脚分别是 TXD/P3.1 和 RXD/P3.0，通过设置特殊功能寄存器 P_SW1 中的 S1_S1、S1_S0 控制位，串行口 1 的发送、接收引脚可切换到 P1.7、P1.6 或 P3.7、P3.6。

5.2.1 串行口 1 相关的特殊功能寄存器

与串行口 1 相关的特殊功能寄存器如表 5.2.1 所示，包括 AUXR、SBUF、SCON、PCON、CLK_DIV、P_SW1。

表 5.2.1 与串行口 1 相关的特殊功能寄存器

寄存器名	地址	D7	D6	D5	D4	D3	D2	D1	D0	复 位 值
AUXR	8EH	T0x12	T1x12	UART_M0x6	TR2	T2_C/$\overline{T}$	T2x12	EXTRAM	S1ST2	0000 0000
SBUF	99H	数据缓冲器								0000 0000
SCON	98H	SM0/FE	SM1	SM2	REN	TB8	RB8	TI	RI	0000 0000
PCON	87H	SMOD	SMOD0	LVDF	POF	GF1	GF0	PD	IDL	0011 0000
CLK_DIV	97H	MCKO_S1	MCKO_S0	ADRJ	Tx_Rx		CLKS2	CLKS1	CLKS0	0000 0000
P_SW1	A2H	S1_S1	S1_S0	CCP_S1	CCP_S0	SPI_S1	SPI_S0	0	DPS	0000 0000

1. 控制寄存器 SCON

串行口 1 的控制寄存器 SCON 用于选择串行通信的工作方式，各位功能定义如表 5.2.2 所示。

表 5.2.2 寄存器 SCON 各位功能定义

地 址	D7	D6	D5	D4	D3	D2	D1	D0	复 位 值
98H	SM0/FE	SM1	SM2	REN	TB8	RB8	TI	RI	0000 0000

● SM0/FE、SM1：串行口 1 方式选择位，SM0/FE 还可以用作帧错误检测。当 PCON 寄存器中的 SMOD0 为 1 时，该位用于帧错误检测，当检测到一个无效停止位时，通过 UART 接收器设置该位，必须由软件清零。当 PCON 寄存器中的 SMOD0 为 0 时，SM0/FE 和 SM1 一起制定串行通信的工作方式，如表 5.2.3 所示，其中，f_{sys} 为系统时钟频率。

表 5.2.3　串行口 1 工作方式

SM0　SM1	工作方式	功能说明	波特率
0　0	方式 0	8 位同步移位寄存器	$f_{sys}/12$ 或 $f_{sys}/2$
0　1	方式 1	10 位 UART	可变，取决于 T1 或 T2 的溢出率
1　0	方式 2	11 位 UART	$f_{sys}/64$ 或 $f_{sys}/32$
1　1	方式 3	11 位 UART	可变，取决于 T1 或 T2 的溢出率

● SM2：方式 2 或方式 3 下为多机通信控制位。在方式 2 或方式 3 允许接收时，当 SM2=1，且接收到的第 9 位数据 RB8=1 时，置位 RI，接收有效，若 RB8=0，则不激活 RI；当 SM2=0 时，无论接收到的第 9 位数据 RB8 是 0 还是 1，RI 都可以正常激活，接收有效。

● REN：串行接收允许控制位。由软件置位或清零，当 REN=1 时，启动接收；当 REN=0 时，禁止接收。

● TB8：在方式 2 或方式 3 下，为发送数据的第 9 位，由软件置位或清零。

● RB8：在方式 2 或方式 3 下，为接收数据的第 9 位，作为奇偶校验位或地址帧、数据帧的标志位。

● TI：发送中断请求标志位。在方式 0 下，发送完 8 位数据后，由硬件置 1；在其他方式下，在发送停止位之初由硬件置 1。TI 是发送完一帧数据的标志，向 CPU 请求中断，响应中断后，必须由软件清零。

● RI：接收中断请求标志位。在方式 0 下，接收完 8 位数据后，由硬件置 1；在其他方式下，在接收停止位的中间由硬件置 1。RI 是接收完一帧数据的标志，向 CPU 请求中断，响应中断后，必须由软件清零。

2. 电源控制寄存器 PCON

寄存器 PCON 的各位功能定义如表 5.2.4 所示。

表 5.2.4　寄存器 PCON 的各位功能定义

地　址	D7	D6	D5	D4	D3	D2	D1	D0	复位值
87H	SMOD	SMOD0	LVDF	POF	GF1	GF0	PD	IDL	0011 0000

● SMOD：波特率倍增系数选择位。在方式 1、2、3 下，SMOD=1，波特率加倍；SMOD=0，波特率不变。

● SMOD0：帧错误检测有效控制位。当 SMOD0=1 时，SCON 寄存器中的 SM0/FE 位用于帧错误检测；当 SMOD0=0 时，SCON 寄存器中的 SM0/FE 位用于 SM0 功能，与 SM1 一起制定串行口的工作方式。

3. 辅助寄存器AUXR

AUXR为辅助寄存器，其各位功能定义如表5.2.5所示。

表5.2.5 寄存器AUXR的各位功能定义

地址	D7	D6	D5	D4	D3	D2	D1	D0	复位值
8EH	T0x12	T1x12	UART_M0x6	T2R	T2_C/$\overline{T}$	T2x12	EXTRAM	S1ST2	0000 0000

- UART_M0x6：串行口方式0的通信速度设置位。当UART_M0x6=0时，串行口1方式0的速度与传统8051单片机速度相同，12分频；当UART_M0x6=1时，串行口1方式0的速度与传统8051单片机速度相同，2分频。
- S1ST2：用于选择串行口1在方式1、3时的波特率发生器，当S1ST2=0时，选择定时器T1作为波特率发生器；当S1ST2=1时，选择定时器T2作为波特率发生器。

4. 时钟分频寄存器CLK_DIV和辅助寄存器P_SW1

时钟分频寄存器和辅助寄存器的各位定义如表5.2.6所示。

表5.2.6 寄存器CLK_DIV和P_SW1的各位功能定义

寄存器名	地址	D7	D6	D5	D4	D3	D2	D1	D0	复位值
CLK_DIV	97H	MCKO_S1	MCKO_S0	ADRJ	Tx_Rx		CLKS2	CLKS1	CLKS0	0000 0000
P_SW1	A2H	S1_S1	S1_S0	CCP_S1	CCP_S0	SPI_S1	SPI_S0	0	DPS	0000 0000

- Tx_Rx：用于设置串行口1的中继广播方式，当Tx_Rx=1时，串行口1为中继广播方式；当Tx_Rx=0时，串行口1为正常广播方式。
- S1_S1、S1_S0：用于控制串行口1的硬件引脚切换。

5.2.2 串行口1的工作方式

串行口1有4种工作方式，分别为方式0、方式1、方式2和方式3。其中，方式0为同步移位寄存器方式，可实现串/并转换功能；方式1～3均为异步接收发送方式，主要用于通信。

1. 工作方式0

串行口1在方式0下，作为同步移位寄存器使用，串行数据从RXD（P3.0）端输入或输出，TXD（P3.1）端则专用于输出同步移位脉冲给外部移位寄存器。若AUXR寄存器中的UART_M0x6=0，则波特率为$f_{sys}/12$；若AUXR寄存器中的UART_M0x6=1，则波特率为$f_{sys}/12$。这种方式常用于扩展I/O口。

发送：当TI=0时，由一条写发送缓冲器SBUF的指令启动，串行口将数据以$f_{sys}/12$的波特率从RXD输出，低位在前、高位在后，发送完后中断标志位TI置1，并向CPU请求中断。若中断不开放，可通过查询TI的状态来确定是否发送完一组数据。再次发送数据之前，必须由软件清零TI标志。方式0发送时序如图5.2.1所示。

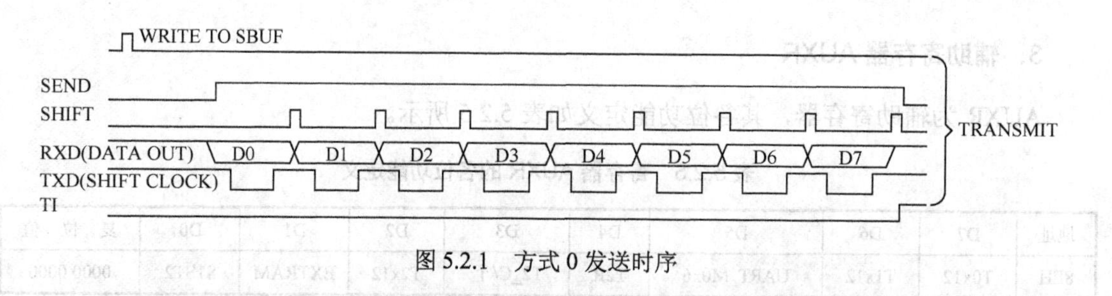

图 5.2.1 方式 0 发送时序

接收：当 RI=0 时，REN=1 启动接收过程，串行口从 RXD 端以 $f_{sys}/12$ 或 $f_{sys}/2$ 的波特率输入数据，低位在前、高位在后，当接收完 8 位数据后，中断标志 RI 置 1，并向 CPU 请求中断。再次接收数据之前，必须由软件清零 RI 标志。方式 0 接收时序如图 5.2.2 所示。

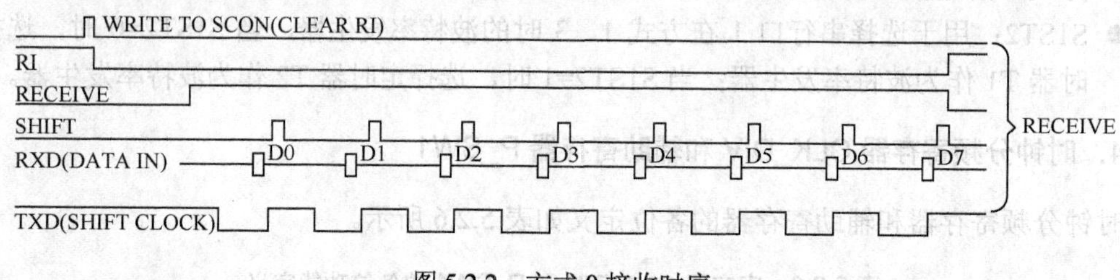

图 5.2.2 方式 0 接收时序

寄存器 SCON 中的 TB8、RB8、SM2 在方式 0 中不起作用，通常将它们设置为 0。需要注意的是，每当发送或接收完 8 位数据后，硬件会自动置位 TI 或 RI，CPU 响应中断后，必须软件清零。

2. 工作方式 1

串行口 1 在方式 1 下为 8 位 UART，波特率可调。一帧信息为 10 位，包括 1 位起始位（0）、8 位数据位、1 位停止位（1）。串行口在发送时能自动加入起始位和停止位，接收时，停止位进入 SCON 的 RB8 位。数据帧格式如图 5.2.3 所示。

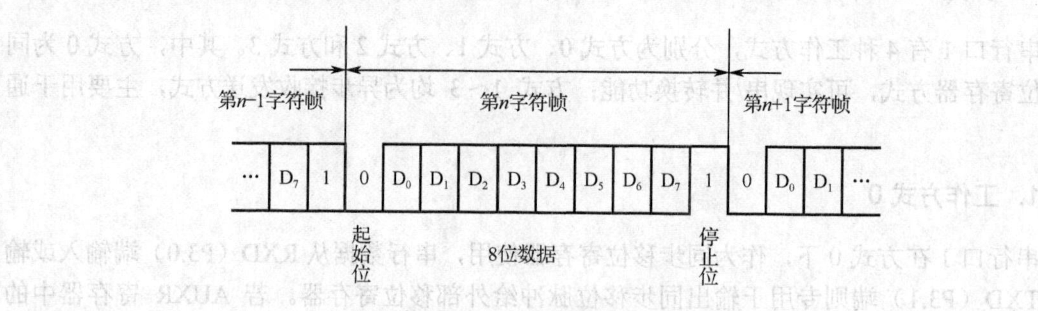

图 5.2.3 方式 1 数据帧格式

发送：当 TI=0 时，由一条写入串口缓冲器 SBUF 的指令启动串行口发送过程。在发送移位时钟的同步下，从 TXD 端先发送起始位，然后发送 8 位数据位，最后是停止位。一帧数据发送完毕后，中断请求标志 TI 置 1，通知 CPU 可以发送下一帧数据。方式 1 数据传输的波特率取决于定时器 T1 的溢出率或 T2 的溢出率。方式 1 发送时序如图 5.2.4 所示。

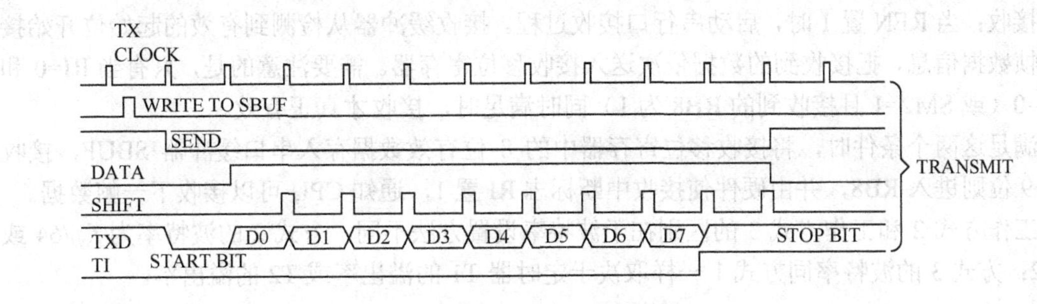

图 5.2.4 方式 1 发送时序

接收：当 REN 置 1 时，启动串行口接收过程。接收缓冲器从检测到有效的起始位开始接收一帧数据信息，把接收到的数据依次送入接收移位寄存器。需要注意的是，只有当 RI=0 和 SM2=0（或者接收到停止位为 1）两个条件同时满足时，接收才真正有效。

满足这两个条件时，将接收移位寄存器中的 8 位有效数据存入串口缓冲器 SBUF，接收到停止位则进入 RB8，并由硬件使接收中断标志 RI 置 1，通知 CPU 可以接收下一帧数据。方式 1 接收时序如图 5.2.5 所示。

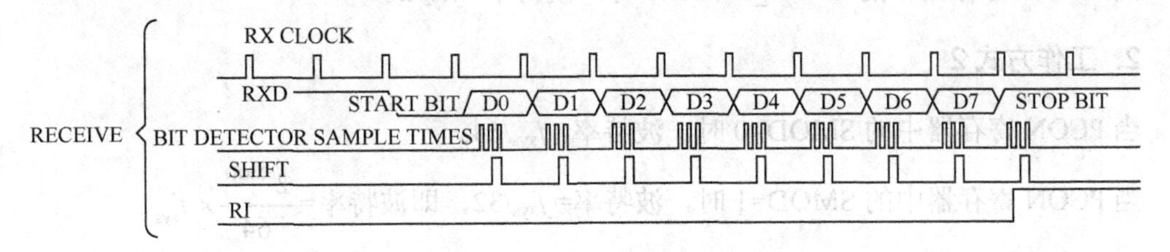

图 5.2.5 方式 1 接收时序

3．工作方式 2 和工作方式 3

串行口 1 的工作方式 2 和工作方式 3 均为 9 位 UART。一帧数据包括 1 位起始位（0）、8 位数据位、1 位可编程位（TB8）和 1 位停止位（1），其数据帧格式如图 5.2.6 所示。

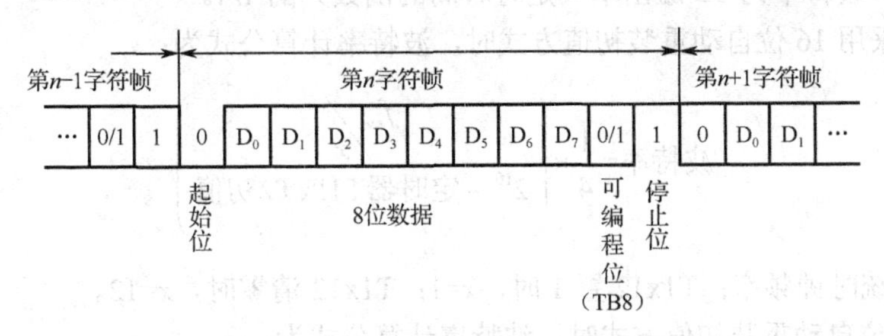

图 5.2.6 工作方式 2 和工作方式 3 数据帧格式

发送：工作方式 2 和工作方式 3 的发送包含 9 位有效数据，必须在发送前根据通信协议由软件设置好可编程位（TB8），可以设置为奇偶校验位，也可以设置成其他控制位。当 TI=0 时，用指令将要发送的数据写入 SBUF，启动发送器的发送过程。在发送移位时钟的同步下，从 TXD 端依次发送起始位、8 位数据和 TB8，最后是停止位。发送完毕后发送中断标志位置 1，并向 CPU 发出中断请求。在发送下一帧数据之前，TI 必须清零。

接收：当 REN 置 1 时，启动串行口接收过程。接收缓冲器从检测到有效的起始位开始接收一帧数据信息，把接收到的数据依次送入接收移位寄存器。需要注意的是，只有当 RI=0 和 SM2=0（或 SM2=1 且接收到的 RB8 为 1）同时满足时，接收才真正有效。

满足这两个条件时，将接收移位寄存器中的 8 位有效数据存入串口缓冲器 SBUF，接收到第 9 位则进入 RB8，并由硬件使接收中断标志 RI 置 1，通知 CPU 可以接收下一帧数据。

工作方式 2 和工作方式 3 的区别在于波特率设置方法不同，方式 2 的波特率为 $f_{sys}/64$ 或 $f_{sys}/32$；方式 3 的波特率同方式 1 一样取决于定时器 T1 的溢出率或 T2 的溢出率。

5.2.3 串行口 1 的波特率

在串行通信中，收、发双方对传送数据的速率（即波特率）要有一定的约定，才能进行正常的通信。串行口 1 具有 4 种工作方式，不同工作方式下的波特率计算公式有所不同。

1. 工作方式 0

当 AUXR 寄存器中的 UART_M0x6=0 时，波特率=$f_{sys}/12$；
当 AUXR 寄存器中的 UART_M0x6=1 时，波特率=$f_{sys}/2$。

2. 工作方式 2

当 PCON 寄存器中的 SMOD=0 时，波特率=$f_{sys}/64$；
当 PCON 寄存器中的 SMOD=1 时，波特率=$f_{sys}/32$，即波特率=$\frac{2^{SMOD}}{64}\times f_{sys}$。

3. 工作方式 1 和工作方式 3

波特率由定时器 T1 或 T2 的溢出率决定。

当 AUXR 寄存器中的 S1ST2=0 时，定时器 T1 为波特率发生器，波特率由 T1 的溢出率（T1 定时时间的倒数）和 SMOD 共同决定；当 AUXR 寄存器中的 S1ST2=1 时，定时器 T2 为波特率发生器，波特率为 T2 溢出率（定时时间的倒数）的 1/4。

T1 或 T2 采用 16 位自动重装初值方式时，波特率计算公式为：

$$\text{波特率}=\frac{1}{4}\times\left(\frac{f_{sys}/x}{2^{16}-\text{定时器T1或T2初值}}\right)$$

式中，f_{sys} 为系统时钟频率；T1x12 置 1 时，x=1；T1x12 清零时，x=12。

T1 采用 8 位自动重装初值方式时，波特率计算公式为：

$$\text{波特率}=\frac{2^{SMOD}}{32}\times\left(\frac{f_{sys}/x}{2^{8}-\text{定时器T1初值}}\right)$$

式中，SMOD 取决于 PCON 寄存器中的 SMOD 位。

当定时器 T1 作为波特率发生器使用时，通常工作在方式 0 或方式 2，为了避免溢出而产

生的不必要的中断，应禁止 T1 中断。

提示：STC-ISP 在线编程软件工具中有波特率计算器，可以根据具体需求在相应界面进行设置，单击“生成 C 代码”按钮，即可生成相应的程序代码，生成界面如图 5.2.7 所示。

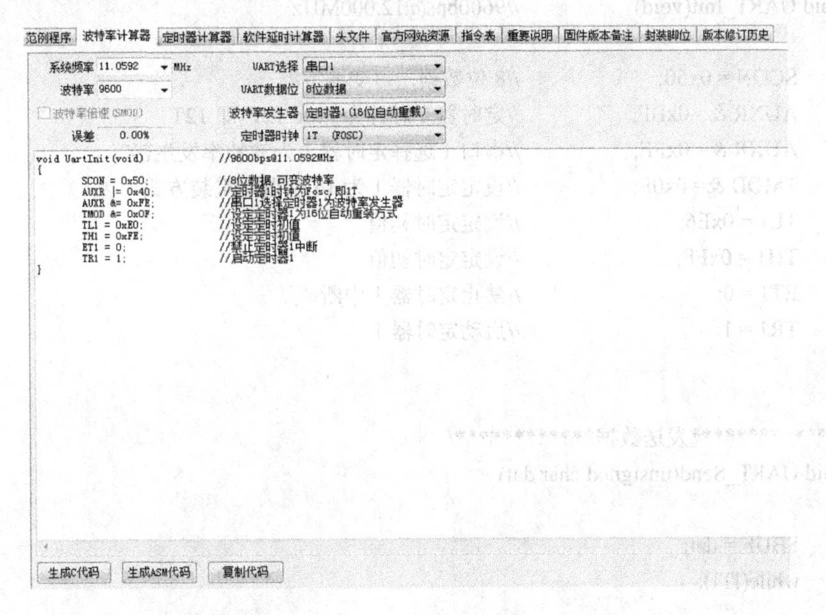

图 5.2.7 STC-ISP 软件波特率计算器工作界面

5.2.4 串行口 1 的应用

1. 串口 1 向 PC 发送数据

例 5.1 编程实现单片机向计算机发送 0～255 范围内逐渐增加的数据，使用串口 1，定时器 T1 作为波特率发生器，波特率为 9600/12MHz，程序下载完毕可以通过串口助手进行测试。

```
#include <STC15Fxxxx.H>
/*************延时程序***********/
void Delay_200ms(void)
{
    unsigned char i, j, k;
    _nop_();
    _nop_();
    i = 10;
    j = 31;
    k = 147;
    do{
        do{
            while(--k);
        } while(--j);
    } while(--i);
```

```
}

/**************波特率设置************/
void UART_Init(void)          //9600bps@12.000MHz
{
    SCON = 0x50;              //8 位数据，可变波特率
    AUXR &= 0xBF;             //定时器 1 时钟为 Fosc/12，即 12T
    AUXR &= 0xFE;             //串口 1 选择定时器 1 为波特率发生器
    TMOD &= 0x0F;             //设定定时器 1 为 16 位自动重装方式
    TL1 = 0xE6;               //设定定时初值
    TH1 = 0xFF;               //设定定时初值
    ET1 = 0;                  //禁止定时器 1 中断
    TR1 = 1;                  //启动定时器 1
}

/************发送数据************/
void UART_Send(unsigned char dat)
{
    SBUF = dat;
    while(!TI);
}

/************主函数************/
void main()
{
    unsigned char num=0;
    UART_Init();
    while(1)
    {
        UART_Send(num++);
        Delay_200ms();
    }
```

2. 双机串行通信

双机串行通信用于单片机与单片机之间交换信息。若两个单片机应用系统距离较近，可直接将串行端口进行连接，即 1 号机的 TXD 接 2 号机的 RXD，1 号机的 RXD 接 2 号机的 TXD，两机的 GND 相连，如图 5.2.8 所示。若两个系统距离较远，则需要采用 RS-232C 或 RS-485 标准进行双机通信。

例 5.2 两个单片机之间通过串口 1 进行通信，选用定时器 T1 作为波特率发生器，频率为 11.059 2MHz，波特率为 9 600bps。如图 5.2.9 所示，要求 1 号机的 P2.0 和 P2.1 引脚作为输入开关信号，通过串口发送给 2 号单片机，2 号单片机根据接收信号做出不同响应，当 P2.0 和 P2.1 引脚为 00 时，P1.0 引脚控制 LED 点亮；当 P2.0 和 P2.1 引脚为 01 时，P1.1 引脚控制 LED 点亮；当 P2.0 和 P2.1 引脚为 10 时，P1.2 引脚控制 LED 点亮；当 P2.0 和 P2.1 引脚为 11

时，P1.3 引脚控制 LED 点亮。反之，同理。

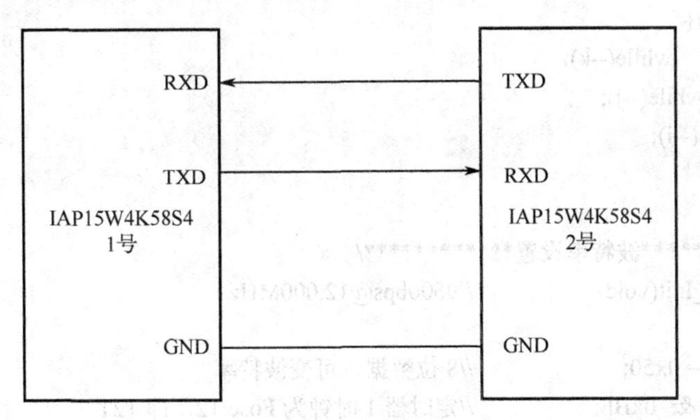

图 5.2.8 双机异步通信接口电路

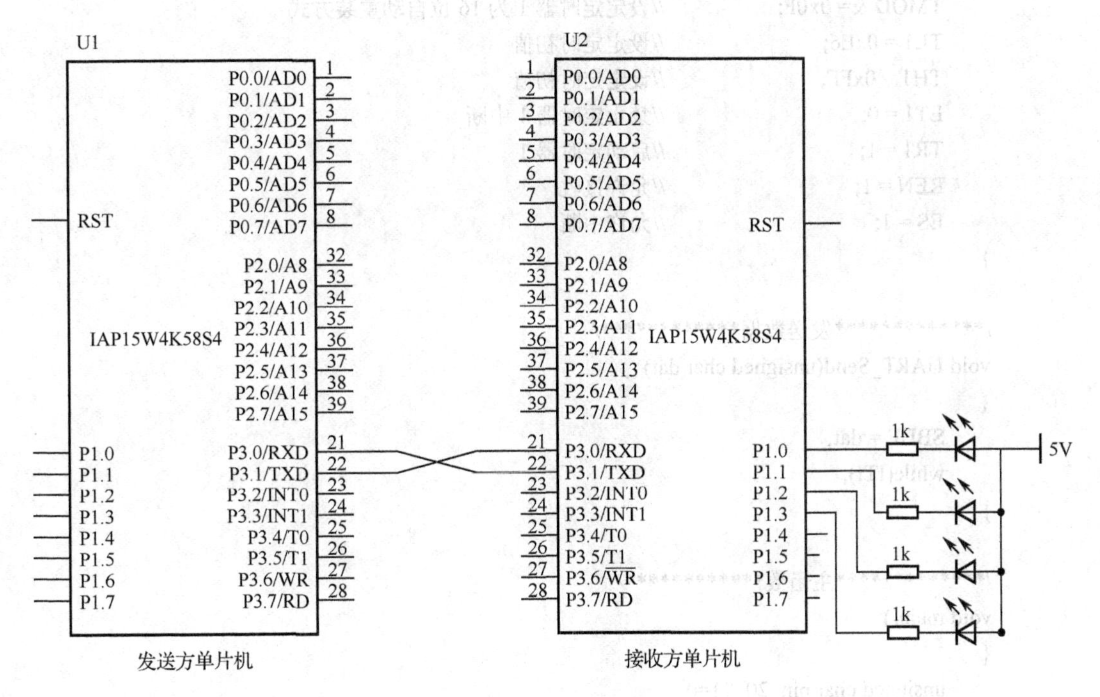

图 5.2.9 双机通信

```
#include <STC15Fxxxx.H>
/*************延时程序************/
void Delay_200ms(void)
{
    unsigned char i, j, k;
    _nop_();
    _nop_();
    i = 10;
    j = 31;
    k = 147;
```

```
    do{
        do{
            while(--k);
        } while(--j);
    } while(--i);
}

/**************波特率设置*************/
void UART_Init(void)            //9600bps@12.000MHz
{
    SCON = 0x50;                //8 位数据，可变波特率
    AUXR &= 0xBF;               //定时器 1 时钟为 Fosc/12，即 12T
    AUXR &= 0xFE;               //串口 1 选择定时器 1 为波特率发生器
    TMOD &= 0x0F;               //设定定时器 1 为 16 位自动重装方式
    TL1 = 0xE6;                 //设定定时初值
    TH1 = 0xFF;                 //设定定时初值
    ET1 = 0;                    //禁止定时器 1 中断
    TR1 = 1;                    //启动定时器 1
    REN = 1;                    //允许接收
    ES = 1;                     //允许中断
}

/*************发送数据************/
void UART_Send(unsigned char dat)
{
    SBUF = dat;
    while(!TI);
}

/*************主函数*************/
void main()
{
    unsigned char pin_20_21=0;
    UART_Init();
    P1M1 = 0;
    P1M0 = 0;
    EA = 1;
    while(1){
        pin_20_21 = P2 & 0x03;
        UART_Send(pin_20_21);
        Delay_200ms();
    }
}
void UART1_ISR() interrupt 4 using 1
{
```

```
        unsigned char buf;
        if(RI){
                RI = 0;                         //清除 RI 位
                buf = SBUF;                     //读取 P2.0,P2.1 状态
                P1 &= ~0x0f;
                P1 |= 1<<(buf & 0x03);
        }

    if (TI){
                TI = 0;                         //清除 TI 位
                }
    }
```

3. 多机通信

IAP15W4K58S4 单片机串行通信方式 2 和方式 3 具有多机通信功能，可构成各种分布式通信系统，常用的为主从式多机通信方式，如图 5.2.10 所示。在这种方式中，使用一台主机和多台从机。主机决定与哪个从机进行通信，发送的信息可以传送到各个从机或指定从机，各从机发送的信息只能被主机接收，从机之间不能互相通信。

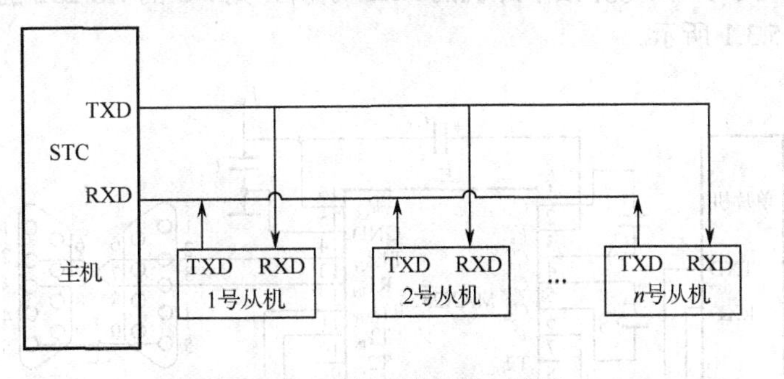

图 5.2.10　多机通信连接示意图

在多机通信中，要保证主机与从机之间可靠地通信，主要依靠主、从机之间正确的设置与判断 SM2 及发送或接收的第 9 位数据 TB8 或 RB8 来完成。主机对 TB8 赋值 1 规定发送的是地址帧，对 TB8 赋值 0 规定发送的是数据帧。串行口 1 在工作方式 2 或工作方式 3 接收时，有两种情况：

（1）当 SM2=1 时，允许多机通信，若接收到的第 9 位数据为 1，置位 RI 标志，并向 CPU 发出中断请求；若接收到的第 9 位数据为 0，不会置位 RI 标志，不产生中断，信息将被丢弃，即不能接收数据。

（2）当 SM2=0 时，接收到的第 9 位数据无论是 0 还是 1，都会置位 RI 中断标志，即接收数据。

多机通信的过程如下。

（1）所有从机 SM2 位置 1，是指处于只能接收地址帧的状态，如 SCON=0xd8。

（2）主机发送地址帧，包含 8 位地址信息，第 9 位为 1，进行从机寻址，如 SCON=0xf0。

（3）各从机接收地址信息。从机接收到地址帧后，将 8 位地址信息与其自身地址相比较，

若相同则清零控制位 SM2，以接收主机随后发来的所有信息；不同则保持控制位 SM2 为 1，对主机随后发来的信息不理睬，直到发送新的一帧地址信息。

（4）主机发送数据信息给被寻址的从机。其中主机置 TB8 为 0，表示发送的是数据。对于被寻址到的从机，因其控制位 SM2 为 0，串行接收后会置位 RI 标志，引发串行接收中断，执行串行接收中断服务程序，接收主机发过来的数据信息。而对于其他从机，则不作反应。

5.3 单片机与 PC 通信

5.3.1 单片机与 PC RS-232 串行通信接口

在单片机应用系统中，经常需要与 PC 进行通信。PC 的串行口为 RS-232 电平（-15V～+15V），单片机的串行口为 TTL 电平，二者的电气规范不一致，必须进行电平转换才能通信。采用 MAX232 电平转换芯片实现单片机与 PC 的 RS-232 标准接口通信电路。

单片机与 PC 进行串行通信最简单的硬件连接是零调制三线经济型，这是进行全双工通信所必需的最少数目的线路。从 MAX232 芯片两路发送接收中任选一路作为接口，PC 的 9 针串口只连接其中的三根线（2,3,5），若 $T1_{IN}$ 接单片机的发送端 TXD，则 PC 的 RS-232 的 2 脚接 $T1_{OUT}$ 引脚。同时，$R1_{OUT}$ 接单片机的 RXD 引脚，则 PC 的 RS-232 的 3 脚接 $R1_{IN}$ 引脚。其接口电路如图 5.3.1 所示。

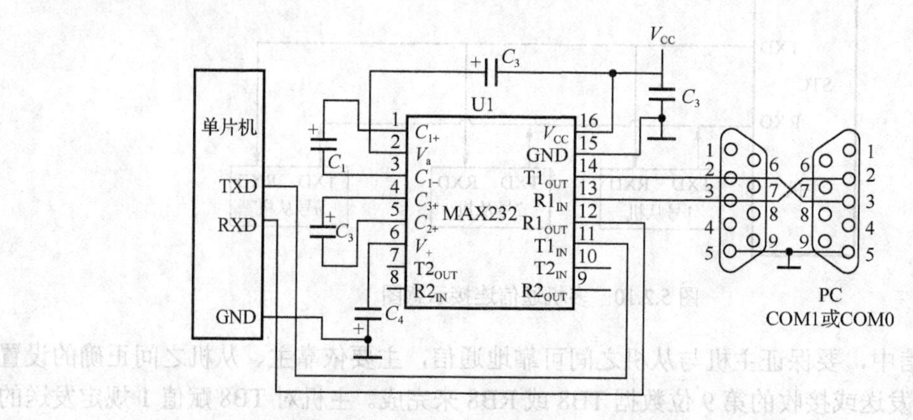

图 5.3.1 采用 MAX232 接口的串行通信电路图

5.3.2 单片机与 PC USB 总线通信接口

目前，常用的 PC 已经很少配有 RS-232 串行接口了，取而代之的是 USB 总线通信接口。为了适应这一需求，可采用 CH340G 将 USB 总线转串口 UART，采用 USB 总线模拟 UART 通信实现 PC 与 STC 单片机串行通信。

IAP15W4K58S4 单片机内部集成了 USB 到串口 1 的转换电路，因此，应用中可直接与 PC 的 USB 接口进行通信，如图 5.3.2 所示，实际上，此电路就是 IAP15W4K58S4 单片机的在线编程电路。

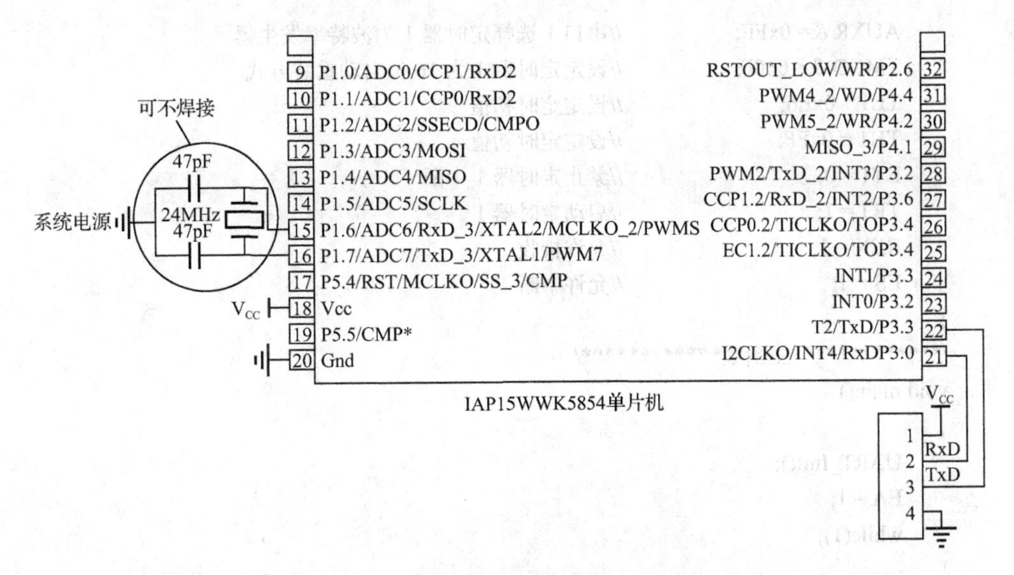

图 5.3.2　IAP15W4K58S4 与 PC 之间的接口

IAP15W4K58S4 单片机与 PC USB 接口连接并供电后，PC 会自动进行检测，如果是用户第一次将单片机接入 USB 接口，PC 需要安装 USB 驱动程序，安装完成后 PC 会生成一个 USB 转串口的模拟串口号，在设备管理器的端口选项中能查到这个模拟串口号，单片机与 PC 通信或在线下载用户程序时，可以直接使用这个模拟串口号，如图 5.3.3 所示。

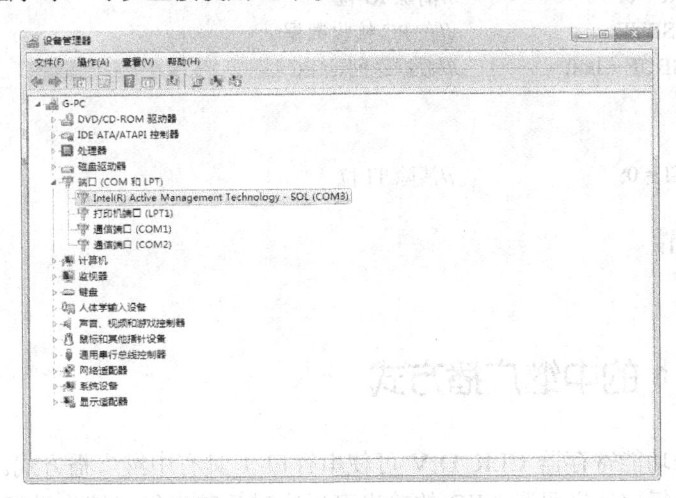

图 5.3.3　PC 识别到的设备

例 5.3　单片机与 PC 之间串行通信 C 程序。

```
#include <STC15Fxxxx.H>
/**************波特率设置************/
void UART_Init(void)            //9 600bps@12.000MHz
{
    SCON = 0x50;                //8 位数据,可变波特率
    AUXR &= 0xBF;               //定时器 1 时钟为 Fosc/12,即 12T
```

```
    AUXR &= 0xFE;               //串口 1 选择定时器 1 为波特率发生器
    TMOD &= 0x0F;               //设定定时器 1 为 16 位自动重装方式
    TL1 = 0xE6;                 //设定定时初值
    TH1 = 0xFF;                 //设定定时初值
    ET1 = 0;                    //禁止定时器 1 中断
    TR1 = 1;                    //启动定时器 1
    REN = 1;                    //允许接收
    ES = 1;                     //允许中断
}
/*************主函数*************/
void main()
{
    UART_Init();
    EA = 1;
    while(1);
}
void UART1_ISR() interrupt 4
{
    unsigned char buf;
    EA = 0;
    if(RI){
        RI = 0;                 //清除 RI 位
    buf = SBUF;                 //在 PC 接收数据
        SBUF = buf;             //数据送回给 PC
}
if (TI){
        TI = 0;                 //清除 TI 位
    }
    EA = 1;
}
```

5.4　串行口 1 的中继广播方式

通过设置特殊功能寄存器 CLK_DIV 可使串行口 1 具有中继广播方式。所谓的中继广播方式是指单片机串行口发送引脚 TXD 的输出可以实时反映串行口接收引脚 RXD 输入的电平状态。CLK_DIV 各位功能定义如表 5.4.1 所示。

表 5.4.1　CLK_DIV 各位功能定义

寄存器名	地　址	D7	D6	D5	D4	D3	D2	D1	D0	复位值
CLK_DIV	97H	MCKO_S1	MCKO_S0	ADRJ	Tx_Rx		CLKS2	CLKS1	CLKS0	0000 0000

Tx_Rx：串行口 1 中继广播方式设置位。当 Tx_Rx=0 时，串行口 1 为正常工作方式；当 Tx_Rx=1 时，串行口 1 设置为中继广播方式。

串行口 1 的中继广播方式除可以通过 Tx_Rx 设置外，还可以在 STC-ISP 下载编程软件中设置。当单片机的工作电压低于上电复位门限电压时（3V 单片机为 1.8V 左右，5V 单片机为 3.2V 左右），Tx_Rx 默认为 0，串行口 1 为正常工作方式。当单片机的工作电压高于上电复位门限电压时，单片机首先读取用户在 STC-ISP 下载编程软件中的设置，如果用户允许“单片机 TXD 引脚的对外输出实时反映 RXD 引脚输入的电平状态”，即中继广播方式，则上电复位后 TXD_2 引脚的对外输出可以实时反映 RXD_2 引脚输入的电平状态；如果用户未选择“单片机 TXD 引脚的对外输出实时反映 RXD 引脚输入的电平状态”，则上电复位后串行口 1 为正常工作方式。

5.5 IAP15W4K58S4 单片机串行口 2

IAP15W4K58S4 的串行口 2 对应的发送、接收引脚分别是 TXD2/P1.1 和 RXD2/P1.0，通过设置特殊功能寄存器 S2_S 控制位，串行口 2 的发送、接收引脚可切换到 P4.7、P4.6。

与串行口 2 有关的特殊功能寄存器有 S2BUF 和 S2CON，如表 5.5.1 所示。

表 5.5.1 与串行口 2 相关的特殊功能寄存器

寄存器名	地址	D7	D6	D5	D4	D3	D2	D1	D0	复位值
AUXR	8EH	T0x12	T1x12	UART_M0x6	TR2	$T2\_C/\overline{T}$	T2x12	EXTRAM	S1ST2	0000 0000
S2BUF	9BH	串行口 2 数据缓冲器								0000 0000
S2CON	9AH	S2SM0		S2SM2	S2REN	S2TB8	S2RB8	S2TI	S2RI	0x00 0000
IE2	AFH		ET4	ET3	ES4	ES3	ET2	ESPI	ES2	X000 0000
IP2	B5H							PSPI	PS2	0000 0000
P_SW2	BAH						S4_S	S3_S	S2_S	xxxx x000

1. 数据缓冲器 S2BUF

S2BUF 的地址为 9BH，用作串行口 2 的发送和接收数据缓冲器，与 SBUF 相同，一个地址对应两个物理上的缓冲器，写 S2BUF 的操作完成待发送数据的加载，读 S2BUF 的操作可获得已接收到的数据。

2. 控制寄存器 S2CON

S2CON 用于设置串行口 2 的工作方式，各位功能定义如表 5.5.2 所示。

表 5.5.2 S2CON 各位功能定义

寄存器名	地址	D7	D6	D5	D4	D3	D2	D1	D0	复位值
S2CON	9AH	S2SM0		S2SM2	S2REN	S2TB8	S2RB8	S2TI	S2RI	0x00 0000

（1）S2SM0：串行口 2 的工作方式选择位，如表 5.5.3 所示，串行口 2 的波特率为 T2 定时器溢出率的 1/4。

表 5.5.3　串行口 2 工作方式

S2SM0	工 作 方 式	功 能 说 明
0	方式 0	8 位 UART，波特率为：T2 溢出率/4
1	方式 1	8 位 UART，波特率为：T2 溢出率/4

（2）S2SM2：串行口 2 多机通信控制位，用于工作方式 1。在工作方式 1，S2REN=1 允许接收时，若 S2SM2=1，且接收到的第 9 位数据 S2RB8=1，则接收有效，S2RI 置 1；若接收到的第 9 位数据 S2RB8=0 时，则接收无效。在工作方式处于接收方式时，若 S2SM2=0，无论接收到的第 9 位数据 S2RB8 是否为 1，接收都有效。

（3）S2REN：串行口 2 的允许接收控制位。由软件置“1”允许接收，由软件清零禁止接收。

（4）S2TB8：串行口 2 在工作方式 1 发送的第 9 位数据，由软件置“1”或清零。

（5）S2RB8：串行口 2 在工作方式 1 接收的第 9 位数据，作为奇偶校验位或地址帧、数据帧的标志位。

（6）S2TI：串行口 2 发送中断请求标志位。在开始发送停止位时由硬件置位，S2TI 是发送完一帧数据的标志，响应中断后必须用软件清零。

（7）S2RI：串行口 2 接收中断请求标志位。在接收停止位的中间时刻由硬件置位，S2RI 是接收完一帧数据的标志，响应中断后必须由软件清零。

3．中断控制位 ES2 和 PS2

- ES2：串行口 2 的中断允许位，当 ES2=1 时，允许；当 ES2=0 时，禁止。
- IP2：串行口 2 的中断优先级设置位，“1”为高级，“0”为低级。

IAP15W4K58S4 单片机串行口 2 主要用于通信，工作方式 0 为 8 位 UART，工作方式 1 为 9 位 UART，数据通过 P1.0（RXD2）接收，通过 P1.1（TXD2）发送。两种工作方式均采用定时器 T2 作为波特率发生器，波特率为：定时器 T2 的溢出率/4。

$$\text{串行口2波特率}=\left(\frac{f_{\text{sys}}\ /\ x}{2^{16}-\text{定时器T2初值}}\right)\times\frac{1}{4}$$

式中，x 取决于寄存器 AUXR 中的 T2x12 位，当 T2x12=1 时，x=1；当 T2x12=0 时，x=12。

5.6　IAP15W4K58S4 单片机串行口 3

IAP15W4K58S4 的串行口 3 对应的发送、接收引脚分别是 TXD3/P0.1 和 RXD3/P0.0，通过设置特殊功能寄存器 S3_S 控制位，串行口 3 的发送、接收引脚可切换到 P5.1、P5.0。与串行口 3 相关的特殊功能寄存器有 S3BUF 和 S3CON，如表 5.6.1 所示。

1．数据缓冲器 S3BUF

S3BUF 的地址为 ADH，用作串行口 3 的发送和接收数据缓冲器。与 SBUF 相同，一个地

址对应两个物理上的缓冲器，写 S3BUF 的操作完成待发送数据的加载，读 S3BUF 的操作可获得已接收到的数据。

表 5.6.1 与串行口 3 相关的特殊功能寄存器

寄存器名	地 址	D7	D6	D5	D4	D3	D2	D1	D0	复位值
AUXR	8EH	T0x12	T1x12	UART_M0x6	TR2	T2_C/$\overline{T}$	T2x12	EXTRAM	S1ST2	0000 0000
S3BUF	ADH	串行口 3 数据缓冲器								0000 0000
S3CON	ACH	S3SM0	S3ST3	S3SM2	S3REN	S3TB8	S3RB8	S3TI	S3RI	0000 0000
IE2	AFH		ET4	ET3	ES4	ES3	ET2	ESPI	ES2	X000 0000
T4T3M	D1H	T4R	T4_C/$\overline{T}$	T4x12	T4CLKO	T3R	T3_C/$\overline{T}$	T3x12	T3CLKO	0000 0000
P_SW2	BAH						S4_S	S3_S	S2_S	xxxx x000

2. 控制寄存器 S3CON

S3CON 用于设置串行口 3 的工作方式，各位功能定义如表 5.6.2 所示。

表 5.6.2 S3CON 各位功能定义

寄存器名	地 址	D7	D6	D5	D4	D3	D2	D1	D0	复位值
S3CON	ACH	S3SM0	S3ST3	S3SM2	S3REN	S3TB8	S3RB8	S3TI	S3RI	0000 0000

- S3SM0：串行口 3 的工作方式选择位，如表 5.6.3 所示，串行口 3 的波特率为 T2 或 T3 定时器溢出率的 1/4。

表 5.6.3 串行口 3 工作方式

S3SM0	工作方式	功能说明
0	方式 0	8 位 UART，波特率为 T2 或 T3 溢出率/4
1	方式 1	9 位 UART，波特率为 T2 或 T3 溢出率/4

- S3ST3：串行口 3 波特率发生器选择控制位。当 S3ST3=0 时，选择定时器 T2 为波特率发生器；当 S3ST3=1 时，选择定时器 T3 为波特率发生器。
- S3SM2：串行口 3 多机通信控制位，用于工作方式 1。在工作方式 1，S3REN=1 允许接收时，若 S3SM2=1，且接收到的第 9 位数据 S3RB8=1，则接收有效，S3RI 置“1”；若接收到的第 9 位数据 S3RB8=0，则接收无效。在工作方式处于接收方式时，若 S3SM2=0，则无论接收到的第 9 位数据 S3RB8 是否为 1，接收都有效。
- S3REN：串行口 3 的允许接收控制位。由软件置“1”允许接收，由软件清零禁止接收。
- S3TB8：串行口 3 在工作方式 1 发送的第 9 位数据，由软件置“1”或清零。
- S3RB8：串行口 3 在工作方式 1 接收的第 9 位数据，作为奇偶校验位或地址帧、数据帧的标志位。
- S3TI：串行口 3 发送中断请求标志位。在开始发送停止位时由硬件置位，S3TI 是发送完一帧数据的标志，响应中断后必须由软件清零。

● S3RI：串行口 3 接收中断请求标志位。在接收停止位的中间时刻由硬件置位，S3RI 是接收完一帧数据的标志，响应中断后必须由软件清零。

3．中断控制位 ES3

ES3 是串行口 3 的中断允许位，当 ES3=1 时，允许；当 ES3=0 时，禁止。

5.7 IAP15W4K58S4 单片机串行口 4

IAP15W4K58S4 的串行口 4 对应的发送、接收引脚分别是 TXD4/P0.3 和 RXD4/P0.2，通过设置特殊功能寄存器 S4_S 控制位，串行口 4 的发送、接收引脚可切换到 P5.3、P5.2。

与串行口 4 相关的特殊功能寄存器有 S4BUF 和 S4CON，如表 5.7.1 所示。

表 5.7.1　与串行口 4 相关的特殊功能寄存器

寄存器名	地址	D7	D6	D5	D4	D3	D2	D1	D0	复位值
AUXR	8EH	T0x12	T1x12	UART_M0x6	TR2	T2_C/$\overline{T}$	T2x12	EXTRAM	S1ST2	0000 0000
S4BUF	85H	串行口 4 数据缓冲器								0000 0000
S4CON	84H	S4SM0	S4ST4	S4SM2	S4REN	S4TB8	S4RB8	S4TI	S4RI	0000 0000
IE2	AFH		ET4	ET3	ES4	ES3	ET2	ESPI	ES2	X000 0000
T4T3M	D1H	T4R	T4_C/$\overline{T}$	T4x12	T4CLKO	T3R	T3_C/$\overline{T}$	T3x12	T3CLKO	0000 0000
P_SW2	BAH						S4_S	S3_S	S2_S	xxxx x000

1．数据缓冲器 S4BUF

S4BUF 的地址为 85H，用作串行口 4 的发送和接收数据缓冲器。与 SBUF 相同，一个地址对应两个物理上的缓冲器，写 S4BUF 的操作完成待发送数据的加载，读 S4BUF 的操作可获得已接收到的数据。

2．控制寄存器 S4CON

S4CON 用于设置串行口 4 的工作方式，各位功能定义如表 5.7.2 所示。

表 5.7.2　S4CON 各位功能定义

寄存器名	地址	D7	D6	D5	D4	D3	D2	D1	D0	复位值
S4CON	84H	S4SM0	S4ST4	S4SM2	S4REN	S4TB8	S4RB8	S4TI	S4RI	0000 0000

● S4SM0：串行口 4 的工作方式选择位，如表 5.7.3 所示，串行口 4 的波特率为 T2 或 T4 定时器溢出率的 1/4。

表 5.7.3　串行口 4 工作方式

S4SM0	工作方式	功能说明
0	方式 0	8 位 UART，波特率为 T2 或 T4 溢出率/4
1	方式 1	8 位 UART，波特率为 T2 或 T4 溢出率/4

- S4ST4：串行口 4 波特率发生器选择控制位。当 S4ST4=0 时，选择定时器 T2 为波特率发生器；当 S4ST4=1 时，选择定时器 T4 为波特率发生器。
- S4SM2：串行口 4 多机通信控制位，用于工作方式 1。在工作方式 1，S4REN=1 允许接收时，若 S4SM2=1，且接收到的第 9 位数据 S4RB8=1，则接收有效，S4RI 置 1；若接收到的第 9 位数据 S4RB8=0，则接收无效。在工作方式处于接收方式时，若 S4SM2=0，无论接收到的第 9 位数据 S4RB8 是否为 1，接收都有效。
- S4REN：串行口 4 的允许接收控制位。由软件置“1”允许接收，由软件清零禁止接收。
- S4TB8：串行口 4 在工作方式 1 发送的第 9 位数据，由软件置“1”或清零。
- S4RB8：串行口 4 在工作方式 1 接收的第 9 位数据，作为奇偶校验位或地址帧、数据帧的标志位。
- S4TI：串行口 4 发送中断请求标志位。在开始发送停止位时由硬件置位，S4TI 是发送完一帧数据的标志，响应中断后必须用软件清零。
- S4RI：串行口 4 接收中断请求标志位。在接收停止位的中间时刻由硬件置位，S4RI 是接收完一帧数据的标志，响应中断后必须由软件清零。

3. 中断控制位 ES4

ES4 为串行口 4 的中断允许位，当 ES4=1 时，允许；当 ES4=0 时，禁止。

5.8 IAP15W4K58S4 单片机串行口硬件引脚切换

IAP15W4K58S4 单片机可以通过特殊功能寄存器 P_SW1 和 P_SW2 的设置实现串口引脚的切换，各位功能定义如表 5.8.1 所示。

表 5.8.1 P_SW1 和 P_SW2 各位功能定义

寄存器名	地址	D7	D6	D5	D4	D3	D2	D1	D0	复位值
P_SW1	A2H	S1_S1	S1_S0	CCP_S1	CCP_S0	SPI_S1	SPI_S0	0	DPS	0000 0000
P_SW2	BAH						S4_S	S3_S	S2_S	xxxx x000

1. 串行口 1 硬件引脚切换

P_SW1 中的 S1_S1、S1_S0 位用于串行口 1 的硬件引脚切换如表 5.8.2 所示。

表 5.8.2 串行口 1 的硬件引脚切换

S1_S1	S1_S0	串行口 1	
		TXD	RXD
0	0	P3.1	P3.0
0	1	P3.7/TXD_2	P3.6 /RXD_2
1	0	P1.7/ TXD_3	P1.6/RXD_3

2. 串行口 2、3、4 硬件引脚切换

P_SW2 中的 S2_S、S3_S、S4_S 分别用于控制串行口 2、3、4 的硬件引脚切换，分别如表 5.8.3、表 5.8.4、表 5.8.5 所示。

表 5.8.3　串行口 2 的硬件引脚切换

S2_S	串行口 2	
	TXD2	RXD2
0	P1.1	P1.0
1	P4.7/TXD2_2	P4.6 /RXD2_2

表 5.8.4　串行口 3 的硬件引脚切换

S3_S	串行口 3	
	TXD3	RXD3
0	P0.1	P0.0
1	P5.1/TXD3_2	P5.0 /RXD3_2

表 5.8.5　串行口 4 的硬件引脚切换

S4_S	串行口 4	
	TXD4	RXD4
0	P0.3	P0.2
1	P5.3/TXD4_2	P5.2/RXD4_2

通常用户将 P3.0 引脚和 P3.1 引脚用作 ISP 下载专用通信端口。

第 6 章　模数转换器

模数转换就是将电路中连续变化的模拟电压信号转换为单片机可以识别的数字信号，一般分为四个步骤进行，即取样、保持、量化和编码。实现模拟信号转换成数字信号的器件称为模数转换器（ADC）。

6.1　ADC 的逻辑结构

IAP15W4K58S4 单片机内部集成了 8 通道 10 位高速 ADC，采用逐次比较方式进行 A/D 转换，速度可达 300kHz。其片内 ADC 的逻辑结构如图 6.1.1 所示，输入通道与 P1 口复用，上电复位后 P1 口为弱上拉型 I/O 口，用户可以通过软件将 8 路中的任意一路设为 ADC 输入功能。

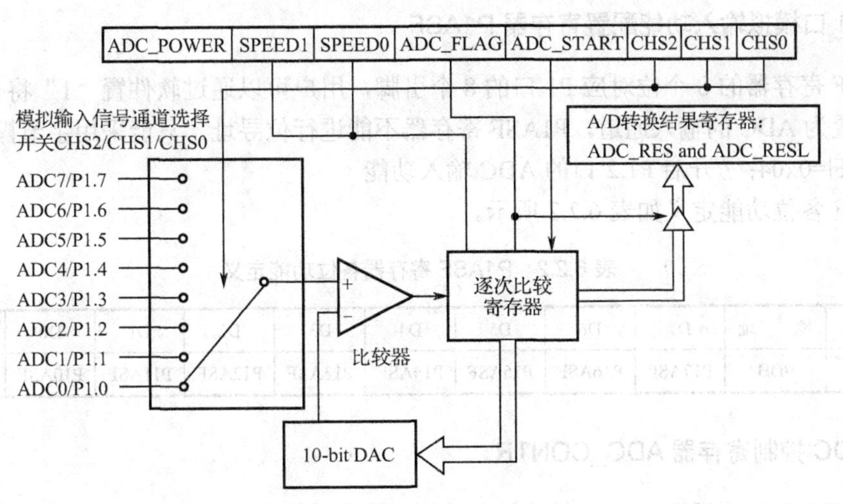

图 6.1.1　片内 ADC 的逻辑结构

IAP15W4K58S4 单片机的 ADC 采用逐次比较方式进行 A/D 转换。逐次比较型 ADC 由一个比较器和一个 D/A 转换器构成，通过逐次比较逻辑，从比较寄存器最高位开始对数据置“1”，并将比较寄存器数据经 D/A 转换器转换为模拟量，与输入模拟量进行比较，若转换后的模拟量小于输入模拟量，保留数据位为 1，否则数据位清“0”，依次按顺序重复以上操作，直至最低位为止，使转换所得的数字量逐次逼近输入模拟量对应值，储存转换结果，发出转换结束标志。逐次比较型 ADC 具有速度快、功耗低等优点。

IAP15W4K58S4 单片机片内 ADC 的参考电压源就是输入工作电压 Vcc，无须外接参考电压源。若 Vcc 不稳定，如电池供电，电压会在 5.3～4.2V 之间漂移，则可在 8 路 ADC 转换的任意通道外接一个稳定的参考电压源，计算出此时的工作电压 Vcc，再计算其他几路 ADC 通道的电压。

6.2 与 ADC 相关的特殊功能寄存器

IAP15W4K58S4 单片机与片内 ADC 相关的特殊功能寄存器包括 P1ASF、ADC_CONTR、CLK_DIV、ADC_RES、ADC_RESL 等，如表 6.2.1 所示。

表 6.2.1 与 A/D 转换器相关的特殊功能寄存器

寄存器名	地址	D7	D6	D5	D4	D3	D2	D1	D0	复位值
P1ASF	9DH	P17ASF	P16ASF	P15ASF	P14ASF	P13ASF	P12ASF	P11ASF	P10ASF	0000 0000
ADC_CONTR	BCH	ADC_POWER	SPEED1	SPEED0	ADC_FLAG	ADC_START	CHS2	CHS1	CHS0	0000 0000
CLK_DIV	97H	MCKO_S1	MCKO_S0	ADRJ	Tx_Rx		CLKS2	CLKS1	CLKS0	X000 x000
ADC_RES	BDH	A/D 转换结果的高 8 位（或高 2 位）								0000 0000
ADC_RESL	BEH	A/D 转换结果的低 2 位（或低 8 位）								0000 0000

1．P1 口模拟输入功能配置寄存器 P1ASF

P1ASF 寄存器的 8 个位对应 P1 口的 8 个引脚，用户可以通过软件置“1”将 8 路中的任何一路设置为 ADC 的输入通道，P1ASF 寄存器不能进行位寻址，只能采用字节操作，如：

P1ASF|=0x04；//开启 P1.2 口的 ADC 输入功能

P1ASF 各位功能定义如表 6.2.2 所示。

表 6.2.2 P1ASF 寄存器各位功能定义

寄存器名	地址	D7	D6	D5	D4	D3	D2	D1	D0	复位值
P1ASF	9DH	P17ASF	P16ASF	P15ASF	P14ASF	P13ASF	P12ASF	P11ASF	P10ASF	0000 0000

2．ADC 控制寄存器 ADC_CONTR

ADC_CONTR 用于选择 A/D 转换输入通道、设置转换速度、启动 A/D 转换、记录转换结束标志等。其各位功能定义如表 6.2.3 所示。

表 6.2.3 ADC_CONTR 寄存器各位功能定义

寄存器名	地址	D7	D6	D5	D4	D3	D2	D1	D0	复位值
ADC_CONTR	BCH	ADC_POWER	SPEED1	SPEED0	ADC_FLAG	ADC_START	CHS2	CHS1	CHS0	0000 0000

- ADC_POWER：ADC 的电源控制位。当 ADC_POWER=0 时，关闭 ADC 电源；当 ADC_POWER=1 时，打开 ADC 电源。需要注意：启动 A/D 转换前一定要确认 ADC 电源已打开，并适当延时（通常 1ms 即可），待内部模拟电源稳定后再进行 A/D 转换。为了提高 A/D 转换精度，在转换结束之前不要改变任何 I/O 端口的状态。A/D 转换结束后可关闭电源，减小功耗。
- SPEED1、SPEED0：A/D 转换速度控制位，如表 6.2.4 所示。

表 6.2.4 A/D 转换速度控制

SPEED1	SPEED0	A/D 转换所需时间
1	1	90 个时钟周期转换 1 次
1	0	180 个时钟周期转换 1 次
0	1	360 个时钟周期转换 1 次
0	0	540 个时钟周期转换 1 次

● ADC_FLAG: A/D 转换结束标志位。A/D 转换完成后 ADC_FLAG=1，无论是由该位申请产生中断，还是由软件查询该标志位 A/D 转换是否结束，只能通过软件清零。

● ADC_START：A/D 转换启动控制位。当 ADC_START=1 时，启动转换，转换结束后自动清零。

● CHS2、CHS1、CHS0：A/D 转换模拟输入通道选择，如表 6.2.5 所示。

表 6.2.5 A/D 转换模拟输入通道选择

CHS2	CHS1	CHS0	A/D 转换模拟输入通道选择
0	0	0	P1.0 作为 A/D 转换模拟输入通道
0	0	1	P1.1 作为 A/D 转换模拟输入通道
0	1	0	P1.2 作为 A/D 转换模拟输入通道
0	1	1	P1.3 作为 A/D 转换模拟输入通道
1	0	0	P1.4 作为 A/D 转换模拟输入通道
1	0	1	P1.5 作为 A/D 转换模拟输入通道
1	1	0	P1.6 作为 A/D 转换模拟输入通道
1	1	1	P1.7 作为 A/D 转换模拟输入通道

3．时钟分频寄存器 CLK_DIV

CLK_DIV 为时钟分频寄存器，CLK_DIV 各位定义如表 6.2.6 所示。

表 6.2.6 CLK_DIV 寄存器各位功能定义

	地　址	D7	D6	D5	D4	D3	D2	D1	D0	复 位 值
CLK_DIV	97H	MCKO_S1	MCKO_S0	ADRJ	Tx_Rx		CLKS2	CLKS1	CLKS0	X000 x000

● ADRJ：A/D 转换结果存放位置控制位。当 ADRJ=0 时，A/D 转换结果的高 8 位存放在 ADC_RES[7:0]中，低 2 位存放在 ADC_RESL[1:0]中；当 ADRJ=1 时，A/D 转换结果的高 2 位存放在 ADC_RES[1:0]中，低 8 位存放在 ADC_RESL[7:0]中。

4．A/D 转换结果寄存器 ADC_RES、ADC_RESL

寄存器 ADC_RES、ADC_RESL 用于保存 A/D 转换结果，保存格式由 ADRJ 位控制。ADC_RES、ADC_RESL 各位功能定义如表 6.2.7 所示。

表 6.2.7 寄存器 ADC_RES、ADC_RESL 的各位功能定义

	地址	D7	D6	D5	D4	D3	D2	D1	D0	复位值
ADC_RES	BDH	A/D 转换结果的高 8 位（或高 2 位）								0000 0000
ADC_RESL	BEH	A/D 转换结果的低 2 位（或低 8 位）								0000 0000

A/D 转换结果计算公式如下：

ADRJ=0 时，取 10 位 A/D 转换结果，Vin=（ADC_RES[7:0]，ADC_RESL[1:0]）xVcc/1024；

ADRJ=0 时，取 8 位 A/D 转换结果，Vin=（ADC_RES[7:0]）xVcc/1024；

ADRJ=1 时，取 10 位 A/D 转换结果，Vin=（ADC_RES[1:0]，ADC_RESL[7:0]）xVcc/1024。

其中，Vin 为 A/D 转换器模拟通道的输入电压，Vcc 为单片机工作电压。

5. 与 A/D 转换中断相关的寄存器

中断允许控制寄存器 IE 中的 EADC 位用于开放 ADC 中断，EA 位用于开放总中断，中断优先级寄存器 IP 中的 PADC 位用于设置 ADC 中断的优先级，在中断服务程序中，要使用软件将 ADC 中断位 ADC_FLAG 清零。

6.3 A/D 转换器的实例代码

应用 IAP15W4K58S4 单片机内 A/D 转换器时，需先将寄存器 ADC_CONTR 中的 ADC_POWER 置 1，打开 ADC 工作电源并延时一段时间，让内部模拟电源稳定，然后通过寄存器 P1ASF 设置相应口的 ADC 输入功能，通过寄存器 ADC_CONTR 中的 CHS2、CHS1 和 CHS0 位选择模拟输入通道，启动 A/D 转换，再通过寄存器 CLK_DIV 中的 ADRJ 位设置 A/D 转换结果的存放格式。

A/D 转换完成需要一定的时间，A/D 转换结束后可通过查询或中断方式读取 A/D 转换结果。若要对多通道模拟量进行 A/D 转换，为了使输入电压稳定，在更换 A/D 转换通道后要适当延时，延时时间一般取 20～200μs 即可。

例 6.1 采用查询方式进行 A/D 转换，将 IAP15W4K58S4 单片机的 P1 端口均设为模拟量输入端，测量结果发送到计算机串口助手显示，波特率为 9 600/11.0592MHz。

ADC.H

```
#ifndef _ADC_H
#define _ADC_H

#include <STC15Fxxxx.H>

void ADC_Init(void);
unsigned int ADC_GetValue(unsigned char channel);
float ADC_ConvertValue(unsigned char channel);
void ADC_EnableISR(void);

#endif
```

DEALY.H

```
#ifndef _DELAY_H
#define _DELAY_H

#include <STC15Fxxxx.H>

void Delay_200ms(void);

#endif
```

UART.H

```
#ifndef _UART_H
#define _UART_H

#include <STC15Fxxxx.H>

void    UART1_SendNum_2point(float f_num);
void UART1_SendString(char *str);
void UART1_Send(unsigned char dat);
void UART1_Init(void);

#endif
```

ADC.C

```
#include "ADC.h"
#include "Delay.h"
/*************AD 转换*********************/
unsigned int ADC_GetValue(unsigned char channel)
{
    ADC_CONTR = 0x88 | channel;                 //开启 AD 转换 1000 1000
    _nop_(); _nop_(); _nop_(); _nop_();         //要经过 4 个 CPU 时钟的延时，其值才能够保证
                                                //被设置进 ADC_CONTR
    while(!(ADC_CONTR & 0x10));                 //等待转换完成
    ADC_CONTR &= 0xe7;                          //关闭 AD 转换，ADC_FLAG 位由软件清 0
    return (ADC_RES * 4 + ADC_RESL);            //返回 AD 转换完成的 10 位数据(16 进制)
}
/************AD 转换结果计算*********************/
float ADC_ConvertValue(unsigned char channel)
{
    float AD_val;                               //定义处理后的数值 AD_val 为浮点数
    unsigned char i;
    for(i = 0 ; i < 100 ; i ++)
        AD_val += ADC_GetValue(channel);        //转换 100 次求平均值(提高精度)
    AD_val = (AD_val * 50)/1024;                //AD 的参考电压是单片机上的 5v，所以乘 5 即
```

```
                                                      //为实际电压值
    return AD_val;
}

/*************AD 转换初始化*****************/
void ADC_Init(void)
{
    P1ASF = 0xff;                                    //P1 口全部作为模拟功能 AD 使用
    ADC_RES = 0;                                     //清零转换结果寄存器高 8 位
    ADC_RESL = 0;                                    //清零转换结果寄存器低 2 位
    ADC_CONTR = 0x80;                                //开启 AD 电源
    Delay_200ms();                                   //等待 1ms，让 AD 电源稳定
}
/*************ADC 使能中断*****************/
void ADC_EnableISR(void)
{
    IE = 0xa0;                                       //使能 ADC 中断
}
```

UART.C

```
#include "UART.h"
/**************波特率设置************/
void UART1_Init(void)                                //9600bps@12.000MHz
{
    SCON = 0x50;                                     //8 位数据，可变波特率
    AUXR |= 0x40;                                    //定时器 1 时钟为 Fosc，即 1T
    AUXR &= 0xFE;                                    //串口 1 选择定时器 1 为波特率发生器
    TMOD &= 0x0F;                                    //设定定时器 1 为 16 位自动重装方式
    TL1 = 0xC7;                                      //设定定时初值
    TH1 = 0xFE;                                      //设定定时初值
    ET1 = 0;                                         //禁止定时器 1 中断
    TR1 = 1;                                         //启动定时器 1
    REN = 1;                                         //允许接收
    ES = 1;                                          //允许中断
}
/*********串口发送数据************/
void UART1_Send(unsigned char dat)
{
    SBUF = dat;
    while(!TI);
}
/*********串口发送字符串**********/
void UART1_SendString(char *str)
{
    unsigned char idx=0;
```

```
    while(*(str+idx) != '\0'){
        UART1_Send( *(str + idx) );
        idx++;
    }
}
/****串口发送浮点数（2 位小数）*****/
void  UART1_SendNum_2point(float f_num)
{
    char str[8];
    unsigned char idx=0,i=0;
    long int num = (long int)(f_num * 100);
    for(i = 0 ; i < 8 ; i++){
        str[i] = '0';
    }
    while(num>0){
        idx = idx + 1;
        str[idx] = (num)%10 + '0';
        num = (num / 10);
    }
    if(idx==0)
        UART1_Send('0');
    for(;idx>2;idx--){
        UART1_Send(str[idx]);
    }
    UART1_Send('.');
    UART1_Send(str[2]);UART1_Send(str[1]);
}
```

DELAY.C

```
#include "Delay.h"
/*************延时程序***********/
void Delay_200ms(void)
{
    unsigned char i, j, k;
    _nop_();
    _nop_();
    i = 10;
    j = 31;
    k = 147;
    do{
        do{
            while(--k);
        } while(--j);
    } while(--i);
}
```

```
MAIN.C
#include <STC15Fxxxx.H>
#include "UART.h"
#include "ADC.h"
#include "Delay.h"

/*************主函数************/
void main()
{
    unsigned char i=0;
    ADC_Init();                                    //AD 转换初始化
    UART1_Init();
    EA = 1;
    while(1){
        for(i=0;i<8;i++){
            UART1_SendString("channel ");
            UART1_Send(i + '0');
            UART1_SendString(" voltage is ");
            UART1_SendNum_2point(ADC_ConvertValue(i));
            UART1_SendString("    mV\n");
            Delay_200ms();
        }
    }
}
void UART1_ISR() interrupt 4 using 1
{
    unsigned char buf;
    if(RI){
        RI = 0;                                    //清除 RI 位
    buf = SBUF;
    }

  if (TI){
        TI = 0;                                    //清除 TI 位
    }
}
```

例 6.2 采用中断方式进行 A/D 转换，将 IAP15W4K58S4 单片机的 P1 端口均设为模拟量输入端，测量结果发送到计算机串口助手显示，波特率为 9600/11.0592MHz。

```
INTRINS.H
#ifndef __INTRINS_H__
#define __INTRINS_H__

extern void _nop_ (void);
```

```
extern bit _testbit_ (bit);
extern unsigned char _cror_      (unsigned char, unsigned char);
extern unsigned int   _iror_     (unsigned int,   unsigned char);
extern unsigned long _lror_      (unsigned long, unsigned char);
extern unsigned char _crol_      (unsigned char, unsigned char);
extern unsigned int   _irol_     (unsigned int,   unsigned char);
extern unsigned long _lrol_      (unsigned long, unsigned char);
extern unsigned char _chkfloat_(float);

#endif
```

ADC.C

```
#include "ADC.h"
#include "Delay.h"

/*************AD 转换*********************/
unsigned int ADC_GetValue(unsigned char channel)
{
    ADC_CONTR = 0x88 | channel;                 //开启 AD 转换 1000 1000
    _nop_(); _nop_(); _nop_(); _nop_();         //要经过 4 个 CPU 时钟的延时，其值才能够保证
                                                //被设置进 ADC_CONTR
    while(!(ADC_CONTR & 0x10));                 //等待转换完成
    ADC_CONTR &= 0xe7;                          //关闭 AD 转换，ADC_FLAG 位由软件清 0
    return (ADC_RES * 4 + ADC_RESL);            //返回 AD 转换完成的 10 位数据(16 进制)
}
/************AD 转换结果计算*********************/
float ADC_ConvertValue(unsigned char channel)
{
    float AD_val;                               //定义处理后的数值 AD_val 为浮点数
    unsigned char i;
    for(i = 0 ; i < 100 ; i ++)
        AD_val += ADC_GetValue(channel);        //转换 100 次求平均值(提高精度)
    AD_val = (AD_val * 50)/1024;                //AD 的参考电压是单片机上的 5V，所以乘 5 即为
                                                //实际电压值

    return AD_val;
}

/*************AD 转换初始化*****************/
void ADC_Init()
{
    P1ASF = 0xff;                               //P1 口全部作为模拟功能 AD 使用
    ADC_RES = 0;                                //清零转换结果寄存器高 8 位
    ADC_RESL = 0;                               //清零转换结果寄存器低 2 位
    ADC_CONTR = 0x80 | 0x08 | 0x01;             //开启 AD 电源
    Delay_200ms();                              //等待 1ms，让 AD 电源稳定
```

```
}
/*************ADC 使能中断*****************/
void ADC_EnableISR(void)
{
    IE = 0xa0;                              //使能 ADC 中断
}
```

UART.C

```
#include "UART.h"

#define BIT0 (1<<0)
#define BIT1 (1<<1)
#define BIT2 (1<<2)
#define BIT3 (1<<3)
#define BIT4 (1<<4)
#define BIT5 (1<<5)
#define BIT6 (1<<6)
#define BIT7 (1<<7)
#define MAIN_Fosc      12 000 000L              //定义主时钟
/**************波特率设置************/
void UART1_Init(void)                           //9 600bps@12.000MHz
{
    SCON = 0x5a;                                //设置串口为 8 位可变波特率
    T2L = 0xC7;                                 //设置波特率重装值
    T2H = 0xFE;
    AUXR = 0x14;                                //T2 为 1T 模式，并启动定时器 2
    AUXR |= 0x01;                               //选择定时器 2 为串口 1 的波特率发生器

}
/*********串口发送数据************/
void UART1_SendData(unsigned char dat)
{
    SBUF = dat;
    TI = 0;
    while(!TI);
}
/********串口发送字符串**********/
void UART1_SendString(char *str)
{
    unsigned char idx=0;
    while(*(str+idx) != '\0'){
        UART1_SendData( *(str + idx) );
        idx++;
    }
```

```
}

/****串口发送浮点数（2 位小数）*****/
void  UART1_SendNum_2point(float f_num)
{
      unsigned char str_buf[10];
      unsigned char idx=0,i=0,tmp;
      long int num = (long int)(f_num * 100);
      for(i = 0 ; i < 8 ; i++){
            str_buf[i] = '0';
      }
      while(num>0 & idx<8){
            idx = idx + 1;
            str_buf[idx] = (num)%10 + '0';
            num = (num / 10);
      }
      if(idx==0)  UART1_SendData('0');
      else if(idx > 7)    idx = 7;

      for( ; idx > 2 ; idx--){
            tmp = (unsigned char)*(str_buf + idx);
            UART1_SendData( tmp );
      }
      UART1_SendData('.');
      UART1_SendData(str_buf[2]);UART1_SendData(str_buf[1]);
}
```

DELAY.C

```
#include "Delay.h"
/*************延时程序***********/
void Delay_200ms(void)
{
      unsigned char i, j, k;
      _nop_();
      _nop_();
      i = 10;
      j = 31;
      k = 147;
      do{
            do{
                  while(--k);
            } while(--j);
      } while(--i);
}
```

MAIN.C

```
#include <STC15Fxxxx.H>
#include "UART.h"
#include "ADC.h"
#include "Delay.h"
#include <intrins.h>

unsigned char channel=0;
bit ADC_cf=0;

void main()
{
    unsigned char i=0;
    float tmp_v;
    UART1_Init();
    ADC_Init();                                          //AD 转换初始化
    ADC_EnableISR();
    EA = 1;
    while(1){
        if( ADC_cf ){
            ADC_cf = 0;

            UART1_SendString("channel ");
            UART1_SendData(channel + '0');
            UART1_SendString(" voltage is ");
            tmp_v = ADC_ConvertValue(channel);
            UART1_SendNum_2point( tmp_v );
            UART1_SendString("    mV\n");
            Delay_200ms();

            channel++;
            if(channel > 7)       channel = 0;
            ADC_CONTR = 0x80 | 0x08 | 0x00 | channel;   //重新启动 A/D 转换
        }
    }
}
/*************ADC 中断服务程序***********/
void ADC_ISR() interrupt ADC_VECTOR using 1
{
    static float tmp;
    ADC_CONTR &= ~ADC_FLAG;                              //清除 ADC 中断标志
    ADC_cf = 1;
}
```

注意：其他头文件同例 6.1。

6.4 A/D 转换器的应用

按键是电路中最常用的元件之一，是人机界面中重要的输入方式。机械按键容易接触不良，非接触式按键无此缺点，其有多种设计方案，电容感应方案成本低，近几年已日臻成熟，在各种玻璃面板的家电产品中得以广泛应用。目前常见的电容感应式按键的实现方法有两种：一种是专用芯片，另一种则是以单片机为基础通过编程实现的。后者将按键功能及其他控制功能综合设计，大大简化了整个系统的设计，目前应用较多。

例 6.3 选用 IAP15W4K58S4 单片机的 ADC0 和 ADC1 做电容感应触摸键，控制 P2.0 和 P2.1 引脚上 LED 的亮灭。利用带有 ADC 功能的单片机实现电容感应按键电路及单片机 ADC 做电容感应触摸键控制 LED 电路如图 6.4.1 所示。

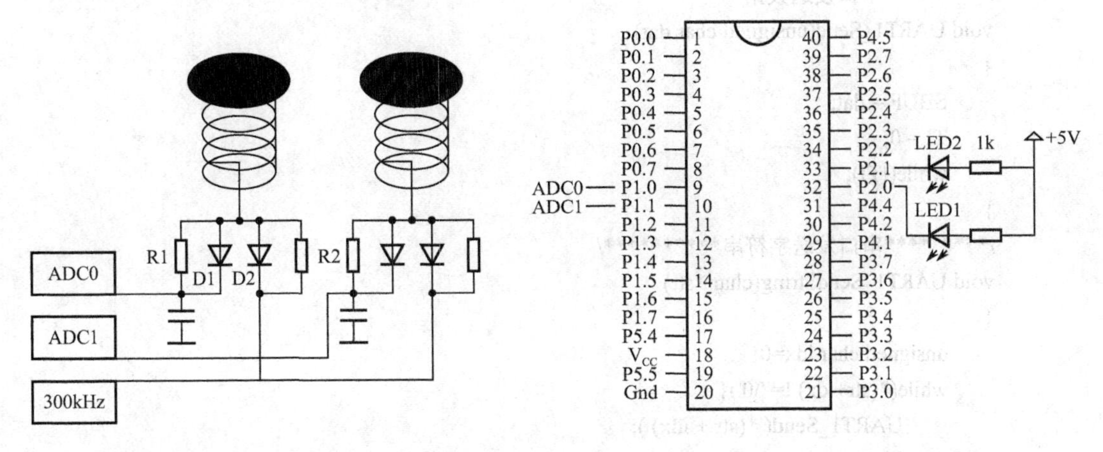

图 6.4.1 电容感应按键电路及单片机 ADC 做电容感应触摸键控制 LED 电路

KEYS.H

```
#ifndef _KEYS_H
#define _KEYS_H

#include <STC15Fxxxx.H>
#include "Delay.h"

void KEYS_Init(void);
unsigned char KEYS_Scan(void);

#endif
```

UART.C

```
#include "UART.h"
/**************波特率设置************/
void UART1_Init(void)                    //9600bps@12.000MHz
```

```
{
    SCON = 0x50;                    //8 位数据，可变波特率
    AUXR |= 0x40;                   //定时器 1 时钟为 Fosc，即 1T
    AUXR &= 0xFE;                   //串口 1 选择定时器 1 为波特率发生器
    TMOD &= 0x0F;                   //设定定时器 1 为 16 位自动重装方式
    TL1 = 0xC7;                     //设定定时初值
    TH1 = 0xFE;                     //设定定时初值
    ET1 = 0;                        //禁止定时器 1 中断
    TR1 = 1;                        //启动定时器 1
    REN = 1;                        //允许接收
    ES = 1;                         //允许中断
}
/*********串口发送数据************/
void UART1_Send(unsigned char dat)
{
    SBUF = dat;
    TI = 0;
    while(!TI);
}
/*********串口发送字符串**********/
void UART1_SendString(char *str)
{
    unsigned char idx=0;
    while(*(str+idx) != '\0'){
        UART1_Send( *(str + idx) );
        idx++;
    }
}
/****串口发送浮点数（2 位小数）*****/
void   UART1_SendNum_2point(float f_num)
{
    char str[8];
    unsigned char idx=0,i=0;
    long int num = (long int)(f_num * 100);
    for(i = 0 ; i < 8 ; i++){
        str[i] = '0';
    }
    while(num>0){
        idx = idx + 1;
        str[idx] = (num)%10 + '0';
        num = (num / 10);
    }
    if(idx==0)
        UART1_Send('0');
```

```
    for(;idx>2;idx--){
        UART1_Send(str[idx]);
    }
    UART1_Send('.');
    UART1_Send(str[2]);UART1_Send(str[1]);
}
```

KEYS.C

```
#include "KEYS.h"
#include "ADC.h"

unsigned int ori_value[2];

/*********按键初始化**************/
void KEYS_Init(void)
{
    Delay_200ms();
    ori_value[0] = ADC_GetValue(0);
    ori_value[1] = ADC_GetValue(1);
}
/*********按键扫描**************/
unsigned char KEYS_Scan(void)
{
    unsigned char press=0;
    int diff_value=0;
    diff_value = -ori_value[0] + ADC_GetValue(0);
    if(diff_value>=0x17 && diff_value<=0x1d){
        press = press + 1;
    }
    diff_value = -ori_value[1] + ADC_GetValue(1);
    if(diff_value>=0x17 && diff_value<=0x1d){
        press = press + 2;
    }
    return press;
}
```

MAIN.C

```
#include <STC15Fxxxx.H>
#include "UART.h"
#include "ADC.h"
#include "Delay.h"

sbit LED0 = P2^0;
sbit LED1 = P2^1;
/************主函数***********/
```

```
void main()
{
    unsigned char key=0;
    ADC_Init();                              //AD 转换初始化
    KEYS_Init();
    P2M1 = 0;P2M0 = 0;
    while(1){
        key = KEYS_Scan();
        Delay_200ms();
        LED0 = !(key & 0x01);
        LED1 = !(key & 0x02);
    }
}
```

注意：其他子函数及头文件同本章前几个例子。

第 7 章　PCA 可编程计数器阵列

部分 STC15 系列单片机集成了 3 路可编程计数器阵列 CCP/PCA/PWM。

- PCA：Programmable Counter Array，可编程计数器阵列模块。
- CCP：Capture（捕获）、Compare（比较）、PWM（脉宽调制）。
- PWM：Pulse Width Modulation，脉宽调制。

STC15 系列单片机的 PCA 模块逻辑结构如图 7.0.1 所示，其中 IAP15W4K58S4 单片机只有模块 0 和模块 1。PCA 模块可实现的功能包括：①外部脉冲捕捉；②软件定时器；③高速脉冲输出；④PWM 输出。

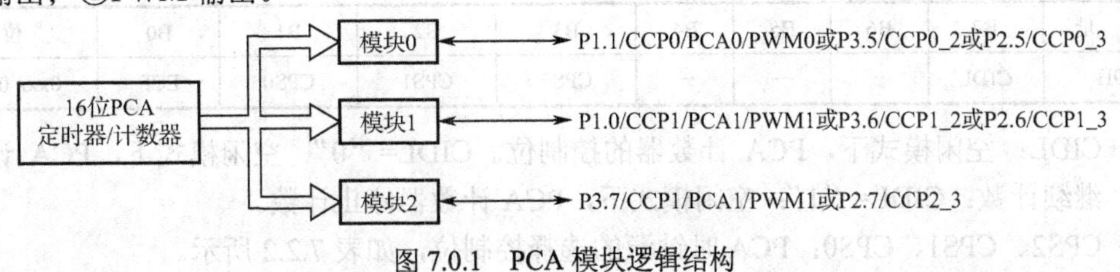

图 7.0.1　PCA 模块逻辑结构

IAP15W4K58S4 单片机的模块 0 连接到 P1.1，通过寄存器 P_PSW1 可设置到 P3.5 或 P2.5；模块 1 连接到 P1.0，通过寄存器 P_PSW1 可设置到 P3.6 或 P2.6。具体设置见第 2 章。

7.1　16 位 PCA 计数器/定时器的结构

16 位 PCA 定时器由高 8 位 CH 和低 8 位 CL 组成，是三个模块的公共时间基准，如图 7.1.1 所示。

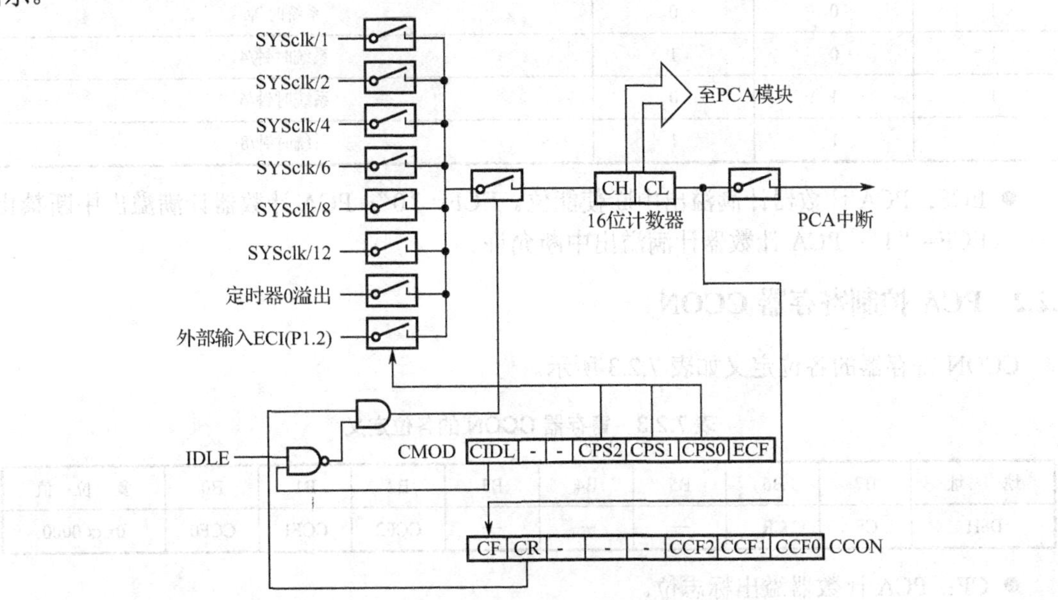

图 7.1.1　PCA 模块的逻辑结构

其计数的时钟来自系统时钟 SYSclk（1 分频、2 分频、4 分频、6 分频、8 分频、12 分频）、定时器 0 溢出、外部输入 ECI（P1.2），通过 CMOD 寄存器的 CPS2、CPS1 和 CPS0 位，选择 16 位 PCA 定时器/计数器的时钟源。

7.2 CCP/PCA/PWM 的相关寄存器

7.2.1 PCA 工作模式寄存器 CMOD

CMOD 寄存器的各位定义如表 7.2.1 所示。

表 7.2.1 寄存器 CMOD 的各位定义

地 址	B7	B6	B5	B4	B3	B2	B1	B0	复 位 值
D9H	CIDL	—	—	—	CPS2	CPS1	CPS0	ECF	0xxx 0000

- CIDL：空闲模式下，PCA 计数器的控制位。CIDL=“0”：空闲模式下，PCA 计数器继续计数；CIDL=“1”：空闲模式下，PCA 计数器停止计数。
- CPS2、CPS1、CPS0：PCA 时钟源的选择控制位，如表 7.2.2 所示。

表 7.2.2 时钟源的选择控制位组合

CPS2	CPS1	CPS0	PCA 计数器的时钟源
0	0	0	系统时钟/12
0	0	1	系统时钟/2
0	1	0	定时/计数器 0 溢出脉冲
0	1	1	ECI(P1.2)引脚输入脉冲
1	0	0	系统时钟
1	0	1	系统时钟/4
1	1	0	系统时钟/6
1	1	1	系统时钟/8

- ECF：PCA 计数器计满溢出中断使能位。ECF=“0”：PCA 计数器计满溢出中断禁止；ECF=“1”：PCA 计数器计满溢出中断允许。

7.2.2 PCA 控制寄存器 CCON

CCON 寄存器的各位定义如表 7.2.3 所示。

表 7.2.3 寄存器 CCON 的各位定义

地 址	B7	B6	B5	B4	B3	B2	B1	B0	复 位 值
D8H	CF	CR	—	—	—	CCF2	CCF1	CCF0	0xxx 0000

- CF：PCA 计数器溢出标志位。

当 PCA 计数器溢出时，CF 被硬件置位。如果 CMOD 的 ECF 为“1”，则 CF 标志可用来

产生中断。CF 可由硬件或软件置位，但置位后只能通过软件清除该标志位。

● CR：PCA 计数器阵列运行启动控制位。

通过软件置位 CR 为“1”，使能运行 PCA；当软件置位 CR 为“0”，禁止运行 PCA。

● CCF2：PCA 模块 2 中断标志，只能硬件置位，软件清零。

● CCF1：PCA 模块 1 中断标志，只能硬件置位，软件清零。

● CCF0：PCA 模块 0 中断标志，只能硬件置位，软件清零。

7.2.3 CH 和 CL

PCA16 位计数器 CH（高 8 位）、CL（低 8 位）的地址分别为 F9H 和 E9H，复位值均为 00H，用于保存 PCA 的装载值。

7.2.4 CCAPnL 和 CCAPnH

当 PCA 模块用于捕获/比较时，寄存器 CCAPnL（低 8 位）和 CCAPnH（高 8 位）用于保存各个模块的 16 位捕捉计数值；当 PCA 模块用于 PWM 模式时，它们用来控制输出的占空比。其中，*n*=0、1、2，分别对应模块 0、模式 1 和模块 2，IAP15W4K58S4 单片机只有模块 0 和模块 1。复位值均为 00H。它们对应的地址如下。

CCAP0L—EAH、CCAP0H—FAH：模块 0 的捕捉/比较寄存器。

CCAP1L—EBH、CCAP1H—FBH：模块 1 的捕捉/比较寄存器。

CCAP2L—ECH、CCAP2H—FCH：模块 2 的捕捉/比较寄存器。

7.2.5 CCAPMn

CCAPMn（*n*=0、1、2）的各位定义如表 7.2.4 所示。

表 7.2.4 寄存器 CCAPMn（*n*=0、1、2）的各位定义

名　称	B7	B6	B5	B4	B3	B2	B1	B0
CCAPMn	—	ECOMn	CAPPn	CAPNn	MATn	TOGn	PWMn	ECCFn

● ECOMn：允许比较器功能控制位。

ECOMn=1 时，允许比较器功能；ECOMn=0 时，禁止比较器功能。

● CAPPn：上升沿控制位。

CAPPn =1 时，允许上升沿捕获；CAPPn =0 时，禁止上升沿捕获。

● CAPNn：下降沿控制位。

CAPNn =1 时，允许下降沿捕获；CAPNn =0 时，禁止下降沿捕获。

● MATn 匹配控制位。

MATn=1 时，PCA 的计数器 CH、CL 的计数值与模块的比较/捕获寄存器 CCAPnH、CCAPnL 的值匹配时，将置位 CCON 寄存器的中断标志 CCFn。

● TOGn：翻转控制位。

TOGn =1 时，工作在 PCA 高速脉冲输出模式，PCA 计数器的值与模块的比较/捕获寄存器值的匹配将使 CCPn 引脚翻转。

● PWMn：脉冲宽度调节模式。

PWMn =1 时，允许 CCPn 用于 PWM 输出；当 PWMn=0 时，禁止 CCP0 用于 PWM 输出。

- ECCFn：使能 CCFn 中断。

ECCFn =1 时，使能寄存器 CCON 的比较/捕获标志 CCFn 产生中断。

7.3 捕获模式

捕获模式的原理图如图 7.3.1 所示。要工作在此模式下，寄存器 CCAPMn 中的 CAPNn 位和 CAPPn 位，其中至少一位必须置“1”，其中，*n*=0, 1, 2。当该模块工作于捕获模式时，对模块外部 CCPn 输入，IAP15W4K58S4 可选择 CCP0/P1.1 或 CCP1/P1.0 的跳变进行采样。当采样到有效跳变时，PCA 硬件就将 PCA 计数器阵列寄存器（CH、CL）的值加载到模块的捕获寄存器（CCAPnH、CCAPnL）中。如果 CCON 寄存器中 CCFn 位和 CCAPMn 寄存器中的 ECCFn 位置为“1”，则将产生中断。可在中断服务程序中，判断产生中断的模块，并注意中断标志的清零问题。

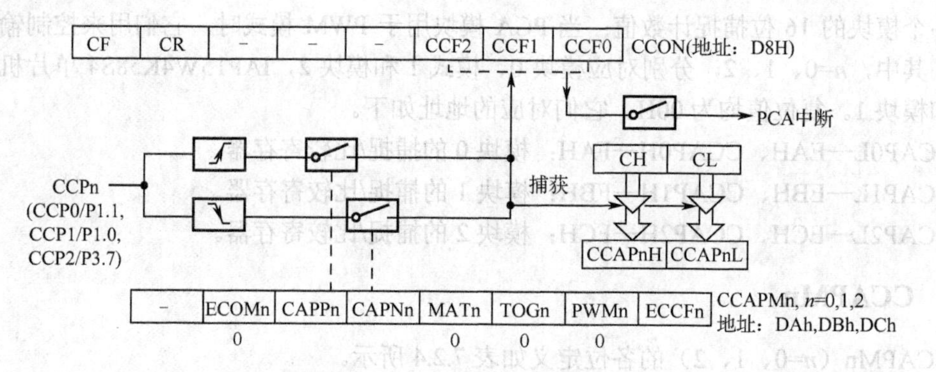

图 7.3.1　PCA 模块的逻辑结构

与捕获模式相关的寄存器有以下几个。

（1）CCON：CF，计数器溢出标志位；CR，PCA 计数器阵列运行启动控制位；CCF2，PCA 模块 2 中断标志；CCF1，PCA 模块 1 中断标志；CCF0，PCA 模块 0 中断标志。

（2）CMOD：计数时钟选择。

（3）（CH，CL）：16 位递增计数器。

（4）（CCAPnH，CCAPnL）：16 位捕获寄存器。

（5）CCAPMn（*n*=0，1）。在捕获模式下，PCA 可以通过 CCPn 引脚上的电平变化（可以是上升沿、下降沿，或上升沿和下降沿）进行捕获。相应位的设置如表 7.3.1 所示。

表 7.3.1　寄存器 CCAPMn（*n*=0, 1）在捕获模式下各位的设置

ECOMn	CAPPn	CAPNn	MATn	TOGn	PWMn	ECCFn	设定值	模 块 功 能
X	1	0	0	0	0	X	21H	16 位捕获模式，由 PCAn 模块 *n* 引脚上升沿触发
X	0	1	0	0	0	X	11H	16 位捕获模式，由 PCAn 模块 *n* 引脚下降沿触发

续表

ECOMn	CAPPn	CAPNn	MATn	TOGn	PWMn	ECCFn	设定值	模块功能
X	1	1	0	0	0	X	31H	16位捕获模式，由PCAn模块*n*引脚，上升沿、下降沿触发

例7.1 捕获模式C语言描述的例子

```
#include <STC15Fxxxx.H>
sbit LED0 = P2^6;
/*************中断函数*************/
void PCA_int() interrupt 7            //声明PCA中断服务程序
{
    CCF0 = 0;                         //CCF0标志清零
    LED0 = !LED0;
}
/*************主函数************/
void main()
{
    P2M0 = 0;P2M1 = 0;
    LED0 = 0;
    P_SW1 = 0x00;                     //CCP_S0=0,CCP_S1=0
    CCON = 0;                         //停止PCA定时器，清除CF和CCF0标志
    CL = 0;
    CH = 0;
    CMOD = 0x00;                      //设置时钟源，禁止CF溢出中断
    CCAP0L = 0;
    CCAP0H = 0;
    CCAPM0 = 0x11;                    //下降沿触发，产生中断
    CR = 1;                           //启动PCA定时器
    EA = 1;                           //中断允许
    while(1);
}
```

7.4 16位软件定时器模式

通过设置CCAPMn寄存器中的ECOMn和MATn位，使得PCA模块工作在16位软件定时器模式，其中，*n*=0, 1, 2，如表7.4.1所示。

表7.4.1 寄存器CCAPMn（*n*=0, 1, 2）在16位软件定时器模式下各位的设置

ECOMn	CAPPn	CAPNn	MATn	TOGn	PWMn	ECCFn	设定值	模块功能
1	0	0	1	0	0	X	49H	16位软件定时器/计数器

16 位软件定时器模式逻辑结构如图 7.4.1 所示。与 16 位软件定时器模式相关寄存器有 CCON，CMOD，CH，CL，CCAPMn，CCAPnH，CCAPnL（n=0, 1, 2）。

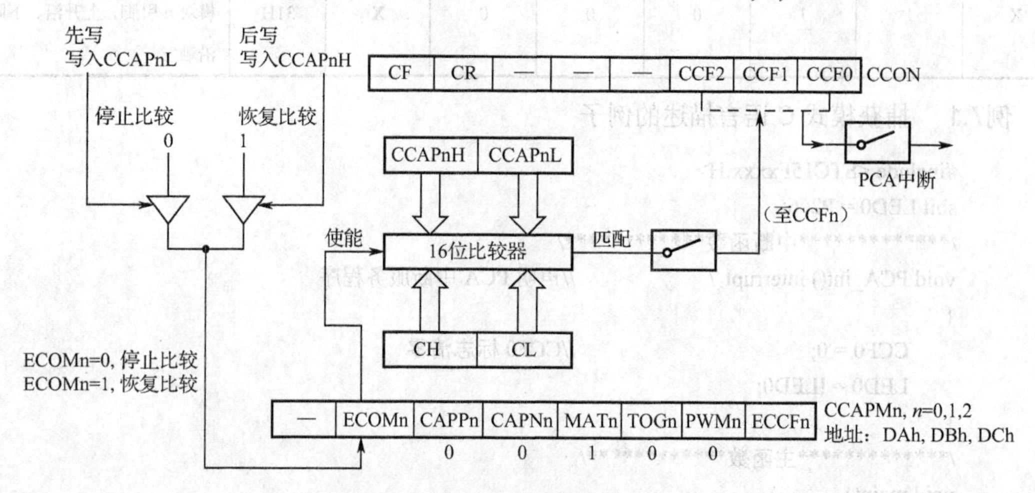

图 7.4.1　16 位软件定时器模式逻辑结构

PCA 定时器的值与模块捕获寄存器的值进行比较，当[CH，CL]增加到等于[CCAPnH，CCAPnL]时，如果 CCON 寄存器的 CCFn 位和 CCAPMn 寄存器的 ECCFn 位被置位，则产生中断请求。

在 16 位软件定时器模式下，每间隔一定的时钟节拍[CH，CL]自动加“1”，时钟节拍的长度由所选择的时钟源确定，通过设置 CMOD 寄存器的 CPS2、CPS1 和 CPS0 位，选择 16 位 PCA 定时器/计数器的时钟源，可选择系统时钟 SYSclk（1 分频、2 分频、4 分频、6 分频、8 分频、12 分频）、定时器 0 溢出、外部输入 ECI（P1.2）。

如果每次 PCA 模块中断后，在中断服务程序给 CCAPnH 和 CCAPnL 增加相同的值，则下次中断到来的时间间隔也是相同的，从而实现了定时功能。定时时间的长短取决于时钟源的选择，以及 PCA 计数器计数值的[CCAPnH，CCAPnL]设置。赋值时，应先给 CCAPnL 赋值，再给 CCAPnH 赋值。

例如，系统时钟频率 SYSclk=12MHz，选择的时钟源为 SYSclk/12，定时时间为 T=1ms，则：

$$\text{PCA计数器的计数值}=\frac{T}{\left(\frac{1}{\text{SYSclk}}\right)\times 12}=\frac{0.001}{\left(\frac{1}{12\,000\,000}\right)\times 12}=1\,000\text{（十进制）}$$

转换为十六进制为 3E8，即[CH，CL]计数增加到等于[CCAPnH，CCAPnL]=3E8 时，CCFn=1，产生中断请求。

例 7.2　16 位软件定时器模式 C 语言描述的例子。

```
#include <STC15Fxxxx.H>
#define VALUE 7812
```

```
sbit LED0 = P2^6;
/*************中断函数*************/
void PCA_int() interrupt 7              //声明 PCA 中断服务程序
{
     CCF0 = 0;                          //CCF0 标志清零
     CL = 0;                            //低 8 位赋值
     CH = 0;                            //高 8 位赋值
     CCAP0L = VALUE;
     CCAP0H = VALUE >> 8;
     LED0 = !LED0;                      //P2.6 端口取反
}
/*************主函数*************/
void main()
{
     P2M0 = 0;P2M1 = 0;
     LED0 = 0;
     CLK_DIV = 0x07;                    //设置 SYSclk 频率=主时钟频率/128
     P_SW1 = 0x00;                      //CCP_S0=0,CCP_S1=0
     CCON = 0;                          //停止 PCA 定时器，清除 CF 和 CCF0 标志
     CL = 0;
     CH = 0;
     CMOD = 0x00;                       //时钟源设置
     CCAP0L = VALUE;                    //低 8 位赋值
     CCAP0H = VALUE >> 8;               //高 8 位赋值
     CCAPM0 = 0x49;                     //16 位软件定时模式
     CR = 1;                            //启动 PCA 定时器
     EA = 1;                            //中断允许
     while(1);
}
```

7.5　高速脉冲输出模式

当 CCAPMn 寄存器的 TOGn 位、MATn 位和 ECOMn 位都置为“1”时（见表 7.5.1），PCA 模块工作在高速脉冲模式，其中，n=0, 1, 2。高速脉冲输出模式如图 7.5.1 所示。

表 7.5.1　各位设置值

ECOMn	CAPPn	CAPNn	MATn	TOGn	PWMn	ECCFn	设 定 值	模 块 功 能
1	0	0	1	1	0	X	4DH	16 位高速脉冲输出

高速脉冲模式相关寄存器：CCON，CMOD，CCAPMn，CH，CL，CCAPnH，CCAPnL，其中（n=0, 1, 2）。

当 PCA 计数器的计数值与模块捕获寄存器的值匹配时，PCA 模块的 CCPn 输出将发生翻转。CCAPnL 的值决定了 PCA 模块 n 的输出脉冲频率。当 PCA 时钟源是 SYSclk/2 时，输出

脉冲的频率为：

$$f=\mathrm{SYSclk}/(4\times \mathrm{CCAPnL})$$

由此，就可以得到对应的 CCAPnL 寄存器的值。

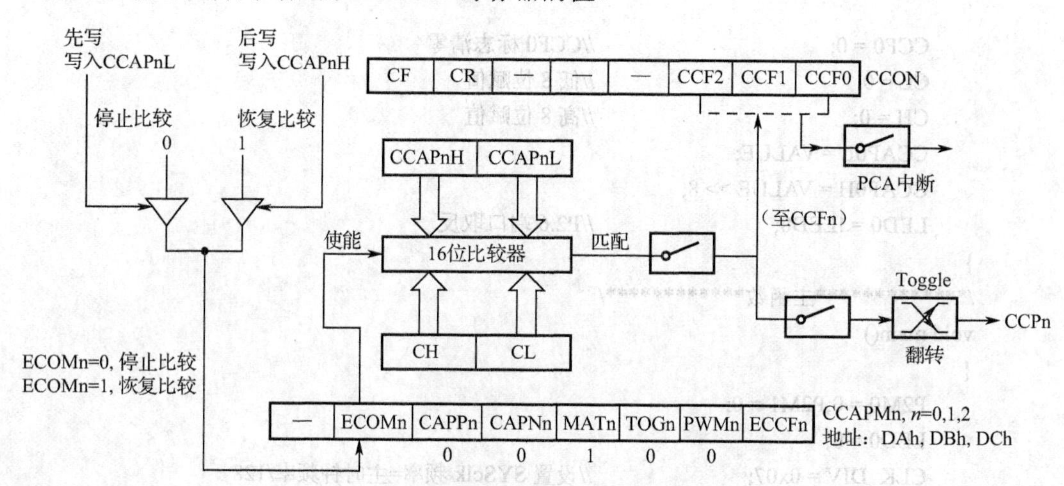

图 7.5.1　高速脉冲输出模式结构图

例 7.3　高速脉冲输出模式 C 语言描述的例子。

```
#include <STC15Fxxxx.H>
#define VALUE 1000
/************中断函数************/
void PCA_int() interrupt 7          //声明 PCA 中断服务程序
{
    CCF0 = 0;                       //CCF0 标志清零
    CL = 0;
    CH = 0;
}
/************主函数************/
void main()
{
    CLK_DIV = 0x01;                 //设置 SYSclk 频率=主时钟频率/2
    P_SW1 = 0x00;                   //CCP_S0=0,CCP_S1=0
    CCON = 0;
    CL = 0;
    CH = 0;
    CMOD = 0x00;                    //时钟源设置
    CCAP0L = VALUE;                 //低 8 位赋值
    CCAP0H = VALUE >> 8;            //高 8 位赋值
    CCAPM0 = 0x4d;                  //16 位高速脉冲模式
    CR = 1;                         //启动 PCA 定时器
    EA = 1;                         //中断允许
    while(1);
}
```

7.6 脉宽调制模式

7.6.1 PWM 模式相关寄存器设置

通过设置 PCA 各个模块 CCAPMn 寄存器的 PWMn 和 ECOMn 位，使得 PCA 模块工作在 PWM 模式，其中，*n*=0, 1, 2。

表 7.6.1 各位值设定

ECOMn	CAPPn	CAPNn	MATn	TOGn	PWMn	ECCFn	设 定 值	模 块 功 能
1	0	0	0	0	1	0	42H	8 位 PWM 输出，不产生中断
1	1	0	0	0	1	1	63H	8 位 PWM 输出，当输出引脚由低变高时，产生中断
1	0	1	0	0	1	1	53H	8 位 PWM 输出，当输出引脚由高变低时，产生中断
1	1	1	0	0	1	1	73H	8 位 PWM 输出，当输出引脚由高变低时，或由低变高时，产生中断

高速脉冲模式相关寄存器：CCON，CMOD，CCAPMn，CH，CL，CCAPnH，CCAPnL，PCA_PWMn，其中（*n*=0, 1, 2）。

PCA 工作在 PWM 模式时，用寄存器 CCAPnL（低位字节）和 CCAPnH（高位字节）来控制输出的占空比。其中，*n* =0, 1, 2，分别对应模块 0、模式 1 和模块 2。复位值均为 00H。它们对应的地址分别为：

CCAP0L—EAH、CCAP0H—FAH：模块 0 的捕捉/比较寄存器；

CCAP1L—EBH、CCAP1H—FBH：模块 1 的捕捉/比较寄存器；

CCAP2L—ECH、CCAP2H—FCH：模块 2 的捕捉/比较寄存器。

此外，通过设置 PCA 模块各自 PCA_PWMn（*n*=0, 1, 2）寄存器中的 EBSn_1 及 EBSn_0 位，使得PCA模块工作在8位、7位或6位PWM模式。PCA_PWM0、PCA_PWM1 和 PCA_PWM2 分别对应 PCA 模块的 0、1、2。PCA_PWMn（*n*=0, 1, 2）寄存器的定义如表所示。

表 7.6.2 PCA_PWMn（*n*=0, 1, 2）寄存器的定义

名 称	B7	B6	B5	B4	B3	B2	B1	B0
PCA_PWMn	EBSn_1	EBSn_0	—	—	—	—	EPCnH	EPCnL

- EBSn_1，EBSn_0：PCA 模块 n 工作于 PWM 模式时的功能选择位。

0，0：PCA 模块 n 工作于 8 位 PWM 模式；

0，1：PCA 模块 n 工作于 7 位 PWM 模式；

1，0：PCA 模块 n 工作于 6 位 PWM 模式；

1，1：无效，PCA 模块 n 工作于 8 位 PWM 模式。

- EPCnH：在 PWM 模式下，与 CCAPnH 组成 9 位数。
- EPCnL：在 PWM 模式下，与 CCAPnL 组成 9 位数。

7.6.2 8 位 PWM 模式

当设置[EBSn_1, EBSn_0]=[0, 0]或 [1, 1]时，PCA 模块工作在 8 位 PWM 模式下，{0,CL[7:0]}与捕获寄存器{EPCnL,CCAPnL[7:0]}进行比较，其中，n=0, 1, 2。其结构如图 7.6.1 所示。

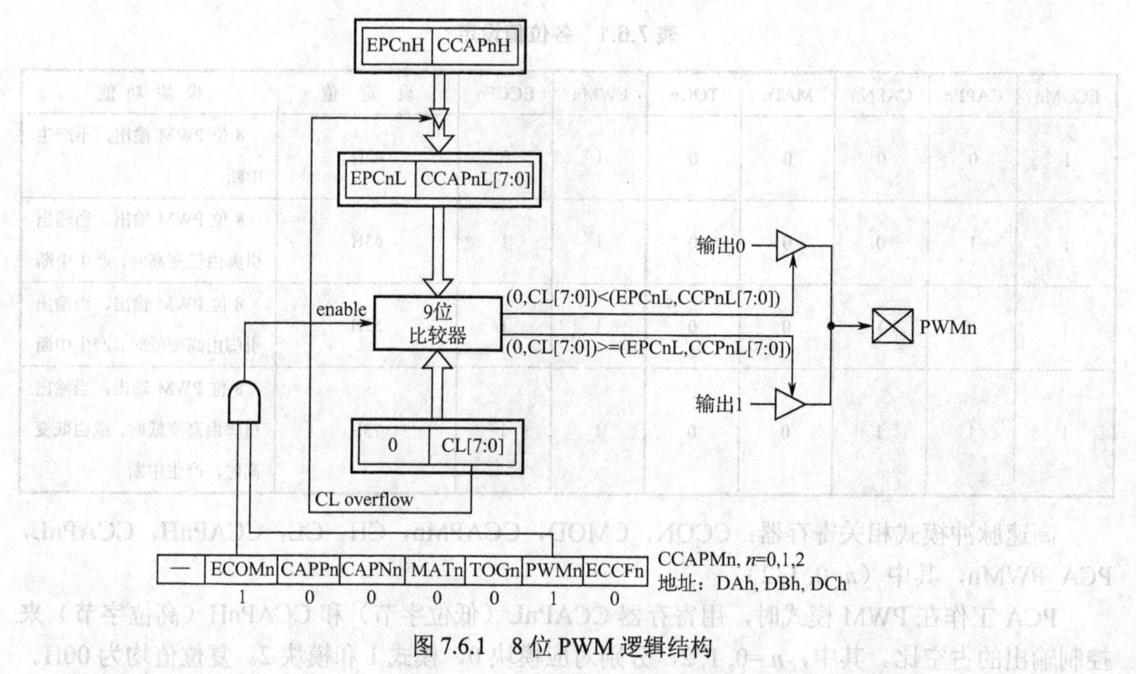

图 7.6.1 8 位 PWM 逻辑结构

当 PCA 模块工作于 8 位模式时，由于所有模块共用仅有的 PCA 定时器，因此它们的输出频率相同。通过设置 CMOD 寄存器 CPS2、CPS1 和 CPS0 位，选择 16 位 PCA 定时器/计数器的时钟源，可选择系统时钟 SYSclk（1 分频、2 分频、4 分频、6 分频、8 分频、12 分频）、定时器 0 溢出、外部输入 ECI（P1.2）。

每个模块的占空比各自独立，只与该模块的捕获寄存器{EPCnL，CCAPnL[7:0]}有关，即：

- 当{0，CL[7:0]}的值<{EPCnL，CCAPnL[7:0]}时，输出为低；
- 当{0，CL[7:0]}的值≥{EPCnL，CCAPnL[7:0]}时，输出为高。

当 CL 的值由 FF 变成 00 溢出时，将{EPCnH，CCAPnH[7:0]}的内容加载到{EPCnL，CCAPnL[7:0]}中。因此可以实现无干扰更新 PWM。

在 8 位模式下，PWM 的频率由下式确定：

$$f_{PWM}=\text{PCA 时钟输入源频率}/256$$

7.6.3 7 位 PWM 模式

当设置[EBSn_1, EBSn_0]= [0, 1]时，PCA 模块工作在 7 位 PWM 模式下，此时，{0,CL[6:0]}与捕获寄存器{EPCnL,CCAPnL[6:0]}进行比较，其中，n=0, 1, 2。7 位 PWM 逻辑结构如图 7.6.2

所示。

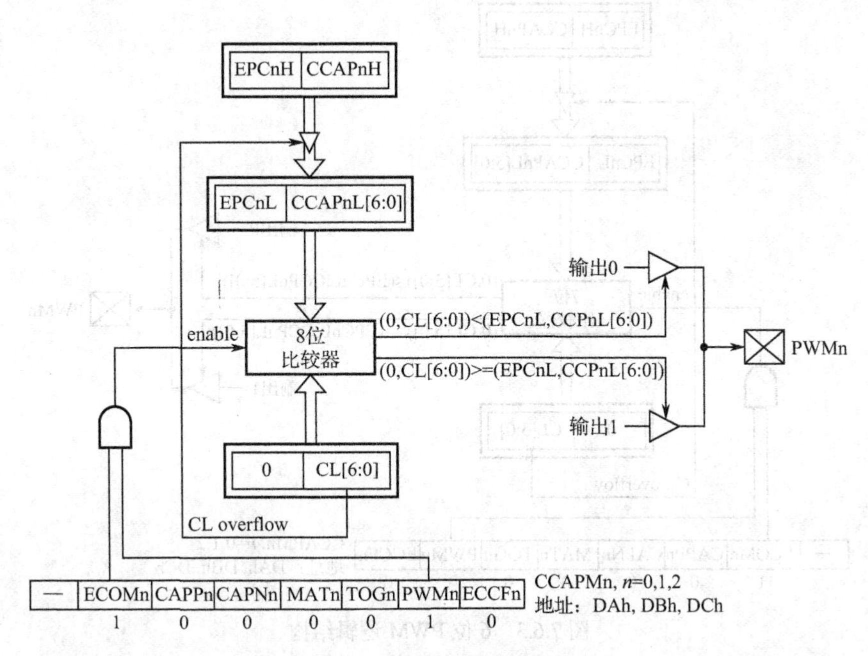

图 7.6.2 7 位 PWM 逻辑结构

当 PCA 模块工作于 7 位模式时，由于所有模块共用仅有的 PCA 定时器，因此它们的输出频率相同。通过设置 CMOD 寄存器 CPS2、CPS1 和 CPS0 位，选择 16 位 PCA 定时器/计数器的时钟源，可选择系统时钟 SYSclk（1 分频、2 分频、4 分频、6 分频、8 分频、12 分频）、定时器 0 溢出、外部输入 ECI（P1.2）。

每个模块的占空比各自独立，只与该模块的捕获寄存器{EPCnL，CCAPnL[6:0]}有关，即：

- 当{0，CL[6:0]}的值<{EPCnL，CCAPnL[6:0]}时，输出为低；
- 当{0，CL[6:0]}的值≥{EPCnL，CCAPnL[6:0]}时，输出为高。

当 CL 的值由 7F 变成 00 溢出时，将{EPCnH，CCAPnH[6:0]}的内容加载到{EPCnL，CCAPnL[6:0]}中。因此可以实现无干扰更新 PWM。

在 7 位模式下，PWM 的频率由下式确定：

$$f_{PWM}=\text{PCA 时钟输入源频率}/128$$

7.6.4 6 位 PWM 模式

当设置[EBSn_1，EBSn_0]= [1，0]时，PCA 模块工作在 6 位 PWM 模式下。此时，{0,CL[5:0]}与捕获寄存器{EPCnL,CCAPnL[5:0]}进行比较，其中，n=0, 1, 2。6 位 PWM 逻辑结构如图 7.6.3 所示。

当 PCA 模块工作于 6 位模式时，由于所有模块共用仅有的 PCA 定时器，因此它们的输出频率相同。通过设置 CMOD 寄存器 CPS2、CPS1 和 CPS0 位，选择 16 位 PCA 定时器/计数器的时钟源，可选择系统时钟 SYSclk（1 分频、2 分频、4 分频、6 分频、8 分频、12 分频）、定时器 0 溢出、外部输入 ECI（P1.2）。

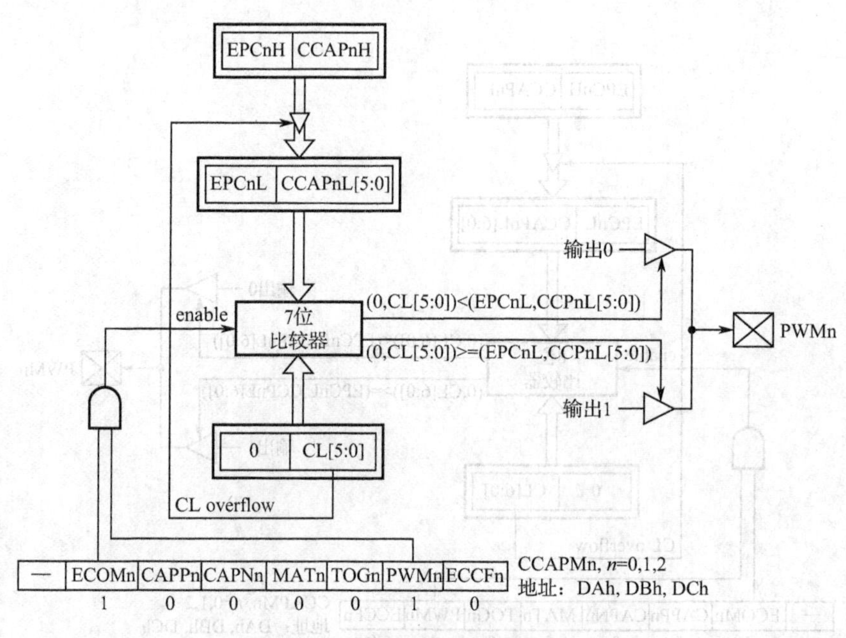

图 7.6.3　6 位 PWM 逻辑结构

每个模块的占空比各自独立，只与该模块的捕获寄存器{EPCnL，CCAPnL[5:0]}有关，即：

- 当{0，CL[5:0]}的值<{EPCnL，CCAPnL[5:0]}时，输出为低；
- 当{0，CL[5:0]}的值≥{EPCnL，CCAPnL[5:0]}时，输出为高。

当 CL 的值由 3F 变成 00 溢出时，将{EPCnH，CCAPnH[5:0]}的内容加载到{EPCnL，CCAPnL[5:0]}中。因此可以实现无干扰更新 PWM。

在 6 位模式下，PWM 的频率由下式确定：

$$f_{PWM}=\text{PCA 时钟输入源频率}/64$$

7.6.5 PWM 模式例程

例 7.4　PCA 模块 0 工作于 8 位 PWM 模式，PCA 模块 1 工作于 7 位 PWM 模式。

```
#include <STC15Fxxxx.H>
/*************主函数*************/
void main()
{
    CLK_DIV = 0x01;                 //设置 SYSclk 频率=主时钟频率/2
    P_SW1 = 0x00;                   //CCP_S0=0,CCP_S1=0
    CCON = 0;                       //停止 PCA 定时器，清除 CF 和 CCF0 标志
    CL = 0;                         //CL 寄存器清零
    CH = 0;                         //CH 寄存器清零
    CMOD = 0x02;
    PCA_PWM0 = 0x00;                //PCA 模块 0 工作于 8 位 PWM
    CCAP0H = CCAP0L = 0x20;         //PWM0 的占空比为 87.5% ((100H-20H)/100H)
    CCAPM0 = 0x42;                  //PCA 模块 0 为 8 位 PWM 模式
```

```
    PCA_PWM1 = 0x40;              //PCA 模块 1 工作于 7 位 PWM
    CCAP1H = CCAP1L = 0x20;       //PWM1 的占空比为 75% ((80H-20H)/80H)
    CCAPM1 = 0x42;                //PCA 模块 1 为 7 位 PWM 模式
    CR = 1;                       //启动 PCA 定时器
    while(1);
}
```

第 8 章　6 通道 PWM 波形发生器

STC15W4K32S4 系列的单片机集成了 6 路（PWM2～PWM7）增强型的 PWM 波形发生器，6 路 PWM 各自独立，用户将其中的任意两路配合起来使用，即可实现互补对称输出及死区控制等特殊应用。增强型的 PWM 波形发生器还设计了对外部端口 P2.4 电平异常、比较器比较结果异常等外部异常事件进行监控的功能，可用于紧急关闭 PWM 输出。PWM 波形发生器还可在 15 位的 PWM 计数器归零时触发外部事件（ADC 转换）。

8.1　6 路增强型 PWM 发生器的逻辑结构

IAP15W4K58S4 单片机的 PWM 模块波形发生器的结构框图如图 8.1.1 所示。PWM 波形发生器内部有一个 15 位的 PWM 计数器供 6 路 PWM 使用，用户可以设置每路 PWM 的初始电平，PWM 波形发生器还为每路 PWM 设计了两个用于控制波形翻转的计数器 T1（第一次翻转）、T2（第二次翻转），可以灵活设置每路 PWM 的高低电平宽度，对 PWM 的占空比及 PWM 的输出延迟进行控制。

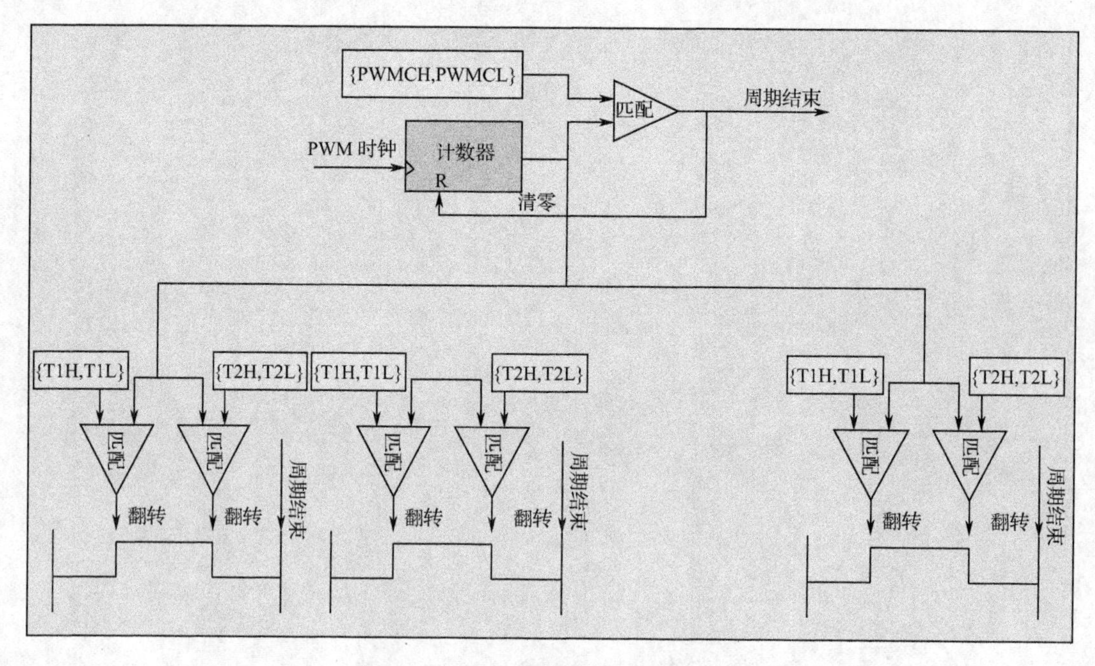

图 8.1.1　PWM 波形发生器结构框图

8.2 6路增强型PWM发生器的初始设置

8.2.1 6路增强型PWM发生器的引脚设置

IAP15W4K58S4单片机的PWM端口，在上电后均为高阻输入状态，在程序初始化时要将这些端口设置为准双向口或强推挽模式才可以正常输出PWM波。端口的工作模式可以通过PnM1，PnM0（*n*=0～5）中的相应位来进行设置，具体方法见第1章。

6路增强型PWM的输出引脚包括[PWM2:P3.7, PWM3:P2.1, PWM4:P2.2, PWM5:P2.3, PWM6:P1.6, PWM7:P1.7]及替换引脚[PWM2_2:P2.7, PWM3_2:P4.5, PWM4_2:P4.4, PWM5_2:P4.2, PWM6_2:P0.7, PWM7_2:P0.6]，每路PWM的输出端口均可通过其对应的寄存器PWMnCR（*n*=2～7）的第3位PWMn_PS（*n*=2～7）位来进行切换控制。寄存器PWMnCR（*n*=2～7）的定义如表8.2.1所示。

表8.2.1 寄存器PWMnCR（*n*=2～7）的各位定义

地 址	D7	D6	D5	D4	D3	D2	D1	D0	复位值
—	—	—	—	—	PWMn_PS	EPWMnI	ECnT2SI	ECnT1SI	xxxx 0000

- PWM2_PS=0，PWM2输出引脚为PWM2：P3.7；PWM2_PS=1，PWM2的输出引脚为PWM2_2：P2.7。
- PWM3_PS=0，PWM3输出引脚为PWM3：P2.1；PWM3_PS=1，PWM3的输出引脚为PWM3_2：P4.5。
- PWM4_PS=0，PWM4输出引脚为PWM4：P2.2；PWM4_PS=1，PWM4的输出引脚为PWM4_2：P4.4。
- PWM5_PS=0，PWM5输出引脚为PWM5：P2.3；PWM5_PS=1，PWM5的输出引脚为PWM5_2：P4.2。
- PWM6_PS=0，PWM6输出引脚为PWM6：P1.6；PWM6_PS=1，PWM6的输出引脚为PWM6_2：P0.7。
- PWM7_PS=0，PWM7输出引脚为PWM7：P1.7；PWM7_PS=1，PWM7的输出引脚为PWM7_2：P0.6。

8.2.2 扩展SFR访问控制设置

因为PWM的相关寄存器是扩展RAM区的特殊功能寄存器，必须先将寄存器P_SW2的EAXSFR位置为“1”，寄存器P_SW2各位功能定义如表8.2.2所示。

表8.2.2 寄存器P_SW2各位功能定义

地 址	D7	D6	D5	D4	D3	D2	D1	D0	复位值
BAH	EAXSFR	0	0	0	—	S4_S	S4_S	S4_S	0000,0000

EAXSFR：扩展 SFR 访问控制使能。

EAXSFR=0：MOVX A,@DPTR/MOVX @DPTR,A 指令的操作对象为扩展 RAM（XRAM）；

EAXSFR =1：MOVX A,@DPTR/MOVX @DPTR,A 指令的操作对象为扩展 SFR（XSFR）。

注意：BIT6，BIT5，BIT4 供内部测试使用，必须设为 0。

8.2.3 PWM 初始电平设置

6 路 PWM 的初始电平可通过寄存器 PWMCFG 对应的 CnINI（*n*=2～7）位进行设置。寄存器 PWMCFG 的定义如表 8.2.3 所示。

表 8.2.3 寄存器 PWMCFG 的各位功能定义

地　址	D7	D6	D5	D4	D3	D2	D1	D0	复 位 值
F1H	—	CBTADC	C7INI	C6INI	C5INI	C4INI	C3INI	C2INI	0000,0000

● CnINI：设置 PWM 输出端口的初始电平。

CnINI=0：PWM 输出端口的初始电平为低电平。

CnINI=1：PWM 输出端口的初始电平为高电平。

● CBTADC：PWM 计数器归零时（CBIF==1 时）触发 ADC 转换。

CBTADC=0：PWM 计数器归零时不触发 ADC 转换。

CBTADC=1：PWM 计数器归零时自动触发 ADC 转换。（注：前提条件是 PWM 和 ADC 必须被使能，即 ENPWM==1 且 ADCON==1。）

8.2.4 PWM 使能控制

使能 PWM 波形发生器，需要设置 PWM 控制寄存器 PWMCR 的相关各位，如表 8.2.4 所示，其中，ENPWM 位使能 PWM 波形发生器位；PWM 端口默认为 GPIO，需要设置输出使能位 ENCnO（*n*=2～7），使其为 PWM 输出端口。

表 8.2.4 寄存器 PWMCR 的各位功能定义

地　址	D7	D6	D5	D4	D3	D2	D1	D0	复 位 值
F5H	ENPWM	ECBI	ENC7O	ENC6O	ENC5O	ENC4O	ENC3O	ENC2O	0000 0000

● ENPWM：使能增强型 PWM 波形发生器。

ENPWM=0：关闭 PWM 波形发生器。

ENPWM=1：使能 PWM 波形发生器，PWM 计数器开始计数。

● ENCnO（*n*=2～7）：PWM 输出使能位。

ENCnO=0：相应 PWM 通道的端口为 GPIO。

ENCnO=1：相应 PWM 通道的端口为 PWM 输出口，受 PWM 波形发生器控制。

8.3　PWM 周期及翻转时钟 T1/T2

8.3.1　PWM 周期

PWM 的周期由[PWMCH,PWMCL]所组成的 15 位设定值决定。

PWM 时钟源通过寄存器 PWMCKS 进行选择，可以选择系统时钟经分频器分频之后的时钟，也可以选择定时器 2 的溢出脉冲。寄存器 PWMCKS 的各位功能定义如表 8.3.1 所示。

表 8.3.1　寄存器 PWMCKS 的各位功能定义

地　址	D7	D6	D5	D4	D3	D2	D1	D0	复 位 值
FFF2H	—	—	—	SELT2	PS[3:0]				xxx0 0000

● SELT2：PWM 时钟源选择。

SELT2=0：PWM 时钟源为系统时钟经分频器分频之后的时钟。

SELT2=1：PWM 时钟源为定时器 2 的溢出脉冲。

● PS[3:0]：系统时钟预分频参数。当 SELT2=0 时，PWM 时钟为系统时钟/(PS[3:0]+1)。

PWM 计数器为一个 15 位的寄存器，可设定 1～32767 之间的任意值作为 PWM 的周期。PWM 波形发生器内部的计数器从 0 开始计数，每个 PWM 时钟周期自动加 1，当内部计数器的计数值达到[PWMCH，PWMCL]所设定的 PWM 周期时，PWM 波形发生器内部的计数器将会从 0 重新开始开始计数，硬件会自动将 PWM 归零中断标志位 CBIF 置“1”，若 ECBI=1，程序将跳转到中断入口执行中断服务程序。PWMCH 和 PWMCL 的各位定义如表 8.3.2 所示。

表 8.3.2　寄存器 PWMCH 与 PWMCL 的各位功能定义

名　称	D7	D6	D5	D4	D3	D2	D1	D0	复 位 值
PWMCH	—	PWMCH[14:8]							x000,0000
PWMCL	PWMCH[7:0]								0000,0000

8.3.2　翻转时钟 T1/T2

每路 PWM（PWM2～PWM7）都有两个控制波形翻转的 15 位计数器 T1/T2。分别定义为：PWMn（n=2～7）的第一次翻转计数器的高字节 PWMnT1H（高 7 位）和低字节 PWMnT1L（低 8 位）；PWMn 的第二次翻转计数器的高字节 PWMnT2H（高 7 位）和低字节 PWMnT2L（低 8 位），其中 n=2～7，如表 8.3.3 所示。

表 8.3.3　T1/T2 各寄存器的定义

名　称	D7	D6	D5	D4	D3	D2	D1	D0	复 位 值
PWMnT1H	—	PWMnT1H[14:8](*n*=2～7)							x000,0000
PWMnT1L	PWMnT1L[7:0] (*n*=2～7)								0000,0000
PWMnT2H	—	PWMnT2H[14:8](*n*=2～7)							x000,0000
PWMnT2L	PWMnT2L[7:0] (*n*=2～7)								0000,0000

PWM 控制波形翻转的 T1/T2 为 15 位计数器，可设定 1～32767 之间的任意值。PWM 波形发生器内部的计数器的计数值与 T1/T2 所设定的值相匹配时，PWM 的输出波形将发生翻转。

8.4 PWM 中断

IAP15W4K58S4 单片机 PWM 波形发生器中断有两个，分别为 PWM 中断（22 号）和 PWM 异常检测中断（23 号）。与中断相关的控制寄存器如表 8.4.1 所示。

表 8.4.1 通道 PWM 波形发生器的中断相关特殊功能寄存器

符号	描述	地址	位址及符号								初始值
			B7	B6	B5	B4	B3	B2	B1	B0	
IP2	中断优先级控制	B5H	—	—	—	PX4	PPWMFD	PPWM	PSPI	PS2	xxx0,0000
PWMCR	PWM 控制	F5H	ENPWM	ECBI	ENC7O	ENC6O	ENC5O	ENC4O	ENC3O	ENC2O	0000,0000
PWMIF	PWM 中断标志	F6H	—	CBIF	C7IF	C6IF	C5IF	C4IF	C3IF	C2IF	x000,0000
PWMFDCR	PWM 外部异常控制	F7H	—	—	ENFD	FLTFLIO	EFDI	FDCMP	FDIO	FDIF	xx00,0000
PWM2CR	PWM2 控制	FF04H	—	—	—	—	PWM2_PS	EPWM2I	EC2T2SI	EC2T1SI	xxxx,0000
PWM3CR	PWM3 控制	FF14H	—	—	—	—	PWM3_PS	EPWM3I	EC3T2SI	EC3T1SI	xxxx,0000
PWM4CR	PWM4 控制	FF24H	—	—	—	—	PWM4_PS	EPWM4I	EC4T2SI	EC4T1SI	xxxx,0000
PWM5CR	PWM5 控制	FF34H	—	—	—	—	PWM5_PS	EPWM5I	EC5T2SI	EC5T1SI	xxxx,0000
PWM6CR	PWM6 控制	FF44H	—	—	—	—	PWM6_PS	EPWM6I	EC6T2SI	EC6T1SI	xxxx,0000
PWM7CR	PWM7 控制	FF54H	—	—	—	—	PWM7_PS	EPWM7I	EC7T2SI	EC7T1SI	xxxx,0000

与中断相关的操作包括中断允许、中断优先级、中断标志置位等。各相关寄存器的中断相关位介绍如下。

（1）通过寄存器 IP2 的 PPWMFD 和 PPWM 位控制中断优先级，如表 8.4.2 所示。

表 8.4.2 寄存器 IP2 的各位功能定义

地址	D7	D6	D5	D4	D3	D2	D1	D0	复位值
B5H	—	—	—	PX4	PPWMFD	PPWM	PSPI	PS2	xxx0 0000

● PPWMFD：PWM 异常检测中断优先级控制位。

当 PPWMFD=0 时，PWM 异常检测中断为最低优先级中断（优先级 0）；当 PPWMFD=1 时，PWM 异常检测中断为最高优先级中断（优先级 1）。

● PPWM：PWM 中断优先级控制位。

当 PPWM=0 时，PWM 中断为最低优先级中断（优先级 0）；当 PPWM=1 时，PWM 中断为最高优先级中断（优先级 1）。

（2）通过寄存器 PWMCR 的 ECBI 位控制 PWM 计数器归零中断使能，寄存器 PWMCR 的各位功能定义如表 8.4.3 所示。

表 8.4.3　寄存器 PWMCR 的各位功能定义

地　址	D7	D6	D5	D4	D3	D2	D1	D0	复 位 值
F5H	ENPWM	ECBI	ENC7O	ENC6O	ENC5O	ENC4O	ENC3O	ENC2O	0000 0000

● ECBI：PWM 计数器归零中断使能位。

ECBI=0：关闭 PWM 计数器归零中断（CBIF 依然会被硬件置位）。

ECBI=1：使能 PWM 计数器归零中断。

（3）PWM 中断标志，寄存器 PWMIF 各位定义如表 8.4.4 所示。

表 8.4.4　寄存器 PWMIF 的各位功能定义

地　址	D7	D6	D5	D4	D3	D2	D1	D0	复 位 值
F6H	—	CBIF	C7IF	C6IF	C5IF	C4IF	C3IF	C2IF	x000 0000

● CBIF：PWM 计数器归零中断标志位。

当 PWM 计数器归零时，硬件自动将此位置“1”。当 ECBI=1 时，程序会跳转到相应中断入口执行中断服务程序。需要软件清零。

● CnIF：第 *n*（*n*=2～7）通道的 PWM 中断标志位。

可设置在翻转点 1 和翻转点 2 触发 CnIF（详见 ECnT1SI 和 ECnT2SI）。当 PWM 发生翻转时，硬件自动将此位置“1”。当 EPWMnI 为“1”时，程序会跳转到相应中断入口执行中断服务程序。需要软件清零。

（4）PWM 的外部异常寄存器 PWMFDCR 各位定义如表 8.4.5 所示，其中，与 PWM 异常检测中断相关位包括 EFDI 位和 FDIF 位。

表 8.4.5　PWM 外部异常控制寄存器 PWMFDCR 的各位功能定义

地　址	D7	D6	D5	D4	D3	D2	D1	D0	复 位 值
F7H	—	—	ENFD	FLTFLIO	EFDI	FDCMP	FDIO	FDIF	xx00 0000

● ENFD：PWM 外部异常检测功能控制位。

ENFD=0：关闭 PWM 的外部异常检测功能。

ENFD=1：使能 PWM 的外部异常检测功能。

● FLTFLIO：发生 PWM 外部异常时对 PWM 输出口控制位。

FLTFLIO=0：发生 PWM 外部异常时，PWM 的输出口不作任何改变。

FLTFLIO=1：发生 PWM 外部异常时，PWM 的输出口立即被设置为高阻输入模式。（注：只有 ENCnO=1，所对应的端口才会被强制悬空。）

● EFDI：PWM 异常检测中断使能位。

EFDI=0：关闭 PWM 异常检测中断（FDIF 依然会被硬件置位）。

EFDI=1：使能 PWM 异常检测中断。

● FDCMP：设定 PWM 异常检测源为比较器的输出。

FDCMP=0：比较器与 PWM 无关。

FDCMP=1：当比较器的输出由低变高时，触发 PWM 异常。

● FDIO：设定 PWM 异常检测源为端口 P2.4 的状态。

FDIO=0：P2.4 的状态与 PWM 无关。

FDIO=1：当 P2.4 的电平由低变高时，触发 PWM 异常。

● FDIF：PWM 异常检测中断标志位。

当发生 PWM 异常（比较器的输出由低变高或 P2.4 的电平由低变高）时，硬件自动将此位置“1”。当 EFDI 为 1 时，程序会跳转到相应中断入口执行中断服务程序。需要软件清零。

（5）寄存器 PWMnCR（*n*=2～7）中，与中断相关位包括 EPWMnI 位、ECnT2SI 位、ECnT1SI 位，如表 8.4.6 所示。

表 8.4.6　寄存器 PWMnCR（*n*=2～7）的各位功能定义

地　址	D7	D6	D5	D4	D3	D2	D1	D0	复 位 值
—	—	—	—	—	PWMn_PS	EPWMnI	ECnT2SI	ECnT1SI	xxxx 0000

● EPWMnI：PWMn 中断使能控制位。

EPWMnI=0：关闭 PWMn 中断。

EPWMnI=1：使能 PWMn 中断，当 CnIF 被硬件置“1”时，程序将跳转到相应中断入口执行中断服务程序。

● ECnT2SI：PWMn 的 T2 匹配发生波形翻转时的中断控制位。

ECnT2SI=0：关闭 T2 翻转时中断。

ECnT2SI=1：使能 T2 翻转时中断，当 PWM 波形发生器内部计数值与 T2 计数器所设定的值相匹配时，PWM 的波形发生翻转，同时硬件将 CnIF 置“1”，此时若 EPWMnI 为“1”，则程序将跳转到相应中断入口执行中断服务程序。

● ECnT1SI：PWMn 的 T1 匹配发生波形翻转时的中断控制位。

ECnT1SI=0：关闭 T1 翻转时中断。

ECnT1SI=1：使能 T1 翻转时中断，当 PWM 波形发生器内部计数值与 T1 计数器所设定的值相匹配时，PWM 的波形发生翻转，同时硬件将 CnIF 置 1，此时若 EPWMnI 为“1”，则程序将跳转到相应中断入口执行中断服务程序。

综上所述，PWM 中断入口地址、优先级设置、中断请求位、中断允许控制及中断标志清除方式总结如表 8.4.7 所示。

表 8.4.7　中断控制表

中 断 名 称	入 口 地 址	优先级设置	中断请求位	中断允许控制	中断标志清除方式
PWM 中断	00B3H(22)	PPWM	CBIF	ENPWM/ECBI/EA	需软件清除
			C2IF	ENPWM/ EPWM2I/ EC2T2SI‖ EC2T1SI/EA	需软件清除
			C3IF	ENPWM/ EPWM3I/ EC3T2SI‖ EC3T1SI/EA	需软件清除

续表

中断名称	入口地址	优先级设置	中断请求位	中断允许控制	中断标志清除方式
PWM 中断	00B3H(22)	PPWM	C4IF	ENPWM/ EPWM4I/ EC4T2SI|| EC4T1SI/EA	需软件清除
			C5IF	ENPWM/ EPWM5I/ EC5T2SI|| EC5T1SI/EA	需软件清除
			C6IF	ENPWM/ EPWM6I/ EC6T2SI|| EC6T1SI/EA	需软件清除
			C7IF	ENPWM/ EPWM7I/ EC7T2SI|| EC7T1SI/EA	需软件清除
PWM 异常检测中断	00BBH(23)	PPWMFD	FDIF	ENPWM/ENFD/EFDI/EA	需软件清除

PWM 中断和 PWM 异常检测中断在 Keil C 中声明函数如下：

```
void PWM_Routine(void) interrupt 22;
void PWMFD_Routine(void) interrupt 23;
```

例 8.1　PWM2 输出占空比为 10%的 PWM 波的 STC 样例程序。

```
#include <STC15Fxxxx.H>
#define CYCLE     0x1000L                //定义 PWM 周期(最大值为 32767)
#define DUTY      10L                    //定义占空比为 10%
void main()
{
    P_SW2 |= 0x80;                       //使能访问 XSFR
    PWMCFG = 0x00;                       //配置 PWM 的输出初始电平为低电平
    PWMCKS = 0x00;                       //选择 PWM 的时钟为 Fosc/(0+1)
    PWMC = CYCLE;                        //设置 PWM 周期
    PWM2T1 = 0x0000;                     //设置 PWM2 第 1 次反转的 PWM 计数
    PWM2T2 = CYCLE * DUTY / 100;         //设置 PWM2 第 2 次反转的 PWM 计数
                                         //占空比为(PWM2T2-PWM2T1)/PWMC
    PWM2CR = 0x00;                       //选择 PWM2 输出到 P3.7,不使能 PWM2 中断
    PWMCR = 0x01;                        //使能 PWM 信号输出
    PWMCR |= 0x80;                       //使能 PWM 模块
    P_SW2 &= ~0x80;
    while (1);
}
```

第 9 章　单片机内置比较器及其应用

IAP15W4K58S4 单片机是 STC15W4K32S4 系列单片机中的一种，片内资源丰富，其内置比较器可以当作 1 路 ADC 使用，也可以用作掉电检测和掉电保护等。

9.1　STC15W4K58S4 单片机内置比较器

STC15W4K58S4 单片机内置比较器内部结构图如图 9.1.1 所示，它是由比较电路、滤波电路和中断标志形成电路等构成的。

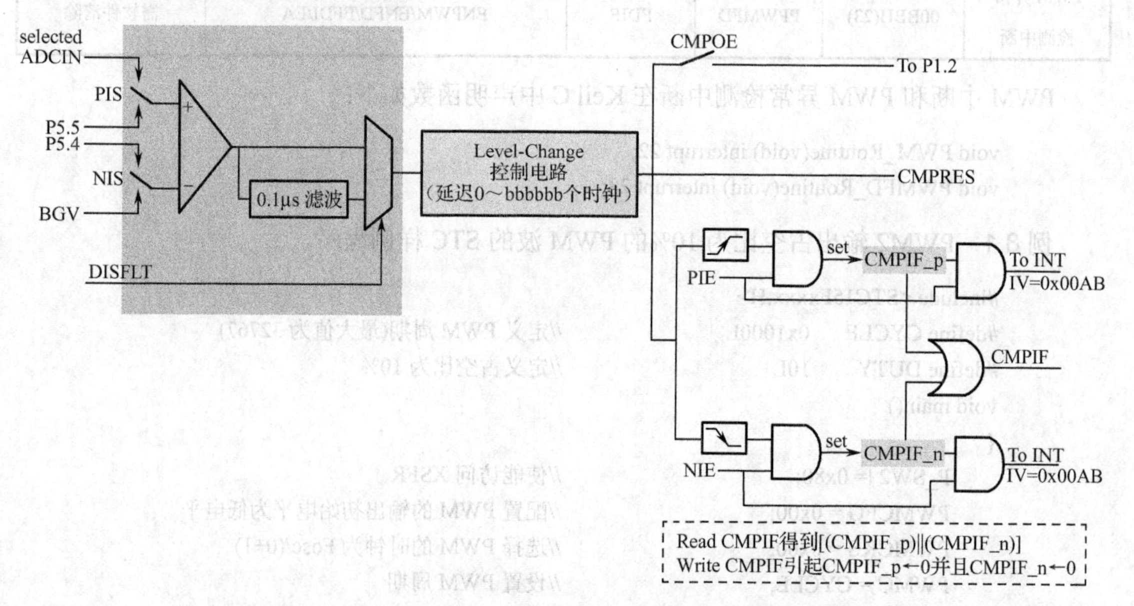

图 9.1.1　STC15W4K58S4 单片机内置比较器内部结构图

在图 9.1.1 中，比较电路同相输入端的信号和反相输入端的信号均可以通过设置比较控制寄存器 CMPCR1 中的 PIS 和 NIS 位来选择是内部输入信号还是外部输入信号。比较电路的输出信号可以通过设置比较控制寄存器 CMPCR2 中的 DISFLT 位来选择比较结果是否经过 0.1μs 滤波电路处理后再输出。

Level-Change 控制电路可以保证当滤波电路的输出信号发生抖动时，不会在输出端马上得到确定，而是需要经过设定的时钟周期延时后再确定是否为有效输出。

在中断标志形成电路中设有决定中断标志类型和中断标志允许等的中断标志形成电路。

STC15W4K58S4 单片机内置比较器的中断入口地址为 00ABH，中断号为 21，默认中断优先级为低级。

DIP40 封装的 STC15W4K58S4 单片机内置比较器相关引脚位置如图 9.1.2 所示。其中，19 脚为内置比较器的同相输入端 CMP+/P5.5；17 脚为内置比较器的反相输入端 CMP-/P5.4，17 脚除了用作内置比较器的反相输入端外，还复用了其他功能；11 脚为内置比较器的输出端

CMPO/P1.2，11 脚也复用了其他功能。

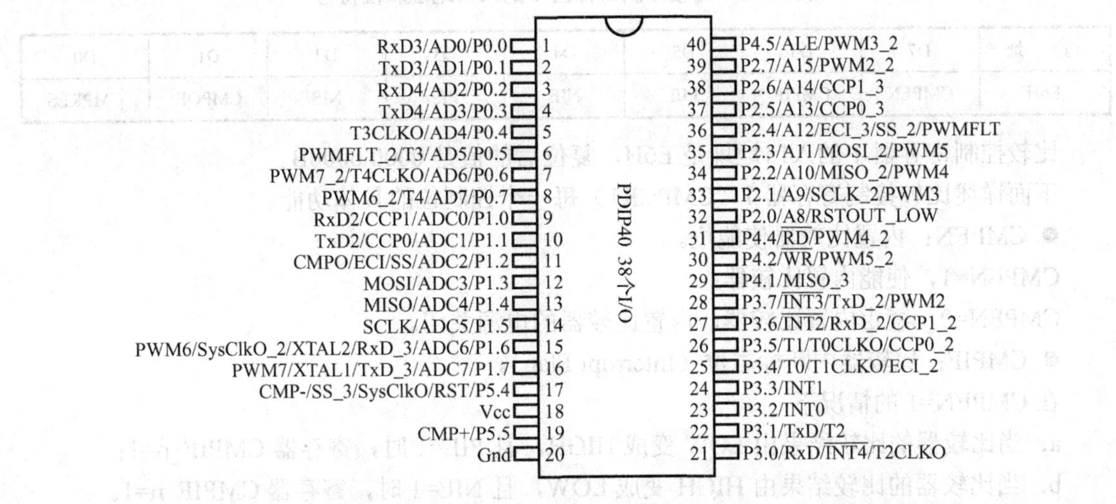

图 9.1.2　DIP40 封装的 STC15W4K58S4 单片机内置比较器引脚位置图

内置比较器同相输入端 CMP+的电平可以与内置比较器反相输入端 CMP-的电平进行比较，也可以与内部 Band Gap 的参考电压（1.27V 左右）进行比较。

芯片内部 Band Gap 的参考电压通常在 1.27V 左右，具体的电压值可以通过读取芯片内部的 RAM 区或 ROM 区所在地址来获取，读出的参考电压值高字节在前，单位为毫伏。对于具有 256 字节及以上 RAM 区的单片机，其内部 Band Gap 的参考电压值在 RAM 区的地址为 0EFH～0F0H；在 ROM 区的地址为程序空间最后第 8 字节和第 9 字节。例如，对于具有 58KB ROM 区的单片机 IAP15W4K58S4，其内部 Band Gap 的参考电压值存储在 ROM 区的地址为 E7F7H～E7F8H。因此，用户只需读取 RAM 区 0EFH～0F0H 地址中的值，或者读取 ROM 区 E7F7H～E7F8H 地址中的值，即可获得 IAP15W4K58S4 单片机内部 Band Gap 的参考电压值。

9.2　与比较器相关的特殊功能寄存器

STC15W4K58S4 单片机内部有两个与比较器相关的特殊功能寄存器（SFR）：比较控制寄存器 1（CMPCR1）和比较控制寄存器 2（CMPCR2），这两个特殊功能寄存器的地址、位地址及其符号、复位值如表 9.2.1 所示。

表 9.2.1　与比较器相关的特殊功能寄存器

符　号	描　　述	地　　址	位地址及其符号								复　位　值
			D7	D6	D5	D4	D3	D2	D1	D0	
CMPCR1	比较器控制寄存器 1	E6H	CMPEN	CMPIF	PIE	NIE	PIS	NIS	CMPOE	CMPRES	00000000
CMPCR2	比较器控制寄存器 2	E7H	INVCMPO	DISFLT	LCDTY[5:0]						00001001

9.2.1　比较控制寄存器 1

比较控制寄存器 1 的入口地址、位地址及其符号如表 9.2.2 所示。

表 9.2.2 比较控制寄存器 1 的入口地址和位符号

地　址	D7	D6	D5	D4	D3	D2	D1	D0
E6H	CMPEN	CMPIF	PIE	NIE	PIS	NIS	CMPOE	CMPRES

比较控制寄存器 1 的入口地址是 E6H，复位后的值是 0000 0000B。

下面详述比较控制寄存器 1（CMPCR1）每一个控制位的具体功能。

● CMPEN：内置比较器使能位。

CMPEN=1，使能内置比较器；

CMPEN=0，禁止内置比较器，内置比较器的电源关闭。

● CMPIF：比较器中断标志位（Interrupt Flag）。

在 CMPEN=1 的情况下：

a．当比较器的比较结果由 LOW 变成 HIGH，且 PIE=1 时，寄存器 CMPIF_p=1；

b．当比较器的比较结果由 HIGH 变成 LOW，且 NIE=1 时，寄存器 CMPIF_n=1。

当 CPU 读取 CPMIF 时，会读到（CPMIF_p ‖ CPMIF_n)；

当 CPU 对 CPMIF 置“0”后，CPMIF_p 和 CPMIF_n 都会被置“0”。

产生中断的条件是：

[(EA=1)&&(((PIE==1)&&(CMPIF_p==1)) ‖ ((NIE==1)&&(CMPIF_n==1)))]；

CPU 接受中断后，并不会自动清除中断标志位 CMPIF，用户必须用软件写“0”清除。

● PIE：比较器上升沿中断使能位（Pos-edge Interrupt Enabling）。

PIE=1，使能比较器由 LOW 变 HIGH 时，设定 CMPIF_p=1 产生中断；

PIE=0，禁止比较器由 LOW 变 HIGH 的事件产生中断。

● NIE：比较器下降沿中断使能位（Neg-edge Interrupt Enabling）。

NIE=1，使能比较器由 HIGH 变 LOW 时，设定 CMPIF_n=1 产生中断；

NIE=0，禁止比较器由 HIGH 变 LOW 的事件产生中断。

● PIS：设定内置比较器同相输入端输入信号来源选择位。

PIS=1，选择 ADCIS[2:0]所指向的 ADCIN 作为内置比较器同相输入端的输入信号；

PIS=0，选择外部 CMP+/P5.5 作为内置比较器同相输入端的输入信号。

● NIS：设定内置比较器反相输入端输入信号来源选择位。

NIS=1，选择外部 CMP-/P5.4 作为内置比较器反相输入端的输入信号；

NIS=0，选择内部 Band Gap 的参考电压作为内置比较器反相输入端的输入信号。

● CMPOE：比较结果输出控制位。

CMPOE=1，使能内置比较器的比较结果输出到 P1.2；

CMPOE=0，禁止内置比较器的比较结果输出到 P1.2。

● CMPRES：内置比较器比较结果（Comparator Result）标志位。此位是一个只读（read-only）位，软件对它的写入动作没有任何意义，软件所读到的结果是经过控制处理后的结果，而非 Analog 比较器的直接输出结果。

CMPRES=1，CMP+的电平高于 CMP-的电平（或内部 Band Gap 参考电压的电平）；

CMPRES=0，CMP+的电平低于 CMP-的电平（或内部 Band Gap 参考电压的电平）。

9.2.2 比较控制寄存器 2

比较控制寄存器 2 的入口地址、位地址及其符号如表 9.2.3 所示。

表 9.2.3 比较控制寄存器 2 的入口地址和位符号

地　址	D7	D6	D5	D4	D3	D2	D1	D0
E7H	INVCMPO	DISFLT	LCDTY[5:0]					

比较控制寄存器 2 的入口地址是 E7H，复位后的值是 0000 1001B。

下面详述比较控制寄存器 2（CMPCR2）每一个控制位的具体功能。

● INVCMPO：比较结果输出取反控制位（Inverse Comparator Output）。

INVCMPO=1，比较结果取反后再输出到 P1.2；

INVCMPO=0，比较结果正常输出到 P1.2。

● DISFLT：选择比较结果是否经过 0.1μs 滤波处理控制位。

DISFLT=1，关闭 0.1μs 滤波（Filter）功能，以少许提升比较器的速度；

DISFLT=0，开启 0.1μs 滤波（Filter）功能。

● LCDTY[5:0]：比较器输出结果电平变化延时时长控制位（level-change control）。

当比较器的输出结果由 LOW 变成 HIGH 时，处理器必须能侦测到输出结果变成 HIGH 后应持续至少 LCDTY[5:0]个时钟周期，这样处理器才会认定比较器的输出结果已经由 LOW 变成了 HIGH；如果在 LCDTY[5:0]个时钟周期内，比较器的输出结果又回到了 LOW，则处理器会认为什么都没有发生，视同比较器的输出结果一直维持在 LOW。

内置比较器输出结果由 LOW 变成 HIGH 的过程控制时序图如图 9.2.1 所示。

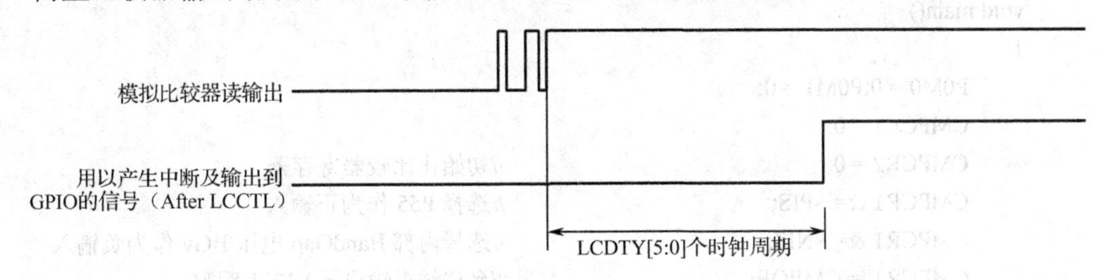

图 9.2.1 输出结果由 LOW 变成 HIGH 的过程控制时序图

当比较器的输出结果由 HIGH 变成 LOW 时，处理器必须能侦测到输出结果变成 LOW 后应持续至少 LCDTY[5:0]个时钟周期，这样处理器才会认定比较器的输出结果已经由 HIGH 变成了 LOW；如果在 LCDTY[5:0]个时钟周期内，比较器的输出结果又回到了 HIGH，则处理器会认为什么都没有发生，视同比较器的输出结果一直维持在 HIGH。

内置比较器输出结果由 HIGH 变成 LOW 的过程控制时序图如图 9.2.2 所示。

若 LCDTY[5:0]=000000，则代表没有输出结果电平变化延时控制（Level-Change Control），即只要输出结果发生了变化，处理器就认为比较器的输出结果已经发生了变化。

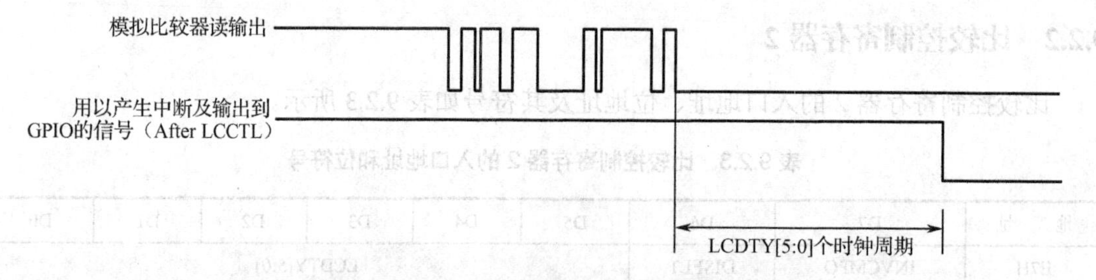

图 9.2.2 输出结果由 HIGH 变成 LOW 的过程控制时序图

9.3 单片机内置比较器应用举例

本节所有示例都已经在 keil4 开发环境下选择 STC15W4K32S4 芯片型号进行了编译。

9.3.1 单片机内置比较器中断方式应用举例

下面以 C 语言为例，说明 IAP15W4K58S4 单片机内置比较器中断应用方式的程序设计。本小节以下内容和代码均摘自宏晶科技的技术资料。

例 9-1

```
//主函数 main.c
#include <STC15Fxxxx.H>
sbit LED = P0^0;
/*************主函数************/
void main()
{
    P0M0 = 0;P0M1 = 0;
    CMPCR1 = 0;
    CMPCR2 = 0;                          //初始化比较器寄存器
    CMPCR1 &= ~PIS;                      //选择 P55 作为正输入
    CMPCR1 &= ~NIS;                      //选择内部 BandGap 电压 BGv 作为负输入
    CMPCR1 |= CMPOE;                     //允许结果输出至 P12 上观察
    CMPCR2 &= ~INVCMPO;                  //输出不取反
    CMPCR2 &= ~DISFLT;                   //开启滤波
    CMPCR2 &= ~LCDTY;                    //滤波周期为 0
    CMPCR1 |= PIE;                       //使能上升沿中断
    CMPCR1 |= CMPEN;                     //使能比较器
    EA = 1;
    while(1);
}
void CMP_ISR() interrupt 21 using 1
{
    CMPCR1 &= ~CMPIF;                    //清除完成标志
    LED = !(CMPCR1 & CMPRES);            //将比较器结果输出至测试端口显示出来
```

```
}

//#define  CMPEN    0x80       //1：允许比较器，0：禁止，关闭比较器电源
//#define  CMPIF    0x40       //比较器中断标志，包括上升沿或下降沿中断，软件清0
//#define  PIE      0x20       //1：比较结果由0变1，产生上升沿中断
//#define  NIE      0x10       //1：比较结果由1变0，产生下降沿中断
//#define  PIS      0x08       //输入正极性选择，0：选择内部P5.5作为正输入，
                               //1：由ADCIS[2:0]所选择的ADC输入端作为正输入
//#define  NIS      0x04       //输入负极性选择，0：选择内部BandGap电压BGv作为负输入，
                               //1：选择外部P5.4作为输入
//#define  CMPOE    0x02       //1：允许比较结果输出到P1.2，0：禁止
//#define  CMPRES   0x01       //比较结果，1：CMP+电平高于CMP-，
                               //0：CMP+电平低于CMP-，只读
//#define  INVCMPO 0x80        //1：比较器输出取反，0：不取反
//#define  DISFLT   0x40       //1：关闭0.1uF滤波，0：允许
//#define  LCDTY    0x00       //0～63，比较结果变化延时周期数
```

9.3.2　单片机内置比较器查询方式应用举例

下面以C语言为例，说明IAP15W4K58S4单片机内置比较器查询应用方式的程序设计。本小节以下内容和代码均摘自宏晶科技的技术资料。

例 9-2

```
//主函数 main.c
#include <STC15Fxxxx.H>
sbit LED = P0^0;
/*************主函数*************/
void main()
{
    P0M0 = 0;P0M1 = 0;
    CMPCR1 = 0;
    CMPCR2 = 0;                          //初始化比较器寄存器
    CMPCR1 &= ~PIS;                      //选择P55作为正输入
    CMPCR1 &= ~NIS;                      //选择内部BandGap电压BGv作为负输入
    CMPCR1 |= CMPOE;                     //允许结果输出至P12上观察
    CMPCR2 &= ~INVCMPO;                  //输出不取反
    CMPCR2 &= ~DISFLT;                   //开启滤波
    CMPCR2 &= ~LCDTY;                    //滤波周期为0
    CMPCR1 |= PIE;                       //使能上升沿中断
    CMPCR1 |= CMPEN;                     //使能比较器
    while(1){
        if(CMPCR1&CMPIF){
            CMPCR1 &= ~CMPIF;            //清除完成标志
            LED = !(CMPCR1 & CMPRES);    //将比较器结果输出至测试端口显示出来
        }
```

```
        }
    }
```

9.3.3 单片机内置比较器用作掉电保护应用举例

图 9.3.1 是典型的利用单片机内置比较器实现掉电保护/监测实验电路，其中电阻 R1、R2 用于对单片机电源输入电压 Vin 进行采样，经过采样后的电压信号作为单片机内置比较器同相输入端 CMP+/P5.5 引脚上的输入电压与单片机内部 Band Gap 的参考电压进行比较。

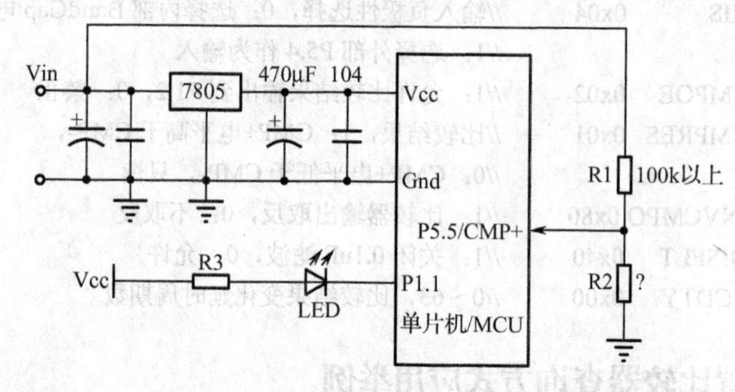

图 9.3.1 利用单片机内置比较器实现掉电保护/监测实验电路

当采样电压的电平低于芯片内部 Band Gap 的参考电平时，处理器产生比较器中断并进入中断服务子程序，中断服务子程序可以设计成保存当前数据和状态，完成掉电保护。

实验中，可以通过设定电阻 R1、R2 的电阻值，保证当电源输入电压 Vin 下降到不能满足稳压电源的输入要求时，即内置比较器同相输入端 CMP+/P5.5 的电平低于芯片内部 Band Gap 的参考电平时，引发比较器中断，进入中断服务子程序。掉电保护中断服务子程序可以通过点亮接在 P1.1 引脚上的 LED 来模拟实现。

例 9-3 在图 9.3.1 中，当电源输入电压 Vin 不能满足系统设定的输入要求时，点亮接在单片机 P1.1 引脚上的 LED，模拟进入掉电保护中断服务子程序。程序代码如下：

```
//延时函数头文件 Delay.h
#ifndef _DELAY_H
#define _DELAY_H
#include <STC15Fxxxx.H>
void Delay_200ms(void);
#endif


//延时函数 Delay.c
#include "Delay.h"
/************延时函数***********/
void Delay_200ms(void)
{
    unsigned char i, j, k;
    _nop_();
    _nop_();
    i = 10;
```

```
        j = 31;
        k = 147;
        do{
            do{
                while(--k);
            } while(--j);
        } while(--i);
}

//主函数 main.c
#include <STC15Fxxxx.H>
#include "Delay.h"
sbit LED = P1^1;
sbit LED0 = P0^0;
/************主函数************/
void main()
{
    P0M0 = 0;P0M1 = 0;
    P1M0 = 0;P1M1 = 0;
    LED = 1;
    CMPCR1 = 0;
    CMPCR2 = 0;                     //初始化比较器寄存器
    CMPCR1 &= ~PIS;                 //选择 P55 作为正输入
    CMPCR1 &= ~NIS;                 //选择内部 BandGap 电压 BGv 作为负输入
    CMPCR1 |= CMPOE;                //允许结果输出至 P12 上观察
    CMPCR2 &= ~INVCMPO;             //输出不取反
    CMPCR2 &= ~DISFLT;              //开启滤波
    CMPCR2 &= ~LCDTY;               //滤波周期为 0
    CMPCR1 |= NIE;                  //允许比较器下降沿中断
    CMPCR1 |= PIE;                  //允许比较器上升沿中断
    CMPCR1 |= CMPEN;                //使能比较器
    EA = 1;
    while(1){
        LED = 1;
        LED0 = !LED0;
        Delay_200ms();
    }
}
void CMP_ISR() interrupt 21 using 1
{
    CMPCR1 &= ~CMPIF;               //清除完成标志
    LED = 0;                        //将比较器结果输出至测试端口显示出来
    PCON = 0x02;                    //MCU 进入掉电模式
}
```

例 9-4 采用直接赋值法实现例 9-3 的程序。

直接赋值写法简单，但可读性差，每个特殊功能寄存器的初始化都需要详细注释。程序代码如下：

```
//延时函数头文件 Delay.h 和延时函数 Delay.c 同例 9-3。

//主程序 main.c
#include <STC15Fxxxx.H>
#include "Delay.h"
sbit LED = P1^1;
sbit LED0 = P0^0;
/**************主函数*************/
void main()
{
    P0M0 = 0;P0M1 = 0;
    P1M0 = 0;P1M1 = 0;
    LED = 1;
    CMPCR1 = 0xB2;          //开比较器使能、清中断标志、允许上升沿中断、允许下降沿中断
                            //P55 为正输入、内部基准为负输入、允许输出 P12
    CMPCR2 = 0x3F;          //比较结果不取反、开 0.1us 延时、开启最长输出电平稳定窗
    EA = 1;
    while(1){
        LED = 1;
        LED0 = !LED0;
        Delay_200ms();
    }
}
void CMP_ISR() interrupt 21 using 1
{
    CMPCR1 &= ~CMPIF;   //清除完成标志
    LED = 0;            //将比较器结果输出至测试端口显示出来
    PCON = 0x02;        //MCU 进入掉电模式
}
```

第 10 章　单片机显示系统设计

显示系统是单片机应用系统的重要组成部分，常用于显示数字、图形及系统状态，是实现人机对话的展示渠道。常用的显示器件包括数码管（LED）、点阵及各种液晶（LCD）等。

10.1　数码管显示系统设计

数码管也称 LED，是一种半导体发光器件，由多个发光二极管组成，外形如图 10.1.1 所示。8 段数码管可以显示数字 0～9，字符 A～F 及小数点。

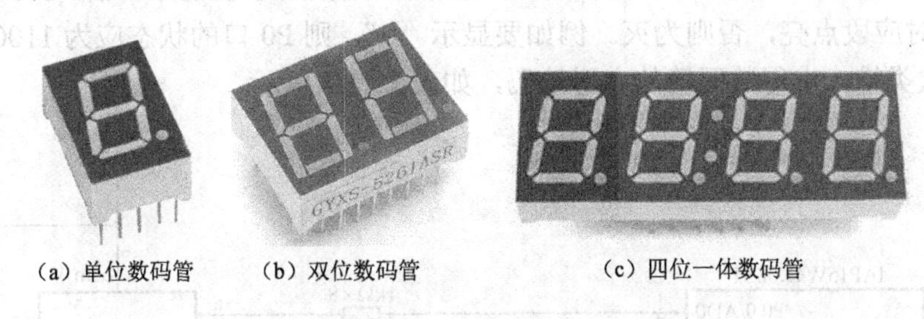

（a）单位数码管　　（b）双位数码管　　（c）四位一体数码管

图 10.1.1　数码管外形图

数码管按结构可以分为共阴极数码管和共阳极数码管；按位数可以分为单位数码管、双位数码管及多位一体数码管。

10.1.1　共阴、共阳数码管

数码管有共阴极和共阳极两种结构，其内部结构如图 10.1.2 所示。一位数码管共有 10 个引脚，包括用于显示 7 段数字的引脚 a～g、显示小数点的引脚 dp 及两个公共端引脚 com，其中两个公共端引脚是连在一起的。从结构图可以看出，数码管 a～g、dp 的每一段都是一个发光二极管，一位数码管共由 8 个发光二极管组成，包含 8 条段支路。

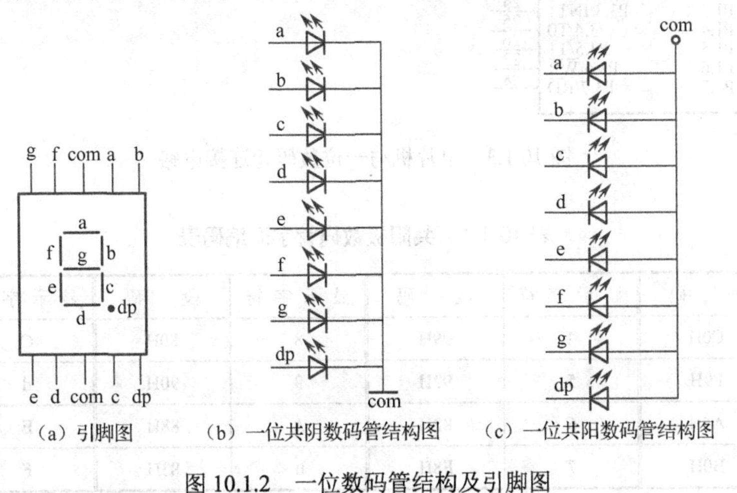

（a）引脚图　　（b）一位共阴数码管结构图　　（c）一位共阳数码管结构图

图 10.1.2　一位数码管结构及引脚图

共阴极数码管中，8 个发光二极管的负极接在一起成为公共端 com，如图 10.1.2（b）所示。设计电路时通常把公共端接低电平（接地）。数码管的任意阳极（即发光二极管的正极）接高电平时，对应该段的发光二极管就会点亮。例如想显示数字“8”，需要将 a～g 引脚置高电平，dp 引脚置低电平。

共阳极数码管中，8 个发光二极管的正极接在一起成为公共端 com，如图 10.1.2（c）所示。设计电路时通常把公共端接高电平（接电源）。当数码管的任意阴极（即发光二极管的负极）接低电平时，对应该段的发光二极管就会点亮。

无论是共阳极还是共阴极数码管，它们的段支路上都必须串联限流电阻。限流电阻的作用是防止支路电流过大烧毁发光二极管，应选择大于 470Ω的电阻。

单片机与一位共阳极数码管的连接电路如图 10.1.3 所示。数码管 a～dp 的段数据口分别串联限流电阻后连接至单片机的 P0 口，数码管的公共端接至系统电源。当 P0 口的某一位为 0 时，数码管对应段点亮，否则为灭。例如要显示“0”，则 P0 口的状态应为 11000000B（即 C0H），可依次类推，求得数码管的字形编码，如表 10.1.1 所示。

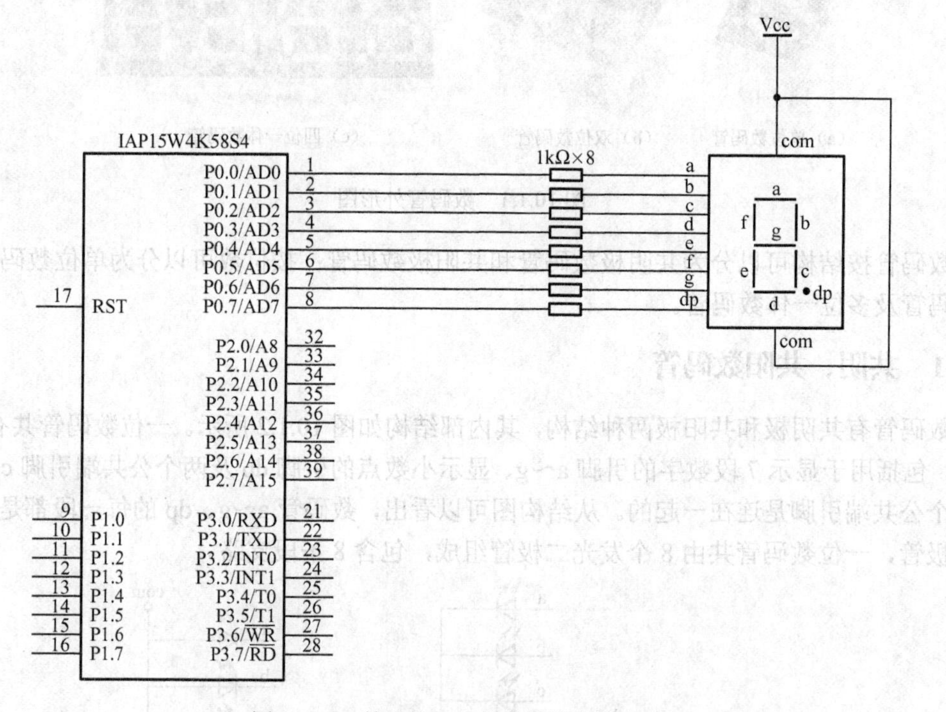

图 10.1.3　单片机与一位数码管连接电路

表 10.1.1　共阳极数码管字形编码表

显示字符	段码	显示字符	段码	显示字符	段码	显示字符	段码
0	C0H	4	99H	8	80H	C	C6H
1	F9H	5	92H	9	90H	d	A1H
2	A4H	6	82H	A	88H	E	86H
3	B0H	7	F8H	b	83H	F	84H

10.1.2　四位一体数码管

常用共阳极四位一体数码管的结构如图 10.1.4 所示。12 个引脚中有四个独立的公共端引脚，分别控制四位数码管，称为位选线；其他 8 个引脚 a～dp 是控制显示内容的段选线，4 位数码管的段选线全部接在一起。

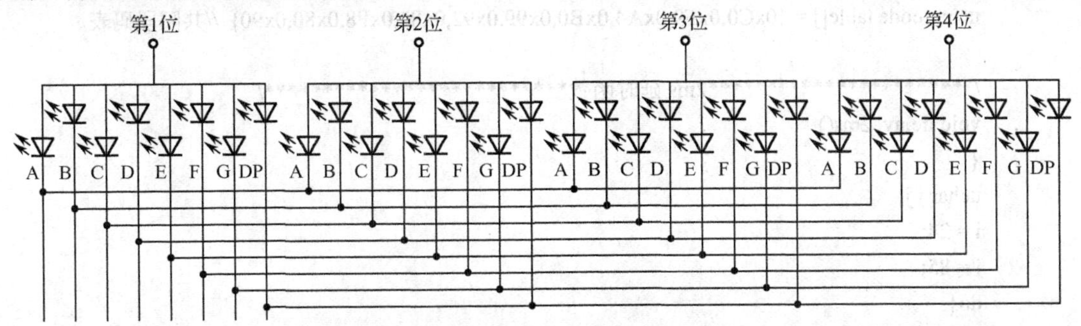

图 10.1.4　四位一体数码管结构图

单片机通常采用动态扫描的方式控制四位一体数码管的显示内容。动态扫描显示就是四位数码管逐位轮流显示数据，即某一时刻第一位数码管通过位选线被选通，段选线送入要显示的段码，然后下一时刻第二位数码管位选线被选通，送入段码，依次操作至第四位数码管被选通并送入段码后，再重新从第一位数码管开始一轮新的循环。这样四位数码管不断重复显示各自的内容，利用人眼存在视觉暂留效应，人们看到的结果就是四位数码管在稳定地同时显示不同的内容。

例如，单片机动态扫描四位一体共阳极数码管的连接电路如图 10.1.5 所示。8 位段选线分别串联限流电阻后接至单片机的 P0 口，4 位位选线通过三极管驱动电路接至系统电源，由 P1 口的低四位控制位选通。当 P1.0 和 P0.0 均置 0 时，COM1 代表的第一位数码管的 a 段会点亮。

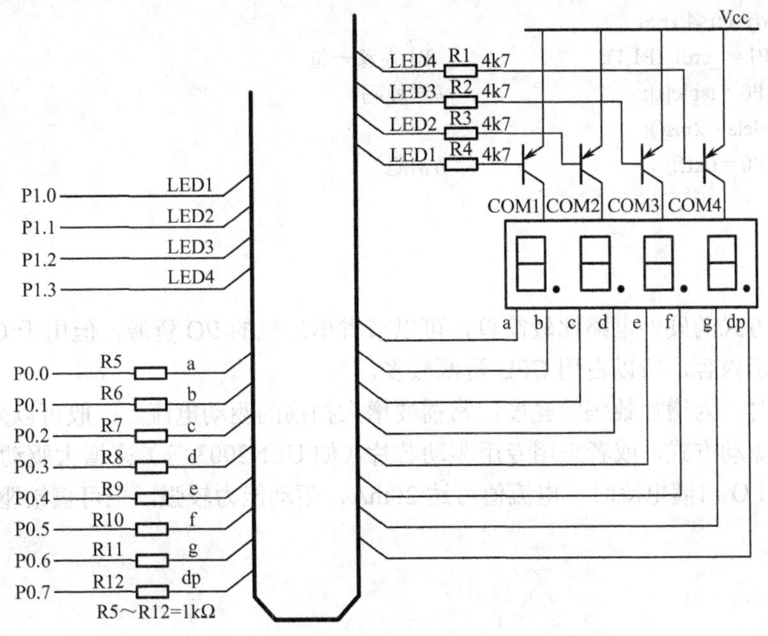

图 10.1.5　单片机与四位一体数码管连接图

使用 C 语言编程的驱动程序代码如下，可根据实际需要修改。

```
#include <STC15.h>
#include <intrins.h>
#define uchar unsigned char

uchar code table[] = {0xC0,0xF9,0xA4,0xB0,0x99,0x92,0x82,0xF8,0x80,0x90} //共阳段码表

/***********************2ms 延时函数**************************/
void delay_2ms()
{
uchar i,j;
i = 24;
j = 85;
do{
    while(--j);
  }
while(--i);
}
/*****************************主函数*****************************/
void main()
{
while(1)
  {
    uchar i;
    P1 = 0x7f;                    //P1=01111111，准备移位
    for(i=0;i<4;i++)
    { P1 = _crol_(P1,1);          //P1 左移一位
      P0 = table[i];              //送段码
      delay_2ms();
      P0 = 0xff;                  //消隐
    }
  }
}
```

动态显示方式的硬件电路比较简单，可以节省单片机的 I/O 资源，但由于 CPU 要一直循环扫描刷新显示内容，所以占用 CPU 资源较多。

动态扫描时，为增加数码管亮度，常需要增大扫描的驱动电流，一般可以采用 10.1.5 图所示的三极管驱动方式，或者采用专用驱动芯片（如 ULN2003 等）来增大驱动电流。STC15 系列单片机的 I/O 口灌电流时，电流值可达 20mA，驱动能力较强，也可直接驱动数码管。

10.2　点阵显示系统设计

LED点阵器件如图10.2.1所示，它是由许多发光二极管排列组成的。点阵具有灵活的显示面积，可任意组合、拼装，同时相比数码管还具有亮度高、寿命长、实时性等优势，被广泛应用于广告宣传、仪器仪表等行业。

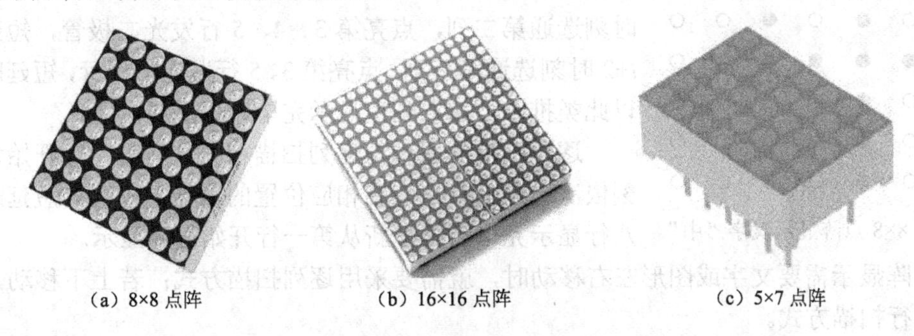

图10.2.1　各种点阵器件外形图

常用的点阵器件有：8×8点阵，可以显示图形及简单汉字、字母；16×16点阵，一般用于显示汉字；5×7点阵，较多地用于显示数字、字母及图形。除此之外还有24×24、32×32、40×40等诸多尺寸的点阵模块。

点阵器件按其内部二极管极性的排列方式可分为共阳极点阵和共阴极点阵，如图10.2.2所示。带圆圈的数字标号表示的是点阵模块的引脚号。例如想让共阴极点阵的第一行第一列的发光二极管点亮，就需要将9引脚置高电平（其余行置低电平）、13引脚置低电平（其余列置高电平）。

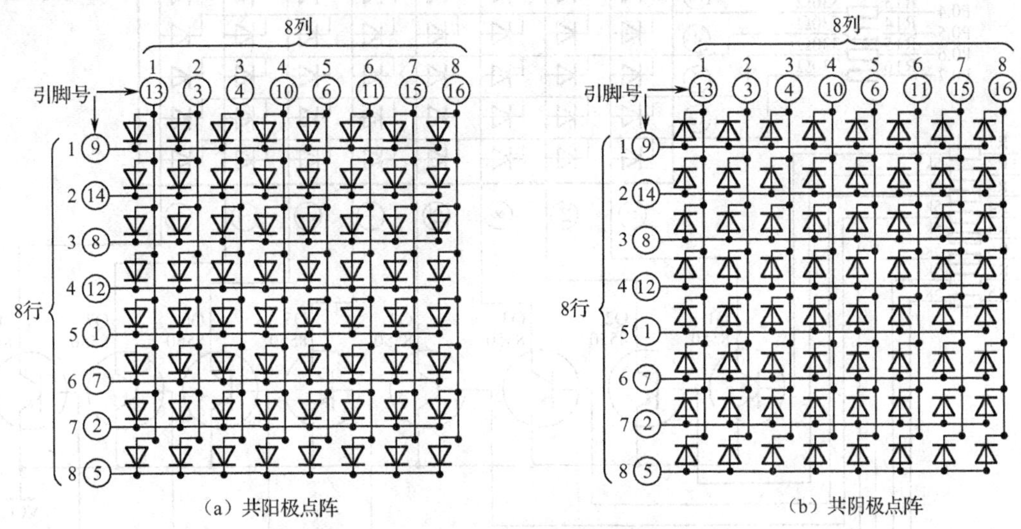

图10.2.2　共阳极点阵、共阴极点阵内部结构图

需要注意，点阵的引脚并不是按顺序排列的，这是因为实际点阵器件的引脚就是打乱的，并且不同型号点阵的引脚排列也不相同，所以在焊接硬件电路时，需要提前测量好点阵的引脚

分布。测量方法：直接将点阵的任意两个引脚通过导线碰触电源两端（或使用数字万用表测量二极管挡位），观察点阵显示，利用发光二极管的显示特性逐个找到点阵的行公共端和列公共端。

下面以共阴极 8×8 点阵为例，介绍单片机控制点阵器件显示的设计方法。

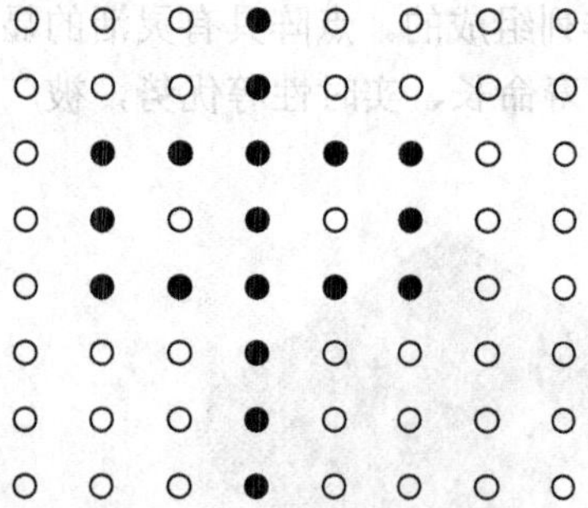

○ ○ ○ ● ○ ○ ○ ○
○ ○ ○ ● ○ ○ ○ ○
○ ● ● ● ● ● ○ ○
○ ● ○ ● ○ ● ○ ○
○ ● ● ● ● ● ○ ○
○ ○ ○ ● ○ ○ ○ ○
○ ○ ○ ● ○ ○ ○ ○
○ ○ ○ ● ○ ○ ○ ○

图 10.2.3　8×8 点阵显示汉字“中”

点阵一般采用动态显示方法，动态扫描时可逐行扫描或逐列扫描。例如要显示图 10.2.3 所示的汉字“中”，采用逐列扫描时，t 时刻选通第一列，发光二极管全灭，短延时；t+1 时刻选通第二列，点亮第 3、4、5 行发光二极管，短延时；t+2 时刻选通第三列，点亮第 3、5 行发光二极管，短延时……以此类推，至第八列也显示完毕后再重新循环。

逐行扫描的原理与逐列扫描相同，从第一行开始每一时刻依次选通一行，点亮相应位置的发光二极管，短延时，第八行显示完毕后再重新从第一行开始循环显示。

当点阵显示需要文字或图形左右移动时，就需要采用逐列扫描方式；若上下移动，则需要采用逐行扫描方式。

例如，单片机与点阵模块的连接电路如图 10.2.4 所示。8 位行线分别串联限流电阻后接至单片机的 P0 口，8 位列线通过三极管驱动电路接至系统电源，由 P1 口控制选通。当 P1.0 和 P0.0 均置“0”时，点阵第一行左数第一个发光二极管会点亮。

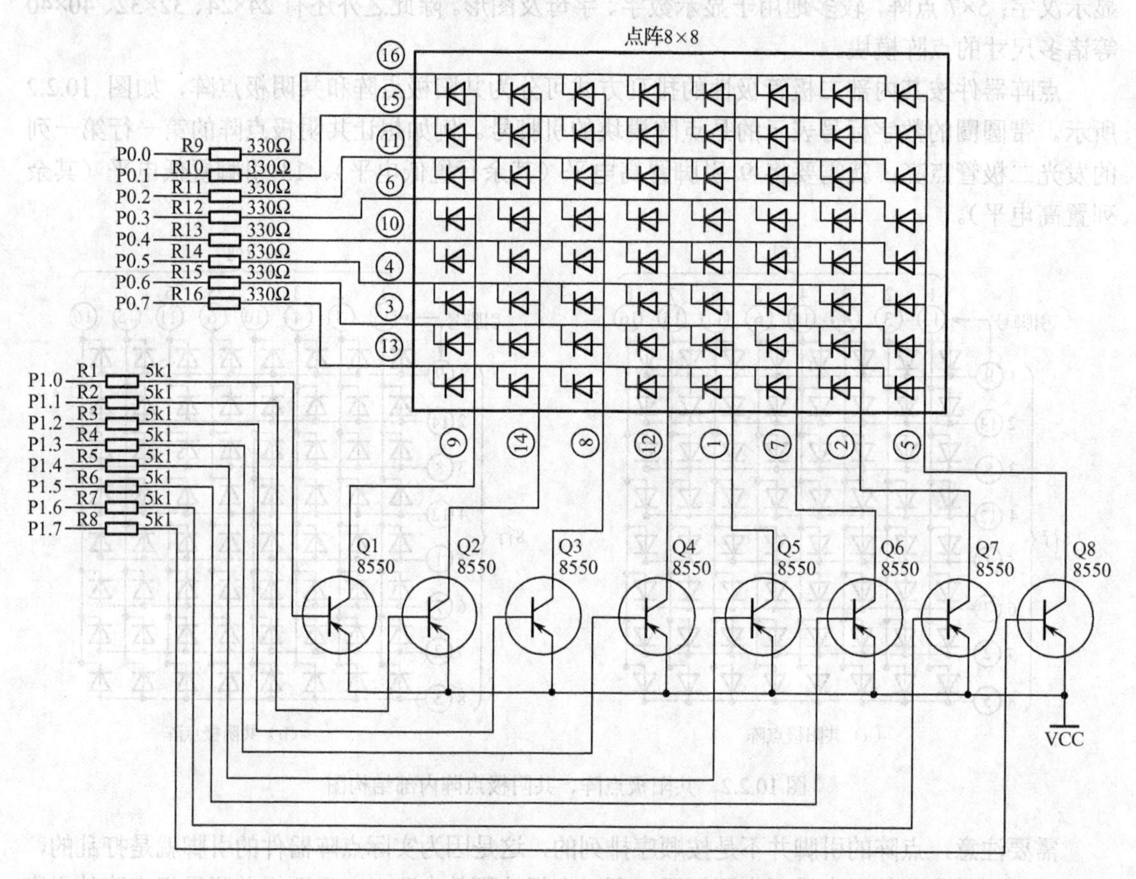

图 10.2.4　单片机与 8×8 共阴极点阵连接图

使用C语言编程的驱动程序代码如下，可根据实际需要修改补充。

```
unsigned char code tab1[]={0xfe,0xfd,0xfb,0xf7,0xef,0xdf,0xbf,0x7f};
unsigned char code tab2[]={0x01,0x02,0x04,0x08,0x10,0x20,0x40,0x80};
/***********************2ms 延时函数**************************/
void delay(void)
{
unsigned char i,j;
for(i=10;i>0;i--)
for(j=248;j>0;j--);
}

void delay1(void)
{
unsigned char i,j,k;
for(k=10;k>0;k--)
for(i=20;i>0;i--)
for(j=248;j>0;j--);
}

/******************************主函数***************************/
void main(void)
{
unsigned char i,j;
while(1)
{
      for(j=0;j<3;j++)                    //从左到右
      {
            for(i=0;i<8;i++)
            {
                  P1=tab1[i];
                  P0=0x00;
                  delay1();
            }
      }

      for(j=0;j<3;j++)                    //从右到左
      {
            for(i=0;i<8;i++)
            {
                  P1=tab1[7-i];
                  P0=0x00;
                  delay1();
            }
```

```
            for(j=0;j<3;j++)                    //从上到下
            {
                for(i=0;i<8;i++)
                {
                    P1=0x00;
                    P0=~tab2[7-i];
                    delay1();
                }
            }

                for(j=0;j<3;j++)                //从下到上
                {
                    for(i=0;i<8;i++)
                    {
                        P1=0x00;
                        P0=~tab2[i];
                        delay1();
                    }
                }

            }
        }
```

10.3 LCD 显示系统设计

LCD 液晶显示器如图 10.3.1 所示，它具有体积小、功耗低、使用温度受限的特性，被广泛应用于各种显示场景。常用的 LCD 液晶模块有 LCD1602、LCD12864、LCD12232 等多种型号。在单片机系统中通常采用单片机与 LCD 直接相连的方式实现对 LCD 的控制。

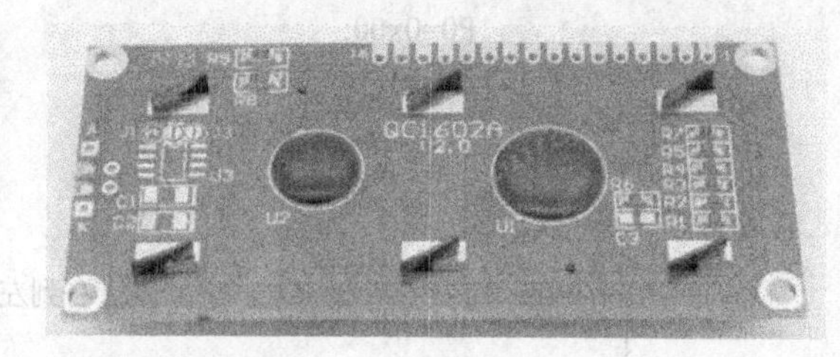

图 10.3.1　LCD1602 外形图

10.3.1　LCD1602 显示设计

LCD1602 是字符型液晶显示模块，可以显示 2 行，每行显示 16 个字符。显示的字符可以是数字、字母、符号及少量自定义符号。LCD1602 的工作电压为 4.5～5.5V，最佳为 5.0V，工作电流为 2.0mA（5.0V 电源下）。

1. 引脚功能说明

LCD1602 共有 16 个引脚，引脚说明如表 10.3.1 所示。

表 10.3.1 LCD1602 引脚功能

引脚	符号	功能及说明
1	V_{SS}	电源地
2	V_{DD}	电源正极，接+5V 电源
3	VO	显示对比度调节端：使用时可串联一个 10kΩ的电位器接地来调整对比度
4	RS	寄存器选择端：高电平选通数据寄存器，低电平选通指令寄存器
5	R/W	读/写选择端：高电平读出、低电平写入，若只写入数据，可将此端接地
6	E	使能端，高电平跳变成低电平时有效
7～14	DB0～DB7	8 位数据端
15	BL1	背光电源正极：使用时可串联 10Ω电阻限流防止烧坏背光灯
16	BL2	背光电源负极

2. 指令说明

LCD1602 的显示功能包含 11 条指令。

（1）清显示指令，编码格式为：

RS	R/W	DB7	DB6	DB5	DB4	DB3	DB2	DB1	DB0
0	0	0	0	0	0	0	0	0	1

指令码为 01H。该指令清屏同时将光标复位到地址 00H 位置，指令执行时需要一定的时间。

（2）光标返回指令，编码格式为：

RS	R/W	DB7	DB6	DB5	DB4	DB3	DB2	DB1	DB0
0	0	0	0	0	0	0	0	1	×

光标复位，光标返回到地址 00H，指令不改变显示内容。×表示该位可以是 1 或 0，一般取 0。

（3）设置输入方式指令，编码格式为：

RS	R/W	DB7	DB6	DB5	DB4	DB3	DB2	DB1	DB0
0	0	0	0	0	0	0	1	I/D	S

当 I/D=1 时，读或写一个字符后地址指针加 1，光标右移，I/D=0 时，读或写一个字符后地址指针减 1，光标左移；

当 S=1 时，若 I/D=1，则整屏显示向左移，若 I/D=0，则整屏显示向右移，光标不动；

当 S=0，写一个字符时，整屏显示不移动。

（4）显示开/关控制指令，编码格式为：

RS	R/W	DB7	DB6	DB5	DB4	DB3	DB2	DB1	DB0
0	0	0	0	0	0	1	D	C	B

当D=1时，开显示，D=0时，关显示；

当C=1时，显示光标，C=0时，不显示光标；

当B=1时，光标闪烁，B=0时，不闪烁。

（5）光标或字符移位指令，编码格式为：

RS	R/W	DB7	DB6	DB5	DB4	DB3	DB2	DB1	DB0
0	0	0	0	0	1	S/C	R/L	×	×

当S/C=0，R/L=0时，光标左移，地址计数器减1；

当S/C=0，R/L=1时，光标右移，地址计数器加1；

当S/C=1，R/L=0时，显示屏左移，光标跟随移动；

当S/C=1，R/L=1时，显示屏右移，光标跟随移动。

该指令可以实现屏幕的滚动显示效果，初始化时不使用这个指令。

（6）功能设置指令，编码格式为：

RS	R/W	DB7	DB6	DB5	DB4	DB3	DB2	DB1	DB0
0	0	0	0	1	DL	N	F	×	×

DL位设置接口数据长度，当DL=1时，为8位数据长度，当DL=0时，为4位数据长度；

N位设置显示屏的行数，当N=1时，2行显示，N=0时，1行显示；

F位设置字符点数，当F=1时，显示5×10点阵字符，F=0时，显示5×7点阵字符；

（7）设置CGRAM地址指令，编码格式为：

RS	R/W	DB7	DB6	DB5	DB4	DB3	DB2	DB1	DB0
0	0	0	1	A5	A4	A3	A2	A1	A0

CGRAM是用户自定义字符的存储器，该指令的功能是设置CGRAM的地址（A5～A0）。

（8）设置DDRAM地址指令，编码格式为：

RS	R/W	DB7	DB6	DB5	DB4	DB3	DB2	DB1	DB0
0	0	1	A6	A5	A4	A3	A2	A1	A0

DDRAM是显示数据寄存器，在对DDRAM进行读写之前，首先要设置DDRAM地址，然后才能进行读写。该指令的功能就是设置DDRAM的地址（A6～A0）。

（9）读忙标志和地址计数器AC指令，编码格式为：

RS	R/W	DB7	DB6	DB5	DB4	DB3	DB2	DB1	DB0
0	1	BF	A6	A5	A4	A3	A2	A1	A0

BF位为忙标志位，当BF=1时，表示控制器正忙，此时不能接收下一条指令；

A6～A0位表示计数器AC的地址；

原则上每次对控制器进行读写操作时都应检测BF位，确保BF=0，但实际操作时可不检测BF位，只在指令间增加适当的延时。

（10）向 CGRAM 或 DDRAM 写数据指令，编码格式为：

RS	R/W	DB7	DB6	DB5	DB4	DB3	DB2	DB1	DB0
1	0	D	D	D	D	D	D	D	D

该指令向 CGRAM 或 DDRAM 中写入数据。若先设置 CGRAM 的地址，则向 CGRAM 写入，否则向 DDRAM 写入。DB7～DB0 上应先设置好要写入的数据，然后执行该指令。

（11）从 CGRAM 或 DDRAM 读数据指令，编码格式为：

RS	R/W	DB7	DB6	DB5	DB4	DB3	DB2	DB1	DB0
1	1	D	D	D	D	D	D	D	D

该指令从 CGRAM 或 DDRAM 中读取数据。应先设置好 CGRAM 或 DDRAM 的地址，然后执行该指令，数据就会被读入 DB7～DB0。

3. 基本操作时序说明

LCD1602 的基本操作时序如表 10.3.2 所示。

表 10.3.2　LCD1602 基本操作时序

状　态	输　入	输　出
读状态	RS=L，R/W=H，E=H	DB0～DB7=状态字
读数据	RS=H，R/W=H，E=H	DB0～DB7=数据
写指令	RS=L，R/W=L，DB0～DB7=指令码，E=高脉冲	无
写数据	RS=H，R/W=L，DB0～DB7=数据，E=高脉冲	无

下面以向 LCD1602 写操作为例说明控制器的工作过程：

- 首先通过 RS 位的高低来判断是写指令还是写数据。写指令包括控制光标的显示与否、光标闪烁、移屏、显示位置等。写数据即将要显示的数据发送出去。
- R/W 控制端设置为低电平、写操作。
- 将数据或指令码送入数据线 DB0～DB7。
- 当 E 使能端送入一个高脉冲时，数据将被送入控制器完成写操作。

LCD1602 写操作时序图如图 10.3.2 所示。

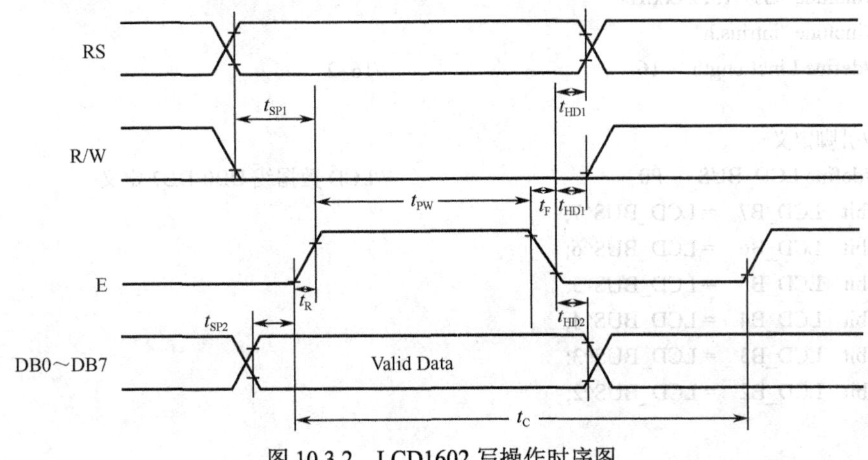

图 10.3.2　LCD1602 写操作时序图

4. 存储器说明

LCD1602 的显示数据 RAM（即 DDRAM）共有 80 字节，用来存放待显示的字符代码。其地址与显示屏幕的对应关系如图 10.3.3 所示。

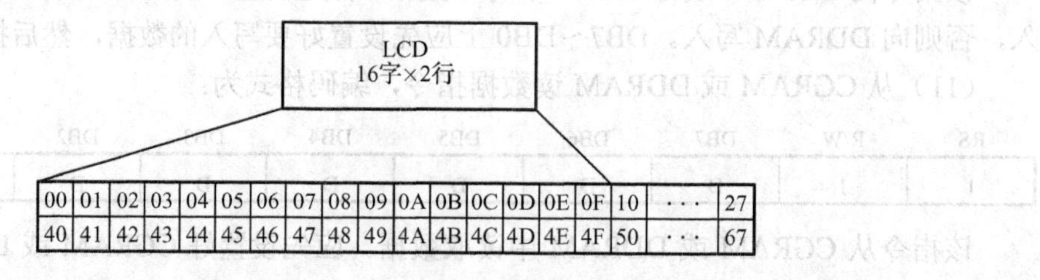

图 10.3.3 RAM 地址映射图

需要注意的是，如果想将光标定位在第二行第一个字符的位置（即 40H 位置），在设置 DDRAM 地址指令时，因为要求最高位 DB7 恒定为高电平 1，所以实际写入的地址码是 01000000B(40H)+10000000B(80H)=11000000B(C0H)。

LCD1602 还固化了字模存储器，即 CGROM 和 CGRAM。

CGROM 内置了 192 个常用字符的字模，如果想显示其中任意一个字符，只需将该字符对应的编码送入 DDRAM 中显示。

CGRAM 是为用户自定义特殊字符而设立的 RAM，如想显示摄氏温标的符号，就必须先在 CGRAM 中定义该字符，然后在 DDRAM 中写入这个自定义字符的代码。程序退出后 CGRAM 中定义的字符也不复存在，下次使用时必须重新定义。

例如，LCD1602 与单片机采用并行连接的方式，如图 10.3.4 所示。使用 C 语言编程的驱动程序代码如下，实现在 LCD 第一行显示“HELLO WORLD!”，第二行显示“12345678”。本程序包含主函数文件（MAIN.C）、显示子函数文件（LCD1602.C）及头文件（LCD1602.H）。

LCD1602.H

```
#ifndef _LCD1602_H
#define _LCD1602_H

#include <STC15Fxxxx.H>
#include "intrins.h"
#define LineLength    16                        //16×2

//引脚定义
#define LCD_BUS      P0                         //LCD 数据线 DB0-DB7 定义
sbit  LCD_B7   = LCD_BUS^7;
sbit  LCD_B6   = LCD_BUS^6;
sbit  LCD_B5   = LCD_BUS^5;
sbit  LCD_B4   = LCD_BUS^4;
sbit  LCD_B3   = LCD_BUS^3;
sbit  LCD_B2   = LCD_BUS^2;
```

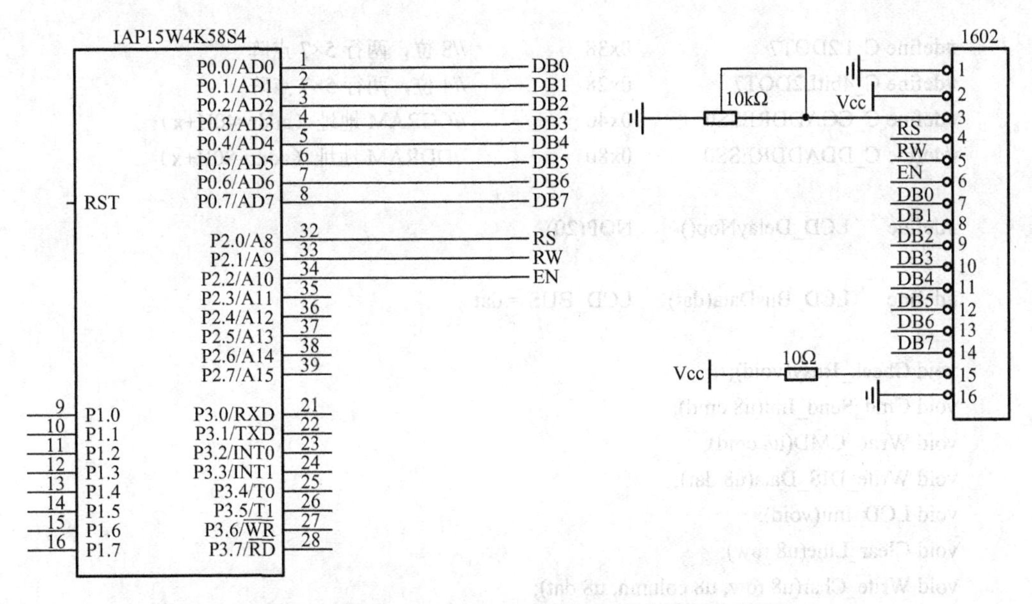

图 10.3.4 LCD1602 与 STC 单片机并行连接电路图

```
sbit  LCD_B1   = LCD_BUS^1;
sbit  LCD_B0   = LCD_BUS^0;

sbit  LCD_ENA = P2^2;                      //使能控制
sbit  LCD_RW  = P2^1;                      //读写选择
sbit  LCD_RS  = P2^0;                      //输入寄存器选择


#define C_CLEAR                 0x01       //清屏
#define C_HOME                  0x02       //光标归位
#define C_CUR_L                 0x04       //输入后光标左移
#define C_RIGHT                 0x05       //输入后图像右移
#define C_CUR_R                 0x06       //输入后光标右移
#define C_LEFT                  0x07       //输入后图像左移
#define C_OFF                   0x08       //关闭 LCD
#define C_ON                    0x0C       //打开 LCD
#define C_FLASH                 0x0D       //打开 LCD，Flash
#define C_CURSOR                0x0E       //打开 LCD 和光标
#define C_FLASH_ALL             0x0F       //打开 LCD 和光标，Flash
#define C_CURSOR_LEFT           0x10       //光标左移
#define C_CURSOR_RIGHT          0x10       //光标右移
#define C_PICTURE_LEFT          0x10       //图像左移
#define C_PICTURE_RIGHT         0x10       //图像右移
#define C_BIT8                  0x30       //设置数据位 8 位
#define C_BIT4                  0x20       //设置数据位 4 位
#define C_L1DOT7                0x30       //8 位，一行 5×7 点阵
#define C_L1DOT10               0x34       //8 位，一行 5×10 点阵
```

```
#define C_L2DOT7            0x38            //8 位，两行 5×7 点阵
#define C_4bitL2DOT7        0x28            //4 位，两行 5×7 点阵
#define C_CGADDRESS0        0x40            //CGRAM 地址（addr=40H+x）
#define C_DDADDRESS0        0x80            //DDRAM 地址（addr=80H+x）

#define    LCD_DelayNop()      NOP(20)

#define    LCD_BusData(dat)    LCD_BUS = dat

void Check_Busy(void);
void Cmd_Send_Init(u8 cmd);
void Write_CMD(u8 cmd);
void Write_DIS_Data(u8 dat);
void LCD_Init(void);
void Clear_Line(u8 row);
void Write_Char(u8 row, u8 column, u8 dat);
void Put_String(u8 row, u8 column, u8 *puts);
void delay_1ms();
void delay_Nms(u16 n);
void  Write_Num(u8 row, u8 column, long int dat);

#endif
```

LCD1602.C

```
#include "LCD1602.h"
//检测忙函数
void  Check_Busy(void)
{
    u16   i;
    for(i=0; i<5000; i++)   {if(!LCD_B7)    break;}     //检测忙
}

//初始化写命令，不检测忙
void Cmd_Send_Init(unsigned char cmd)
{
    LCD_RW = 0;
    LCD_BusData(cmd);
    LCD_DelayNop();
    LCD_ENA = 1;
    LCD_DelayNop();
    LCD_ENA = 0;
    LCD_BusData(0xff);
}

//写命令，检测忙
```

```
void Write_CMD(unsigned char cmd)
{
    LCD_RS   = 0;
    LCD_RW = 1;
    LCD_BusData(0xff);
    LCD_DelayNop();
    LCD_ENA = 1;
    Check_Busy();
    LCD_ENA = 0;
    LCD_RW = 0;

    LCD_BusData(cmd);
    LCD_DelayNop();
    LCD_ENA = 1;
    LCD_DelayNop();
    LCD_ENA = 0;
    LCD_BusData(0xff);
}

//写显示数据，检测忙
void Write_DIS_Data(unsigned char dat)
{
    LCD_RS = 0;
    LCD_RW = 1;

    LCD_BusData(0xff);
    LCD_DelayNop();
    LCD_ENA = 1;
    Check_Busy();
    LCD_ENA = 0;
    LCD_RW = 0;
    LCD_RS   = 1;

    LCD_BusData(dat);
    LCD_DelayNop();
    LCD_ENA = 1;
    LCD_DelayNop();
    LCD_ENA = 0;
    LCD_BusData(0xff);
}

//LCD 初始化
void LCD_Init(void)
{
    LCD_ENA = 0;
```

```
    LCD_RS   = 0;
    LCD_RW = 0;
    delay_Nms(100);
    Cmd_Send_Init(C_BIT8);                    //设置数据 8 位
    delay_Nms(10);
    Write_CMD(C_L2DOT7);                      //两行 5×7
    delay_Nms(6);
    Write_CMD(C_CLEAR);                       //清屏
    Write_CMD(C_CUR_R);                       //光标右移
    Write_CMD(C_ON);                          //打开 LCD
    Clear_Line(2);Clear_Line(1);
}

//清除一行
void Clear_Line(unsigned char row)
{
    unsigned char i;
    Write_CMD(((row & 1) << 6) | 0x80);
    for(i=0; i<LineLength; i++)  Write_DIS_Data(' ');
}

//指定行、列和字符，写一个字符
void  Write_Char(unsigned char row, unsigned char column, unsigned char dat)
{
    Write_CMD((((row & 1) << 6) + column) | 0x80);
    Write_DIS_Data(dat);
}

//写一个字符串，指定行、列和字符串首地址
void Put_String(unsigned char row, unsigned char column, unsigned char *puts)
{
    Write_CMD((((row & 1) << 6) + column) | 0x80);
    for ( ;   *puts != 0;   puts++)              //遇到停止符 0 结束
    {
        Write_DIS_Data(*puts);
        if(++column >= LineLength)        break;
    }
}

//写数字
void  Write_Num(unsigned char row, unsigned char column, long int dat)
{
    unsigned char num[8],i=0,j;
        while(dat){
            num[i]=dat%10+'0';
```

```
            dat=dat/10;
            i++;
        }
        j=0;
        if(i==0){
            Write_Char(row, column+i-j, ' ');
            Write_Char(row, column, '0');
        }
        i--;
        while(j<=i){
            Write_Char(row, column+i-j, ' ');
            Write_Char(row, column+i-j, num[j]);
          j++;
        }

}
```

```
MAIN.C
#include <STC15Fxxxx.H>
//#include "Delay.h"
#include "LCD1602.h"
void main()
{
    unsigned char rec_flag=0,i=0;
    P5M0 = 0;P5M1 = 0;
    P0M0 = 0;P0M1 = 0;
    P2M0 = 0;P2M1 = 0;
    LCD_Init();
    Clear_Line(0);Clear_Line(1);
    Put_String(0,0,"HELLO WORLD!");
    Write_Num(1,0,12345678);
    while(1){
    ;
    }
}
```

10.3.2　LCD12864显示设计

LCD12864 是点阵图形液晶显示模块，分为带字库和不带字库两种，本小节介绍带字库 LCD12864 与单片机的连接使用方法。

带字库 LCD12864 的内部控制器一般为 ST7290，其内置 8192 个 16×16 点阵汉字和 128 个 16×8 点阵 ASCII 码字符。可以显示 4 行每行 8 个汉字，或 64 个 ASCII 码字符。LCD12864 的工作电压为+3.0～+5.5V，与单片机连接时可以采用串行或并行两种方式。LCD12864 器件外形如图 10.3.5 所示。

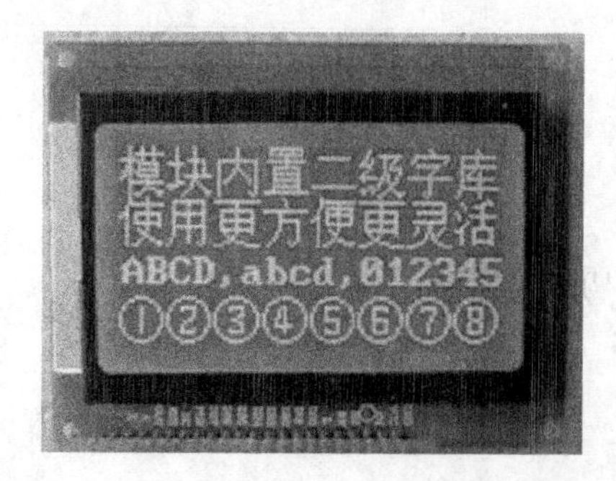

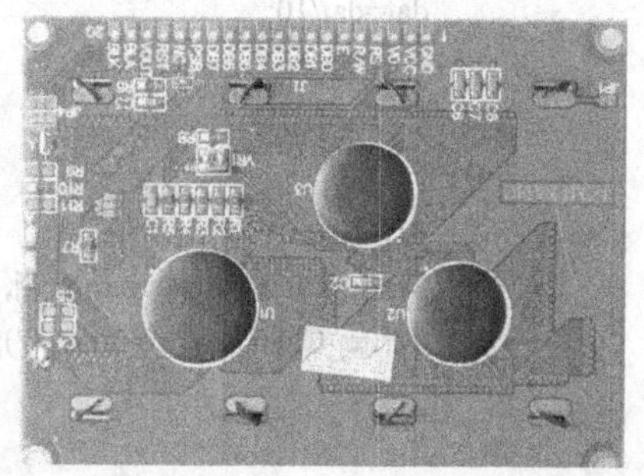

图 10.3.5　LCD12864 器件外形图

1. 引脚功能说明

LCD12864 共有 20 个引脚，引脚功能及说明如表 10.3.3 所示。

表 10.3.3　LCD12864 引脚功能

引　脚	符　号	功能及说明	引　脚	符　号	功能及说明
1	V_{SS}	电源地	15	PSB	PSB=1，8 位或 4 位并口方式； PSB=0，串口方式
2	V_{DD}	电源正极，接+5V 电源	16	NC	空脚
3	VO	显示对比度调节端	17	RESET	复位，低电平有效
4	RS （CS）	RS=1/0，数据输入/命令输入； CS：片选位，高电平有效	18	VOUT	LCD 驱动电压输出端
5	R/W （SID）	R/W=1/0，数据读取/数据写入； SID：串行数据输入端	19	BLA	背光电源正极
6	E （SCLK）	使能信号，负跳变有效； SCLK：串行同步时钟	20	BLK	背光电源负极
7～14	DB0～DB7	8 位数据信号			

2. 指令说明

LCD12864 包含两套指令：基本指令和扩展指令。基本指令共 11 条，如下所示。

（1）清显示指令，编码格式为：

RS	R/W	DB7	DB6	DB5	DB4	DB3	DB2	DB1	DB0
0	0	0	0	0	0	0	0	0	1

该指令将 DDRAM 填满 20H，即空格，并且将 DDRAM 地址计数器（AC）清零。

（2）地址归位（回车）指令，编码格式为：

RS	R/W	DB7	DB6	DB5	DB4	DB3	DB2	DB1	DB0
0	0	0	0	0	0	0	0	1	×

设定DDRAM地址计数器（AC）为00H，将光标移到开头原点位置，该指令不改变DDRAM的内容。

（3）设置进入模式指令，编码格式为：

RS	R/W	DB7	DB6	DB5	DB4	DB3	DB2	DB1	DB0
0	0	0	0	0	0	0	1	I/D	S

设置读写数据后光标显示移位的方向。当I/D=1，S=1时，屏幕每次左移一个字符；I/D=0，S=1时，屏幕每次右移一个字符。

（4）显示开/关控制指令，编码格式为：

RS	R/W	DB7	DB6	DB5	DB4	DB3	DB2	DB1	DB0
0	0	0	0	0	0	1	D	C	B

当D=1时，整体显示开，D=0时，显示关；

当C=1时，显示光标，C=0时，不显示光标；

当B=1时，光标闪烁，B=0时，不闪烁。

（5）光标显示与移位指令，编码格式为：

RS	R/W	DB7	DB6	DB5	DB4	DB3	DB2	DB1	DB0
0	0	0	0	0	1	S/C	R/L	×	×

当S/C=0，R/L=0时，光标左移1个字符；当S/C=0，R/L=1时，光标右移1个字符；

当S/C=1，R/L=0时，显示屏左移1个字符；当S/C=1，R/L=1时，显示屏右移1个字符。

（6）功能设置指令，编码格式为：

RS	R/W	DB7	DB6	DB5	DB4	DB3	DB2	DB1	DB0
0	0	0	0	1	DL	×	RE	×	×

DL位设置接口数据长度，当DL=1时，为8位数据长度；当DL=0时，为4位数据长度。当RE=0时，使用基本指令，RE =1时，使用扩展指令。

（7）设置CGRAM地址指令，编码格式为：

RS	R/W	DB7	DB6	DB5	DB4	DB3	DB2	DB1	DB0
0	0	0	1	A5	A4	A3	A2	A1	A0

CGRAM是自定义字符的发生存储器，该指令的功能是设置存储器的地址（A5～A0），地址范围为00H～3FH。

（8）设置DDRAM地址指令，编码格式为：

RS	R/W	DB7	DB6	DB5	DB4	DB3	DB2	DB1	DB0
0	0	1	0	0	A4	A3	A2	A1	A0

DDRAM是显示数据寄存器，该指令的功能是设置寄存器的地址（A4～A0）。屏幕上第一行是80H～87H，第二行是90H～97H，第三行是88H～8FH，第四行是98H～9FH。

（9）读忙标志和地址计数器AC指令，编码格式为：

RS	R/W	DB7	DB6	DB5	DB4	DB3	DB2	DB1	DB0
0	1	BF	A6	A5	A4	A3	A2	A1	A0

BF 位为忙标志位，当 BF=1 时，表示控制器正忙，不能接收下一条指令。

A6～A0 位表示地址计数器 AC 的数值。

（10）向 CGRAM 或 DDRAM 写数据指令，编码格式为：

RS	R/W	DB7	DB6	DB5	DB4	DB3	DB2	DB1	DB0
1	0	D	D	D	D	D	D	D	D

该指令向 CGRAM 或 DDRAM 中写入数据。

（11）从 CGRAM 或 DDRAM 读数据指令，编码格式为：

RS	R/W	DB7	DB6	DB5	DB4	DB3	DB2	DB1	DB0
1	1	D	D	D	D	D	D	D	D

该指令从 CGRAM 或 DDRAM 中读取数据。

当 RE=1 时，执行扩展指令，如下所示。

（1）待机模式指令，编码格式为：

RS	R/W	DB7	DB6	DB5	DB4	DB3	DB2	DB1	DB0
0	0	0	0	0	0	0	0	0	1

该指令不影响 DDRAM 的内容。模块执行该指令后进入待机模式，任何其他指令都可以结束待机模式。

（2）允许设置卷动地址或 IRAM 地址指令，编码格式为：

RS	R/W	DB7	DB6	DB5	DB4	DB3	DB2	DB1	DB0
0	0	0	0	0	0	0	0	1	SR

当 SR=1 时，允许设置卷动地址；SR=0 时，允许设置 IRAM、CGRAM 地址。

卷动地址范围为 00H～3FH，每一个卷动地址代表 DDRAM 中一行的像素点，卷动一次即将该行所有点移动到上半屏或下半屏的第一行。

开启卷动时，应先令 RE=1，SR=1，再设置卷动地址（40H+卷动地址）。

（3）反白显示指令，编码格式为：

RS	R/W	DB7	DB6	DB5	DB4	DB3	DB2	DB1	DB0
0	0	0	0	0	0	0	1	R1	R0

R1 和 R0 的值决定哪一行需要反白显示。

（4）睡眠模式指令，编码格式为：

RS	R/W	DB7	DB6	DB5	DB4	DB3	DB2	DB1	DB0
0	0	0	0	0	0	1	SL	×	×

当 SL=1 时，进入睡眠模式；SL=0 时，解除睡眠模式。

（5）扩展功能设定指令，编码格式为：

RS	R/W	DB7	DB6	DB5	DB4	DB3	DB2	DB1	DB0
0	0	0	0	1	CL	×	RE	G	0

当 CL=1 时，8 位数据接口；CL=0 时，4 位数据接口。

当 RE=1 时，设置扩展指令；RE=0 时，设置基本指令。

当 G=1 时，开绘图功能；G=0 时，关绘图功能。

（6）设定绘图 RAM 地址指令，编码格式为：

RS	R/W	DB7	DB6	DB5	DB4	DB3	DB2	DB1	DB0
0	0	1	A6	A5	A4	A3	A2	A1	A0

该指令设置 GDRAM 地址。绘图时需先将 GDRAM 地址写入地址指针中，再写入图形数据。需连续写入 2 字节共 16 位，即先写入垂直列地址 A7～A0，再写入水平行地址 A3～A0。

3. 显示坐标与说明

（1）字符显示

LCD12864 可以显示三种字符，分别存储在 CGROM、CGRAM 和 HCGROM 中。

- CGROM：预定义中文字符，编码为 A1A0H～F7FFH，显示 8192 个中文字符。
- CGRAM：自定义字符，编码为 0000、0002、0004、0006，显示 4 个自定义字符。
- HCGROM：ASCII 字符，编码为 02H～7FH，显示半宽 ASCII 码字符。

显示字符时需先将字符编码写入显示 RAM。显示 RAM 的地址为 80H～9FH，分别对应 LCD12864 屏幕上的 32 个字符显示位置，如表 10.3.4 所示。

表 10.3.4 显示 RAM 地址与屏幕位置关系表

	第 1 列	第 2 列	第 3 列	第 4 列	第 5 列	第 6 列	第 7 列	第 8 列
第 1 行	80H	81H	82H	83H	84H	85H	86H	87H
第 2 行	90H	91H	92H	93H	94H	95H	96H	97H
第 3 行	88H	89H	8AH	8BH	8CH	8DH	8EH	8FH
第 4 行	98H	99H	9AH	9BH	9CH	9DH	9EH	9FH

在连续显示 ASCII 码字符时，只须设定一次显示地址，控制器会自动对地址加 1 指向下一个字符位置；当字符编码为 2 字节时，应先写入高位字节，再写入低位字节。

（2）图形显示

LCD12864 显示图形时水平方向 X 以字为单位，垂直方向 Y 以位为单位。图形显示 GDRAM 的垂直地址、水平地址与写入图形数据的关系如图 10.3.6 所示。水平地址的 80H～87H 显示上半屏幕，88H～8FH 显示下半屏幕，D15～D0 代表一个字的数据。

显示图形时，先关闭绘图显示功能，连续写入水平与垂直地址，再连续写入 2 字节的图形数据，最后打开绘图显示功能。

垂直地址	水平地址							
	80	81	82	83	84	85	86	87
	D15～D0	D15～D0	D15～D0	D15～D0	D15～D0	D15～D0	D15～D0	D15～D0
00								
01								
⋮				上半屏幕				
1E								
1F								
00								
01								
⋮				下半屏幕				
1E								
1F								
	88	89	8A	8B	8C	8D	8E	8F
	D15～D0	D15～D0	D15～D0	D15～D0	D15～D0	D15～D0	D15～D0	D15～D0

图 10.3.6　GDRAM 垂直地址、水平地址与写入图形数据的关系

4．基本操作时序说明

LCD12864 并行基本操作时序如表 10.3.5 所示。

表 10.3.5　LCD12864 并行基本操作时序

状　态	输　　入	输　　出
读状态	RS=L，R/W=H，E=H	DB0～DB7=状态字（地址计数器 AC 的值）
读数据	RS=H，R/W=H，E=H	DB0～DB7=数据
写指令	RS=L，R/W=L，DB0～DB7=指令码，E=高脉冲	无
写数据	RS=H，R/W=L，DB0～DB7=数据，E=高脉冲	无

控制器执行并行写操作时序图如图 10.3.7 所示。

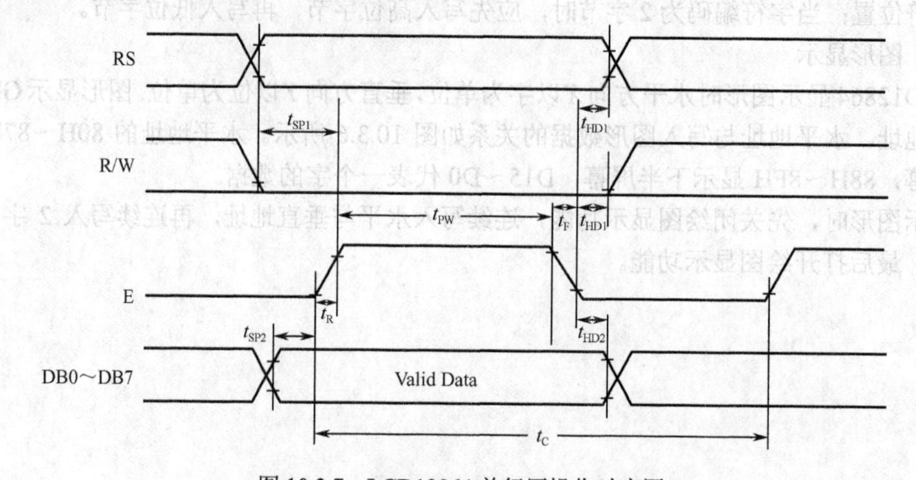

图 10.3.7　LCD12864 并行写操作时序图

例如，带字库 LCD12864 与单片机并行连接，如图 10.3.8 所示。使用 C 语言编程的驱动程序代码如下，可根据实际需要修改。本程序包含主函数文件（MAIN.C）、显示子函数文件（LCD12864.C）及头文件（LCD12864.H）。

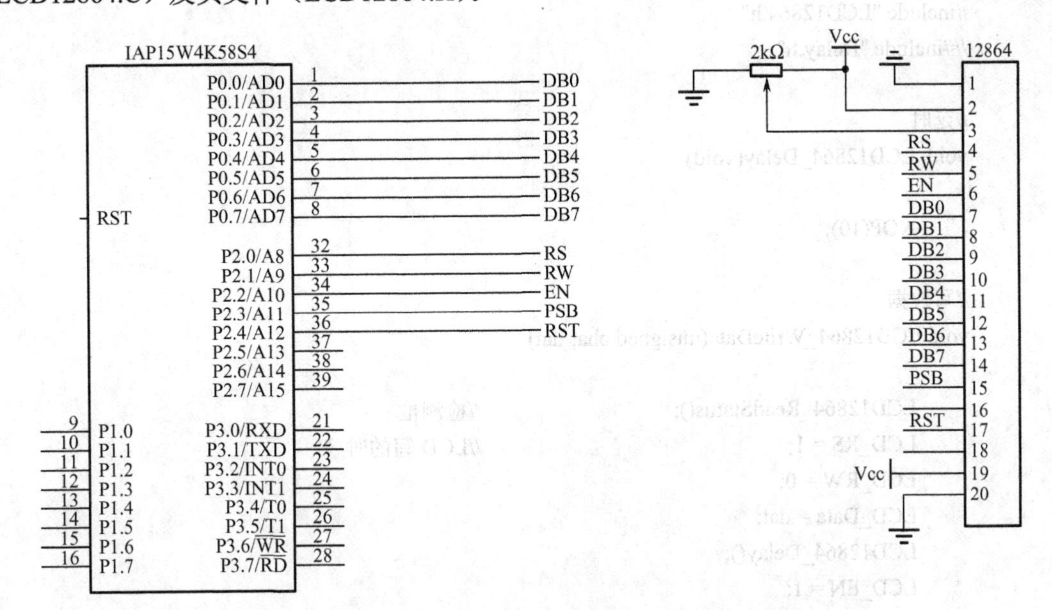

图 10.3.8 LCD12864 与 STC 单片机并行连接电路图

LCD12864.H

```
#ifndef _LCD12864_H
#define _LCD12864_H

#include <STC15Fxxxx.H>

#define Busy        0x80                    //用于检测 LCD 状态字中的 Busy 标识
//引脚定义
#define LCD_Data P0                         //数据端口
sbit LCD_RS = P2^0;                         //输入寄存器选择
sbit LCD_RW = P2^1;                         //读写选择
sbit LCD_EN = P2^2;                         //使能控制
sbit LCD_PSB = P2^3;                        //串并方式选择
sbit LCD_RST = P2^4;                        //复位端口

void LCD12864_WriteData(unsigned char dat);
void LCD12864_WriteCmd(unsigned char dat,busy_flag);
unsigned char   LCD12864_ReadStatus(void);
void LCD12864_Init(void);
void LCD12864_Clear(void);
void LCD12864_DisplayString(unsigned char X, unsigned char Y, unsigned char code *dat);
void LCD12864_DisplayImg (unsigned char code *dat);
```

```
#endif
```

LCD12864.C

```
#include "LCD12864.h"
//#include "Delay.h"

//延时
void  LCD12864_Delay(void)
{
    NOP(10);
}
//写数据
void LCD12864_WriteData(unsigned char dat)
{
    LCD12864_ReadStatus();                          //检测忙
    LCD_RS = 1;                                     //LCD 写的时序
    LCD_RW = 0;
    LCD_Data = dat;
    LCD12864_Delay();
    LCD_EN = 1;
    LCD12864_Delay();
    LCD_EN = 0;
}

//写指令
void LCD12864_WriteCmd(unsigned char dat,busy_flag)
{
    if (busy_flag)
        LCD12864_ReadStatus();                      //检测忙
    LCD_RS = 0;
    LCD_RW = 0;
    LCD_Data = dat;
    LCD12864_Delay();
    LCD_EN = 1;
    LCD12864_Delay();
    LCD_EN = 0;
}

//读状态
unsigned char LCD12864_ReadStatus(void)
{
    LCD_Data = 0xFF;
    LCD_RS = 0;
    LCD_RW = 1;
    LCD12864_Delay();
```

```
        LCD_EN = 1;
        LCD12864_Delay();
        while (LCD_Data & Busy);                  //检测忙信号
        LCD_EN = 0;
        return(LCD_Data);
}
//LCD 初始化
void LCD12864_Init(void)
{
        LCD_PSB = 1;  //并口
        Delay_Nms(10);
        LCD_RST = 0;
        Delay_Nms(10);
        LCD_RST = 1;
        Delay_Nms(100);

        LCD12864_WriteCmd(0x30,1);                //显示模式设置，开始要求每次检测忙信号
        LCD12864_WriteCmd(0x01,1);                //显示清屏
        LCD12864_WriteCmd(0x06,1);                //显示光标移动设置
        LCD12864_WriteCmd(0x0C,1);                //显示开及光标设置
}

void LCD12864_Clear(void)                         //清屏
{
        LCD12864_WriteCmd(0x01,1);                //显示清屏
        LCD12864_WriteCmd(0x34,1);                //显示光标移动设置
        LCD12864_WriteCmd(0x30,1);                //显示开及光标设置
}

//按指定位置显示一串字符
void LCD12864_DisplayString(unsigned char X, unsigned char Y, unsigned char code *dat)
{
        unsigned char ListLength,X2;
        ListLength = 0;
        X2 = X;
        if(Y < 1)    Y=1;                         //限制 X 不大于 16
        if(Y > 4)    Y=4;                         //Y 小于 4
        X &= 0x0F;
        switch(Y)
        {
                case 1: X2 |= 0X80;     break;    //根据行数来选择相应的地址
                case 2: X2 |= 0X90;     break;
                case 3: X2 |= 0X88;     break;
                case 4: X2 |= 0X98;     break;
        }
```

```
        LCD12864_WriteCmd(X2, 1);                    //发送地址码
        while (dat[ListLength] >= 0x20)              //字符串结束
        {
            if (X <= 0x0F)
            {
                LCD12864_WriteData(dat[ListLength]);
                ListLength++;
                X++;
            }
        }
}

//图形显示 122×32
void LCD12864_DisplayImg (unsigned char code *dat)
{
    unsigned char x,y,i;
    unsigned int tmp=0;
    for(i=0;i<9;)                                    //分上下屏，起始地址不同
    {
        for(x=0;x<32;x++)                            //32 行
        {
            LCD12864_WriteCmd(0x34,1);
            LCD12864_WriteCmd((0x80+x),1);           //列地址
            LCD12864_WriteCmd((0x80+i),1);           //行地址
            LCD12864_WriteCmd(0x30,1);
            for(y=0;y<16;y++)
                LCD12864_WriteData(dat[tmp+y]);      //读取数据写入 LCD
            tmp+=16;
        }
        i+=8;
    }
    LCD12864_WriteCmd(0x36,1);                       //扩充功能设定
    LCD12864_WriteCmd(0x30,1);
}
```

MAIN.C

```
#include <STC15Fxxxx.H>
//#include "Delay.h"
#include "LCD12864.h"

unsigned char code display1[] = {"大连理工大学"};
unsigned char code display2[] = {"电工电子实验中心"};
unsigned char code display3[] = {"欢迎各位同学"};
unsigned char code display4[] = {"HELLO WORLD!"};
```

```
void main()
{
        unsigned char i=0;
        P0M1 = 0; P0M0 = 0;                              //设置为准双向口
        P2M1 = 0; P2M0 = 0;                              //设置为准双向口

        Delay_Nms(100);                                  //启动等待，等 LCD 进入工作状态
        LCD12864_Init();                                 //LCD 初始化

        LCD12864_Clear();
        LCD12864_DisplayString(0,1,display1);            //显示字库中的中文
        LCD12864_DisplayString(0,2,display2);
        LCD12864_DisplayString(0,3,display3);
        LCD12864_DisplayString(0,4,display4);

        while(1);
}
```

第 11 章　传感器应用

11.1　温度传感器 DS18B20

1. DS18B20 的温度检测电路

数字化温度传感器 DS18B20 是 Dalla 半导体公司的“一线总线”式传感器，它是一种常用的温度传感器。一线总线的优点是便于轻松地组建传感器网络，以全新的方式构建测量系统。DS18B20 的温度检测范围是-55～+125℃，在-10～+85℃范围内检测误差为±0.5℃，精度较高。工作电压为+5V，电源接反或接错不会损坏传感器。DS18B20 可以程序设定 9～12 位的分辨率，分辨率设定及用户设定的报警温度存储在 EEPROM 中，掉电依然保存。DS18B20 的引脚排列如下：DQ 为数字信号输入/输出端；GND 为电源地；V_{DD} 为外接供电电源输入端（在寄生电源接线方式时接地）。DS18B20 引脚图如图 11.1.1 所示。

DS18B20 的内部结构主要由四部分组成：64 位光刻 ROM、温度传感器、非挥发的温度报警触发器 TH 和 TL、配置寄存器。光刻 ROM 中的 64 位序列号是出厂前被光刻好的，它可以看作该 DS18B20 的地址序列码。64 位光刻 ROM 的排列是：前 8 位（28H）是产品类型标号，接着的 48 位是该 DS18B20 自身的序列号，最后 8 位是前面 56 位的循环冗余校验码（CRC=X8+X5+X4+1）。光刻 ROM 的作用是使每一个 DS18B20 都各不相同，这样就可以实现一根总线上挂接多个 DS18B20 的目的。DS18B20 的温度检测电路如图 11.1.2 所示。为了方便，在下面的描述中 DS18B20 可能会被简写为 18B20。

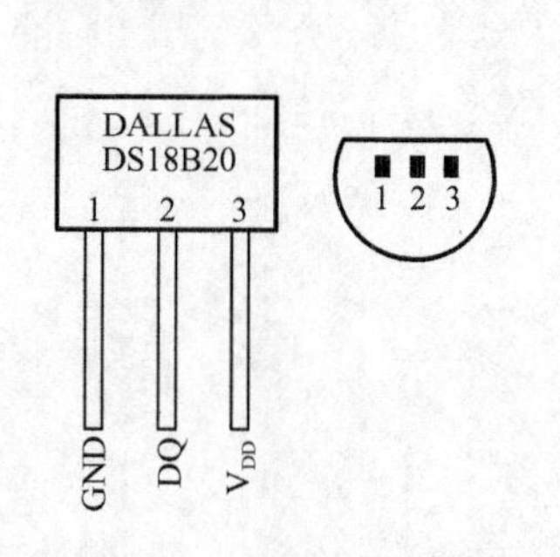

图 11.1.1　DS18B20 引脚图

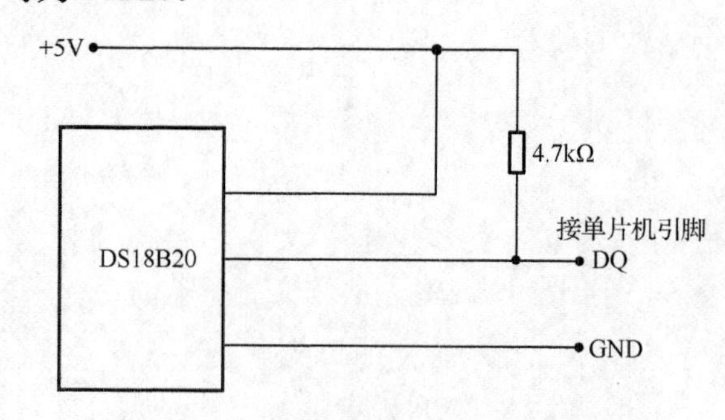

图 11.1.2　DS18B20 的温度检测电路

2. DS18B20 的通信时序

（1）复位时序

复位时序如图 11.1.3 所示。主机总线在 t_0 时刻发送一复位脉冲（最短为 480μs 的低电平信号），接着在 t_1 时刻释放总线并进入接收状态。DS18B20 在检测到总线的上升沿之后，等待 15～60μs，接着 DS18B20 在 t_2 时刻发出存在脉冲（低电平持续 60～240μs），如图 11.1.3 中虚线所示。

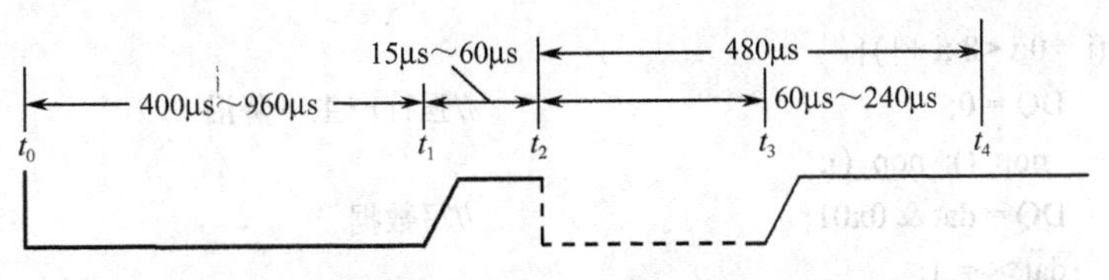

图 11.1.3 DS18B20 复位时序图

程序如下：

```
unsigned char DS18B20_Init(void)                    //DS18B20 初始化
{
        unsigned char dq_state=0,cnt=0;
        P1M0 = 0;P1M1 = 0;
        DQ = 1;
        _nop_();
        DQ = 0;
        Delay500us();
        DQ = 1;
        Delay50us();Delay50us();
        dq_state = DQ;
        if(dq_state) return 0;
        while(DQ);
        while(DQ == 0 && cnt<6){
                Delay50us();
                cnt++;
        }
        if(cnt==6)  return 0;
        else return 1;
}
```

（2）写操作时序

当主机总线在 t_0 时刻从高拉至低电平时，就产生写时间隙，从 t_0 时刻开始 15μs 之内应将所需写的位送到总线 DS18B20，在 t_1 为 15～60μs 间对总线采样。若为低电平，写入的位是 0；若为高电平，写入的位是连续写 2，位间的间隙应大于 1μs，如图 11.1.4 所示。

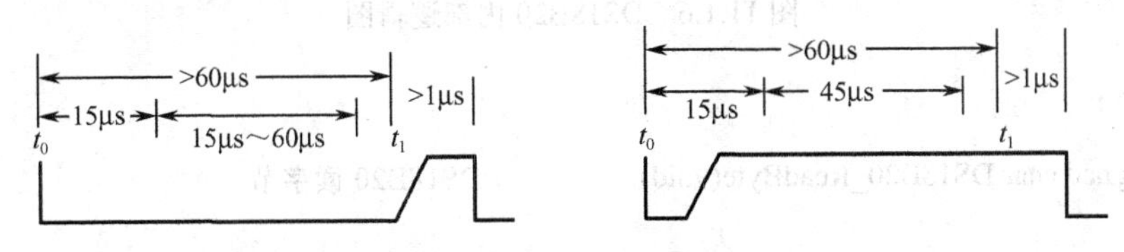

图 11.1.4 DS18B20 写操作时序图

程序如下：

```
void DS18B20_WriteByte(unsigned char dat)           //DS18B20 写字节
{
        unsigned char i=0;
```

```
        for(i = 0;i <8 ;i ++){
            DQ = 0;                         //强行产生下降沿
            _nop_();_nop_();
            DQ = dat & 0x01;                //写数据
            dat >>= 1;
            Delay50us();
            DQ = 1;
            Delay3us();
        }
    }
```

（3）读操作时序

读操作时序如图 11.1.5 所示，主机总线在 t_0 时刻从高拉至低电平时，只须保持低电平 15μs 之后，也就是 t_z 时刻前主机必须完成读位，并在 t_0 后的 60～120μs 内释放总线。DS18B20 内部逻辑图如图 11.1.6 所示。

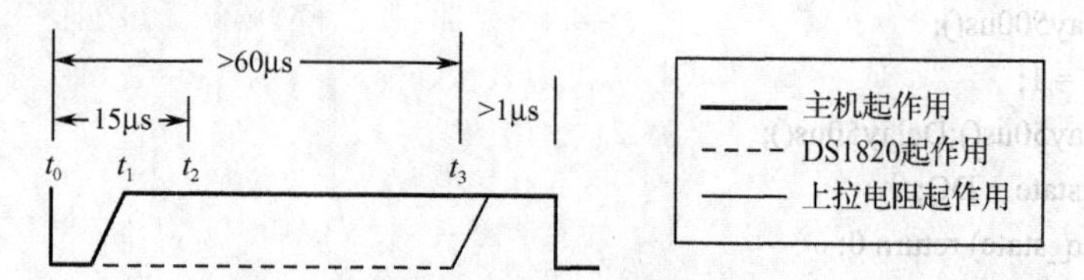

图 11.1.5　DS18B20 读操作时序图

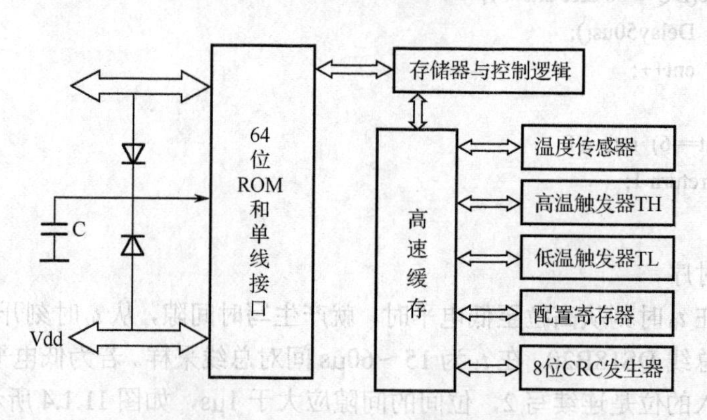

图 11.1.6　DS18B20 内部逻辑图

程序如下：

```
unsigned char DS18B20_ReadByte(void)            //DS18B20 读字节
{
    unsigned char i=0,dat=0;
    for(i = 0;i < 8 ;i ++){
        DQ = 0;
        _nop_();_nop_();
        dat >>= 1;
        DQ = 1;                                 //释放总线
        Delay3us();Delay3us();Delay3us();
```

```
            if(DQ)       dat |= 0x80;                //读数据
            Delay50us();
        }
        return dat;
    }
```

3. DS18B20 的 ROM、RAM 和指令集

（1）64 位 ROM 的编码格式

64 位 ROM 的编码格式如图 11.1.7 所示，在多只 18B20 信号线并联使用时，不同的 18B20 是根据 ROM 编码的不同来区分的。对于单只 18B20，它的 64 位 ROM 编码是固定不变的。

8 位 CRC	48 位系统号	8 位产品系列编码
高位　　低位	高位　　低位	高位　　低位
高字节		低字节

图 11.1.7　ROM 的编码格式

（2）RAM 寄存器

18B20 内存在 9 字节的 RAM 寄存器中，每字节的定义如表 11.1.1 所示，温度信息就存放于 RAM 寄存器中。

表 11.1.1 RAM 寄存器中每字节的定义

寄存器所存内容	字 节 地 址
温度最低数字位	0
温度最高数字位	1
高温限值	2
低温限值	3
保留	4
保留	5
计数剩余值	6
每度计数值	7
CTR 校验	8

S	S	S	S	S	2^6	2^5	2^4		2^3	2^2	2^1	2^0	2^{-1}	2^{-2}	2^{-3}	2^{-4}
符号（0 正，1 负）					整数								小数			

图 11.1.8　温度字节的格式

温度字节的格式如图 11.1.8 所示，左边是温度高字节，右边是温度低字节。符号为 0 时代表温度为正，后面的数字用原码表示；符号为 1 时代表温度为负，后面的数字用补码表示。二进制与温度示例如表 11.1.2 所示。二进制中的前面 5 位是符号位，如果测得的温度大于 0，则这 5 位为 0，只要将测到的数值乘以 0.0625 即可得到实际温度；如果温度小于 0，则这 5 位为 1，测到的数值需要取反加 1 再乘以 0.0625 就能得到实际温度。

表 11.1.2　二进制与温度值示例

实际温度值	数字输出（二进制）	数字输出（十六进制）
+125℃	0000 0111 1101 0000	07D0H
+85℃	0000 0101 0101 0000	0550H
+25.0625℃	0000 0001 1001 0001	0191H
+10.125℃	0000 0000 1010 0010	00A2H
+0.5℃	0000 0000 0000 1000	0008H
0℃	0000 0000 0000 0000	0000H
−0.5℃	1111 1111 1111 1000	FFF8H
−10.125℃	1111 1111 0101 1110	FF5EH
−25.0625℃	1111 1110 0110 1111	FE6EH
−55℃	1111 1100 1001 0000	FC90H

在实际应用中，一般不需要对分辨率进行设置，保留默认的 12 位分辨率就能得到最高的测量精度。

（3）指令集

对 18B20 操作，需要向其发送不同的指令，分为 ROM 指令和 RAM 指令。

ROM 指令：

① Read ROM，[33H]，读 ROM（读 64 位 ROM 编码）；

② Match ROM，[55H]，匹配 ROM（匹配单只 18B20）；

③ Skip ROM，[CCH]，跳过 ROM（跳过 ROM 匹配）；

④ Search ROM，[F0H]，搜索 ROM（一次性将所有 ROM 编码读回）；

⑤ Alarm Search ROM，[ECH]，报警搜索（检测哪些 18B20 产生了报警）。

RAM 指令：

① 温度转换，[44H]，温度转换命令；

② 写暂存器，[4EH]，执行此命令后单片机就可以向 18B20 中写入数据了；

③ 读暂存器，[BEH]，使单片机从 18B20 中读取数据；

④ 复制暂存器，[48H]，将 RAM 暂存器中的数据复制到 EEPROM 中；

⑤ 重调 EEPROM，[B8H]，将 EEPROM 中的数据复制到 RAM 暂存器中；

⑥ 读电压，[B4H]，读取电源供电方式，即直接供电与寄生电源供电。

4. 读取温度步骤

（1）单只 18B20 温度读取，步骤如下：

① 复位；

② 发出跳过 ROM 匹配指令[CCH]；

③ 发出温度转换命令[44H]；

④ 判忙（温度转换过程中，数据线将一直呈现高电平状态，但是如果通过读时序将数据线拉低后升高，此时数据线将返回大约 26μs 的低电平，然后又将一直呈现为高电平状态，直到温度转换结束才能读到稳定的高电平状态）；

⑤ 复位；

⑥ 发出跳过 ROM 匹配指令[CCH]；

⑦ 发出读暂存器命令[BEH]；

⑧ 读取 RAM 暂存器中的前 2 字节，分别是温度低字节和温度高字节。

⑨ 温度格式转换得到最终温度值。

（2）多只 18B20 温度读取，用于总线上并联多个 18B20 的情况，步骤如下：

① 复位；

② 发出跳过 ROM 匹配指令[CCH]；

③ 发出温度转换命令[44H]；

④ 延时等待 750ms；

⑤ 复位；

⑥ 发出匹配 ROM 指令[55H]。

5. 基于 DS18B20 的温度检测

单只 DS18B20 温度采集系统 C 语言程序如下：

```
/************************温度采集头文件 DS18B20.h***************************/
#ifndef _DS18B20_H
#define _DS18B20_H
#include <STC15Fxxxx.H>
sbit DQ = P1^7;
unsigned char DS18B20_Init(void);
void DS18B20_WriteByte(unsigned char dat);
unsigned char DS18B20_ReadByte(void);
float DS18B20_GetTemperature(void);
#endif
/*****************************温度采集 DS18B20.c***************************/
#include "DS18B20.h"
#include "Delay.h"
#include "uart.h"
#include "intrins.h"
//DS18B20 获取测量温度
float DS18B20_GetTemperature(void)
{
    float temperature;
    unsigned char low_bit,num_dot;
    signed char high_bit,num_int;
    long int full=0;
    while(!DS18B20_Init());
    DS18B20_WriteByte(0xcc);
```

```
        DS18B20_WriteByte(0x44);                    //开始转换
        Delay500us();
        while(!DS18B20_Init());
        DS18B20_WriteByte(0xcc);
        DS18B20_WriteByte(0xbe);                    //读温度值

        low_bit = DS18B20_ReadByte();
        high_bit = DS18B20_ReadByte();
        num_int = (char)(((high_bit & 0x07) <<4) | ((low_bit & 0xf0) >>4));
        num_dot = (low_bit & 0x0f) * 625 / 1000;
        temperature = (float)(num_int*1.0 + num_dot*0.1);
        return temperature;
}

//DS18B20 初始化
unsigned char DS18B20_Init(void)
{
        unsigned char dq_state=0,cnt=0;
        P1M0 = 0;P1M1 = 0;
        DQ = 1;
        _nop_();
        DQ = 0;
        Delay500us();
        DQ = 1;
        Delay50us();Delay50us();
        dq_state = DQ;
        if(dq_state) return 0;
        while(DQ);
        while(DQ == 0 && cnt<6){
            Delay50us();
            cnt++;
        }
        if(cnt==6)  return 0;
        else return 1;
}

//DS18B20 写字节
void DS18B20_WriteByte(unsigned char dat)
{
        unsigned char i=0;
        for(i = 0;i <8 ;i ++){
            DQ = 0;                                 //强行产生下降沿
            _nop_();_nop_();
```

```
            DQ = dat & 0x01;                          //写数据
            dat >>= 1;
            Delay50us();
            DQ = 1;
            Delay3us();
        }
}
//DS18B20 读字节
unsigned char DS18B20_ReadByte(void)
{
        unsigned char i=0,dat=0;
        for(i = 0;i < 8 ;i ++){
            DQ = 0;
            _nop_();_nop_();
            dat >>= 1;
            DQ = 1;                                    //释放总线
            Delay3us();Delay3us();Delay3us();
            if(DQ)      dat |= 0x80;                   //读数据
            Delay50us();
        }
        return dat;

}
/************************************主函数 main.c*****************************/
#include <STC15Fxxxx.H>
#include "UART.h"
#include "Delay.h"
#include "DS18B20.h"
void main()
{
        unsigned char i=0;
        float temperature;
        UART1_Init();
        while(!DS18B20_Init());
        while(1){
            UART1_SendString("Temperature is ");
            temperature = DS18B20_GetTemperature();
            UART1_SendNum_2point( temperature );
            UART1_SendString("   °C\n");
            Delay_200ms();
        }
}
```

11.2 DHT11 温湿度传感器及其应用

1. DHT11 概述

DHT11 数字温湿度传感器是一种温湿度复合传感器，内部含有已校准数字信号输出。它采用了专用的数字模块采集技术和温湿度传感技术，使产品具有极高的可靠性与卓越的长期稳定性。它具有一个电阻式感湿元件和一个 NTC 测温元件，并与一个高性能 8 位单片机相连。因此该产品具有品质卓越、超快响应、抗干扰能力强、性价比极高等优点。每个 DHT11 传感器都在极为精确的湿度校验室中进行校准。校准系数以程序的形式存储在 OTP 内存中，传感器内部在检测信号的处理过程中要调用这些校准系数。该传感器采用单线制串行接口，使系统集成变得简易快捷。超小的体积、极低的功耗，可达 20m 以上的信号传输距离，使其成为各类应用，甚至最为苛刻的应用场合的最佳选择。该传感器采用 4 针单排引脚封装，连接方便，特殊封装形式可根据用户需求定制。

图 11.2.1　DHT11 传感器实物图

DHT11 传感器实物图如图 11.2.1 所示。

2. 引脚说明

DHT11 传感器引脚说明见表 11.2.1。

表 11.2.1　引脚说明

引 脚 号	引 脚 名 称	类　型	引 脚 说 明
1	VCC	电源	正电源输入，3～5.5V DC
2	Dout	输出	单总线，数据输入/输出引脚
3	NC	空	空脚，扩展未用
4	GND	地	电源地

需要注意的是，连接线长度短于 20m 时，应使用 5kΩ上拉电阻，大于 20m 时，应根据实际情况使用合适的上拉电阻。应用电路图如图 11.2.2 所示。

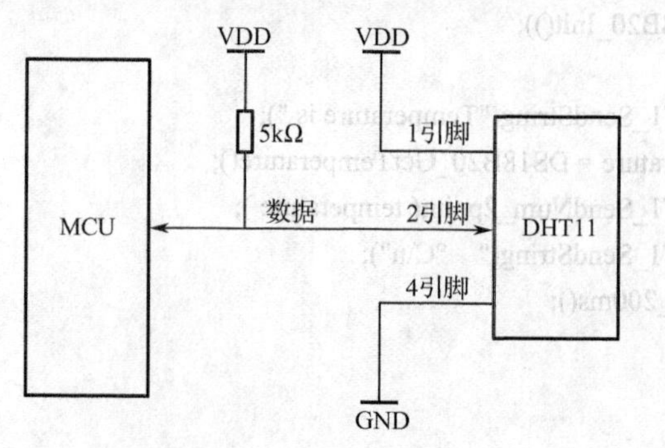

图 11.2.2　应用电路图

3．电源引脚

DHT11 传感器的供电电压为3～5.5V。传感器上电后，为了越过不稳定状态，需要等待 1s，在等待过程中不需要发送任何指令。电源引脚（VDD，GND）之间可增加一个 100nF 的电容，用于去耦滤波。

4．串行接口（单线双向）

DATA 用于微处理器与 DHT11 之间的通信和同步，采用的是单总线数据格式，一次通信时间为 4ms 左右，数据分为小数部分和整数部分，当前小数部分用于以后扩展，现读出为零。操作流程为：一次完整的数据传输为 40bit，高位先输出。数据格式：8 位湿度整数数据+8 位湿度小数数据+8 位温度整数数据+8 位温度小数数据+8 位校验和数据，传送正确时校验和数据等于“8 位湿度整数数据+8 位湿度小数数据+8 位温度整数数据+8 位温度小数数据”所得结果的末 8 位。

用户 MCU 发送一次开始信号后，DHT11 从低功耗模式转换到高速模式，等待主机开始信号结束后，DHT11 发送响应信号，送出 40 位的数据，并触发一次信号采集，用户可选择读取部分数据。从模式下，DHT11 接收到开始信号触发一次温湿度采集，如果没有接收到主机发送的开始信号，DHT11 不会主动进行温湿度采集。采集数据后转换到低速模式。通信过程如图 11.2.3 所示。

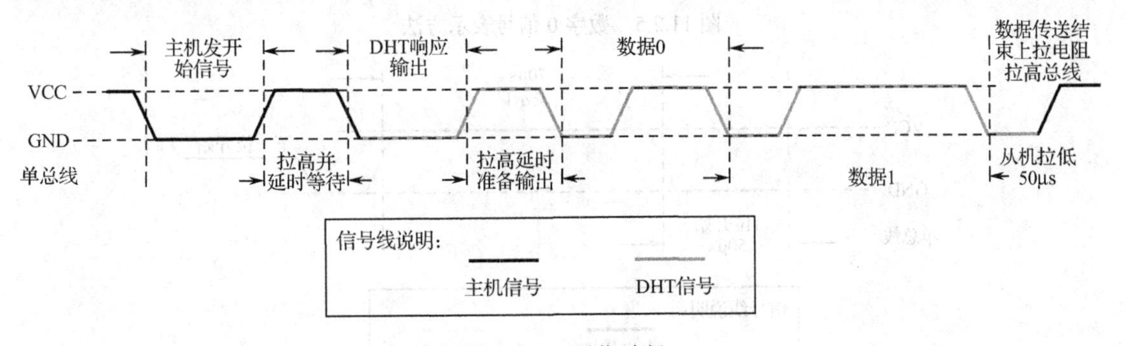

图 11.2.3　通信过程

总线空闲状态为高电平，主机把总线拉低等待 DHT11 响应，主机把总线拉低必须大于 18ms，保证 DHT11 能检测到起始信号。DHT11 接收到主机的开始信号后，等待主机开始信号结束，然后发送 80μs 低电平响应信号。主机发送开始信号结束后，延时等待 20～40μs 后，读取 DHT11 的响应信号，主机发送开始信号后，可以切换到输入模式，或者输出高电平均可，总线由上拉电阻拉高。通信过程如图 11.2.4 所示。

总线为低电平，说明 DHT11 发送响应信号，DHT11 发送响应信号后，再把总线拉高 80μs，准备发送数据，每一位数据都从 50μs 低电平时隙开始，高电平的长短定了数据位是 0 还是 1。如果读取响应信号为高电平，则 DHT11 没有响应，应检查线路是否连接正常。当最后一位数据传送完毕后，DHT11 拉低总线 50μs，随后总线由上拉电阻拉高进入空闲状态。数字 0 信号表示方法如图 11.2.5 所示。数字 1 信号表示方法如图 11.2.6 所示。

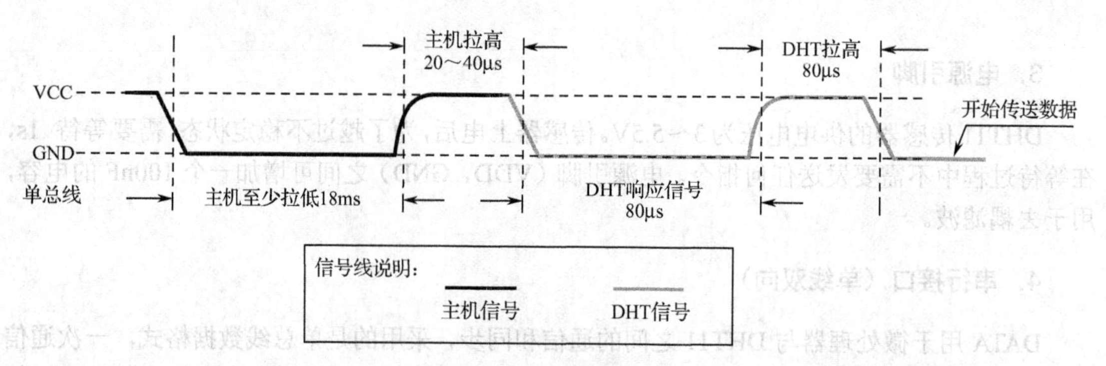

图 11.2.4　通信过程

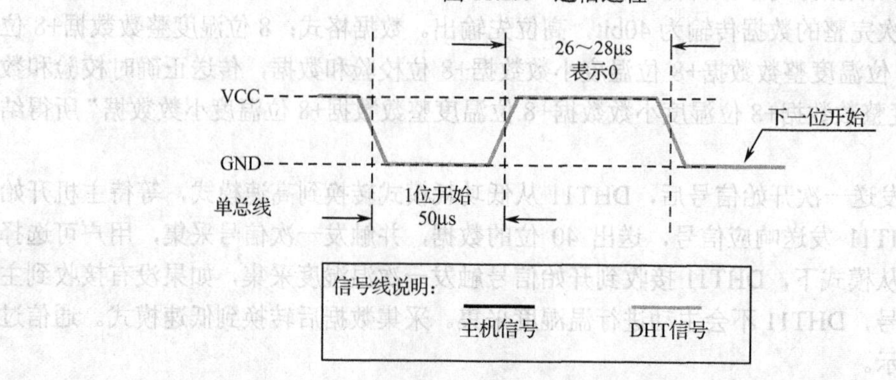

图 11.2.5　数字 0 信号表示方法

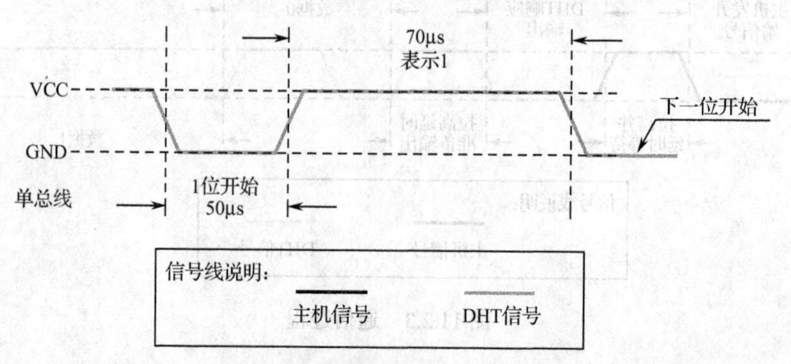

图 11.2.6　数字 1 信号表示方法

5. DHT11 应用实例

DHT11 用于湿度采集系统，电路原理图如图 11.2.7 所示。

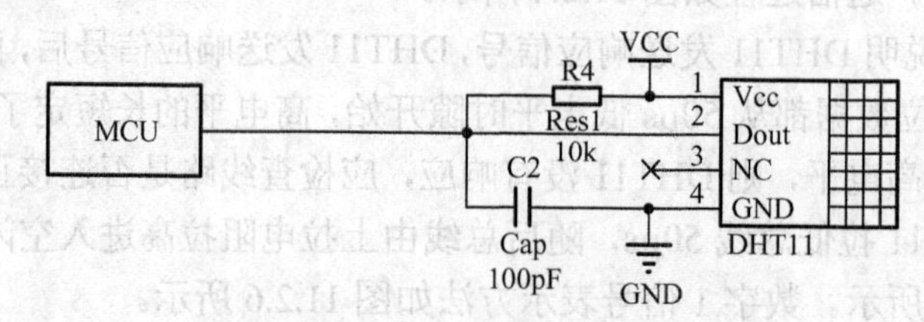

图 11.2.7　电路原理图

代码如下：

```
/****************************湿度采集头文件 DHT11.h*******************************/
#ifndef _DHT11_H
#define _DHT11_H
#include <STC15Fxxxx.H>
sbit DHT_Dout = P1^6;
unsigned char DHT11_Init(void);
unsigned char DHT11_ReadByte(void);
void DHT11_GetTpmHumi(float *tpm,float *humidity);
#endif
/******************************湿度采集 DHT11.c**********************************/
#include "DHT11.h"
#include "intrins.h"
#include "Delay.h"
//DHT11 初始化
unsigned char DHT11_Init(void)
{
      unsigned char cnt=0;
      P1M0 = 0;P1M1 = 0;
      P0M0 = 0;P0M1 = 0;                        //设置双向输入输出
      DHT_Dout = 1;
      Delay3us();
      DHT_Dout = 0;
      Delay_Nms(18);                            //发送开始指令，至少拉低 18ms
      DHT_Dout = 1;
      Delay30us();                              //拉高 30μs
      while(DHT_Dout & cnt<40){                 //等待响应 80μs 低电平
            cnt++;
            Delay3us();
      }
      if(cnt == 40)      return 0;
      cnt = 0;
      while(!DHT_Dout & cnt<40){                //等待响应 80μs 高电平
            cnt++;
            Delay3us();
      }
      if(cnt == 40)      return 0;
      else
            return 1;
}

//DHT11 读字节
unsigned char DHT11_ReadByte(void)
{
```

```
    unsigned char dat=0,i=0,cnt;
    for(i = 0;i < 8;i++){
        dat <<= 1;                              //高位在前，低位在后
        cnt = 0;
        while(DHT_Dout);
        while(!DHT_Dout);                       //等待低电平结束
        Delay50us();                            //延时 50μs
        dat |= DHT_Dout;                  //接收数据，因为 0 电平 26～28μs，1 电平 116～118μs
        cnt = 0;
    }
    return dat;
}

//DHT11 获得温度湿度
void DHT11_GetTpmHumi(float *tpm,float *humidity)
{
    unsigned char buf[6],idx;
    buf[5] = 0;
    while(!DHT11_Init());                       //发送数据请求指令
    buf[0] = DHT11_ReadByte();                  //开始传送数据
    buf[1] = DHT11_ReadByte();                  //前两位为湿度
    buf[2] = DHT11_ReadByte();
    buf[3] = DHT11_ReadByte();                  //后两位为温度
    buf[4] = DHT11_ReadByte();                  //最后位为校验和
    DHT_Dout = 0;

    buf[5] = buf[0]+buf[1]+buf[2]+buf[3];
    Delay50us();
    *tpm = 0;*humidity = 0;
    if(buf[5] == buf[4]){                       //校验和，然后进行数据转换
        *tpm = (float)buf[3] * 1.0 / 256;
        *tpm += buf[2];
        *humidity = (float)buf[1] * 1.0 /256;
        *humidity +=    buf[0];
    }
}
/******************************主函数 main.c**********************************/
#include <STC15Fxxxx.H>
#include "UART.h"
#include "Delay.h"
#include "DHT11.h"

void main()
{
    unsigned char i=0;
```

```
        float temperature;
        float tpm,humidity;
        UART1_Init();                          //利用串口来发送数据
        while(!DHT11_Init());                  //初始化 DHT11
        Delay_200ms();
        while(1){
            Delay_200ms();
            DHT11_GetTpmHumi(&tpm,&humidity);
            UART1_SendString("Tpm is ");
            UART1_SendNum_2point( tpm );
            UART1_SendString("°C    ");
            UART1_SendString("Humi is ");
            UART1_SendNum_2point( humidity );
            UART1_SendString("%    \n");
        }
    }
```

11.3　超声波测距传感器与应用

1. HC-SR04 的功能特点和工作原理

HC-SR04 超声波测距模块具有 2～400cm 的非接触式距离感测功能，测距精度可达 3mm。模块包括超声波发射器、接收器与控制电路。图 11.3.1 为超声波测距传感器实物图，它的基本工作原理是：

（1）采用 I/O 口 TRIG 触发测距，给至少 10μs 的高电平信号；

（2）模块自动发送 8 个 40kHz 的方波，自动检测是否有信号返回；

（3）有信号返回，通过 I/O 口 ECHO 输出一个高电平，高电平持续的时间就是超声波从发射到返回的时间，测试距离=(高电平时间×声速(340m/s))/2。

图 11.3.1　超声波测距传感器实物图

2. 接线方式

Vcc 接 5V 电源，GND 接地线，Trig 接触发控制信号输入，Echo 接回响信号输出。

3. 电气参数

电气参数见表11.3.1。

表 11.3.1　电气参数

电 气 参 数	HC-SR04 超声波模块
工作电压	DC 5 V
工作电流	15mA
工作频率	40Hz
最远射程	4m
最近射程	2cm
测量角度	15°
输入触发信号	10μs 的 TTL 脉冲
输出回响信号	输出 TTL 电平信号，与射程成比例
规格尺寸	45mm×20mm×15mm

4. 超声波时序图

图11.3.2所示的时序图表明只需要提供一个10μs以上脉冲触发信号，该模块内部将发出8个40kHz周期电平并检测回波。一旦检测到有回波信号则输出回响信号，回响信号的脉冲宽度与所测的距离成正比。通过发射信号到收到的回响信号时间间隔可以计算得到距离。公式：μs/58=cm或μs/148=in；或距离=高电平时间×声速(340m/s)/2；建议测量周期为60ms以上，以防止发射信号对回响信号的影响。

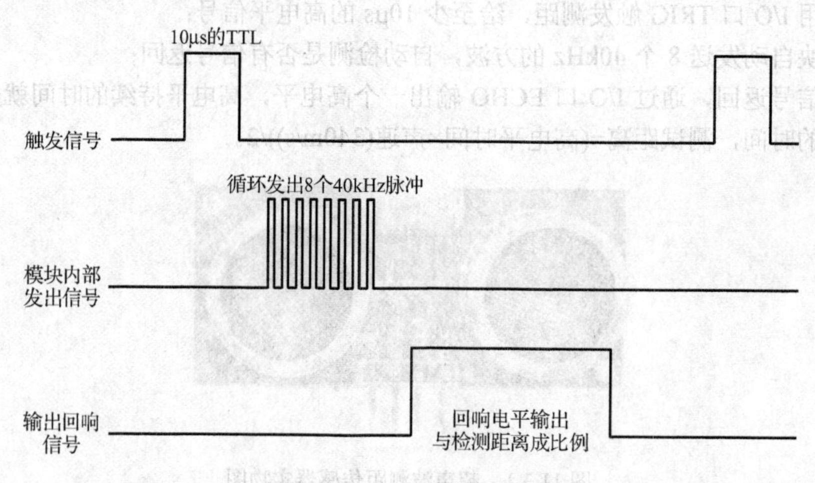

图 11.3.2　超声波时序图

需要注意的是，此模块不宜带电连接，若要带电连接，则应让模块的GND端先连接，否则会影响模块的正常工作。测距时，被测物体的面积不少于 $0.5m^2$ 且平面尽量要求平整，否则影响测量结果。

5. HC-SR04 超声波测距实例

使用 HC-SR04 超声波测距模块测距，原理图如图 11.3.3 所示，代码如下。

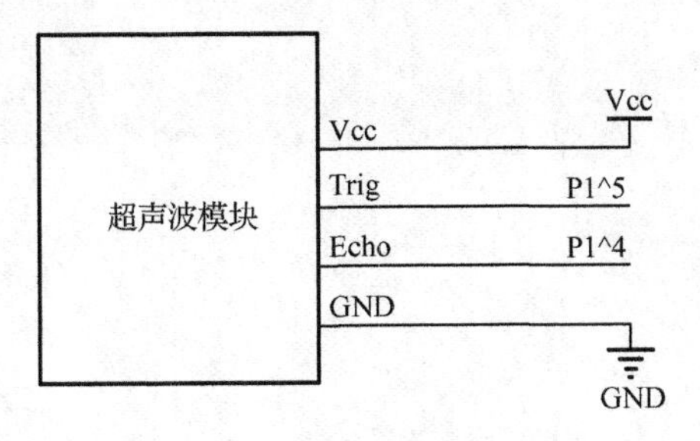

图 11.3.3 超声波测距原理图

```
/*******************************主函数 main.c*****************************/
#include <STC15Fxxxx.H>
#include "UART.h"
#include "Delay.h"

sbit SR_Trig = P1^5;
sbit SR_Echo = P1^4;

void main()
{
	unsigned char i=0;
	unsigned int len=0;
	float real_len=0;
	UART1_Init();                        //利用串口来发送数据
	TMOD = 0x11;
	TH0 = 0;
	TL0 = 0;
	ET0 = 0;
	Delay_200ms();
	while(1){
		Delay_200ms();
		SR_Trig = 1;
		Delay10us();
		SR_Trig = 0;                 //触发 10μs
		while(!SR_Echo);             //等待返回
		TR0 = 1;                     //开始计数
		while(SR_Echo);
		TR0 = 0;
		len = (TH0 << 8) +TL0;       //单位换算
		real_len = len*1.7/100;
		TH0 = 0;TL0 = 0;
		UART1_SendString("Tpm is ");   //发送至 PC 端显示测量结果
```

```
            UART1_SendNum_2point( real_len );
            UART1_SendString(" cm \n");
        }
}
```

第12章 无 线 通 信

无线通信在人们的日常生活中随处可见，为我们的生活提供了许多便利。无线通信在无线控制和无线数据采集等领域广泛应用，是电子系统设计中非常重要的一项功能。本章将介绍红外无线通信及蓝牙无线通信。

12.1 红外无线通信

红外无线通信是一种常用的通信和遥控手段，红外遥控设备具有体积小、功耗低、成本低等特点，因而在家用电器等设备上广泛应用。红外通信信号是由二进制数“0”、“1”组合而成的一组串码，为了提高抗干扰性，红外信号发送前要进行调制。红外通信系统由发射和接收两部分组成，实验当中用到的红外收发系统示意图如图 12.1.1 所示。

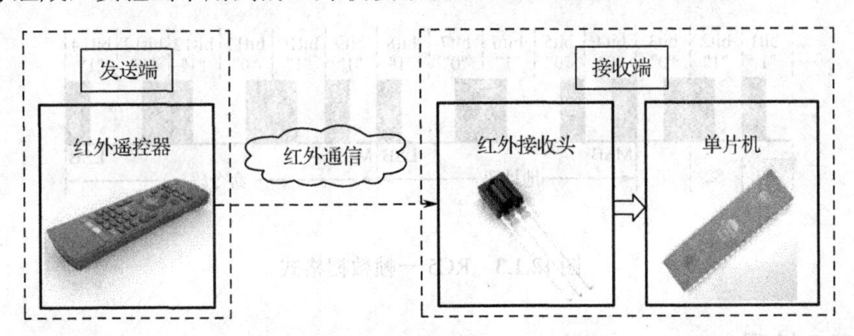

图 12.1.1 红外收发系统示意图

发射部分可以采用红外遥控器来实现，其采用专用的编码芯片进行编码，通过红外发送管进行红外信号的发送。接收端可以使用一体化红外接收头完成红外信号的接收，并将整形后的信号以 TTL 电平的形式传送给单片机，单片机根据红外通信协议对其进行解码。红外协议有多种，常用的红外通信协议有 RC5 协议和 NEC 协议。

12.1.1 RC5 编码

1. RC5 的逻辑定义

RC5 协议逻辑“1”和“0”定义如图 12.1.2 所示，采用曼彻斯特编码方式。逻辑“0”和逻辑“1”的周期都是 1.778ms，并且每一位中的高低电平时间相等。前半周期高电平，后半周期低电平，代表逻辑“0”；前半周期低电平，后半周期高电平，代表逻辑“1”。高电平的载波频率为 36kHz。

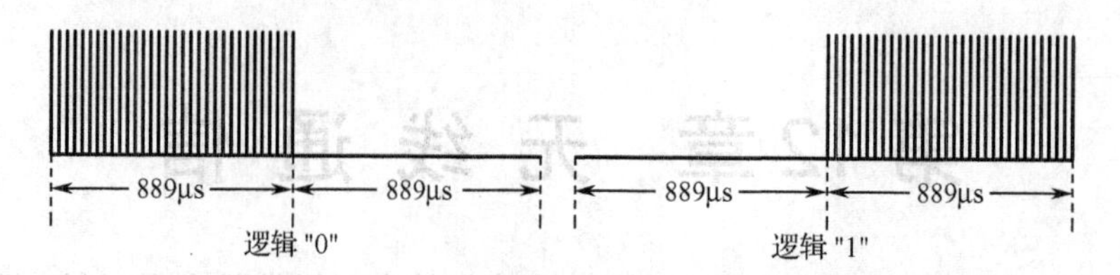

图 12.1.2　RC5 协议逻辑“0”和“1”的波形

2．RC5 逻辑队列

RC5 串码由 14 位组成，其中，地址码 5 位，命令码 6 位，如图 12.1.3 所示，其串码依次为：

- 两位起始位，固定为两位逻辑“1”；
- 第三位翻转位，当一个键值重复按下时该位会取反；
- 5 位设备地址码，代表要控制的设备，地址码从 MSB（最高位）开始发送；
- 6 位命令码，代表具体的键值，命令码从 MSB（最高位）开始发送。

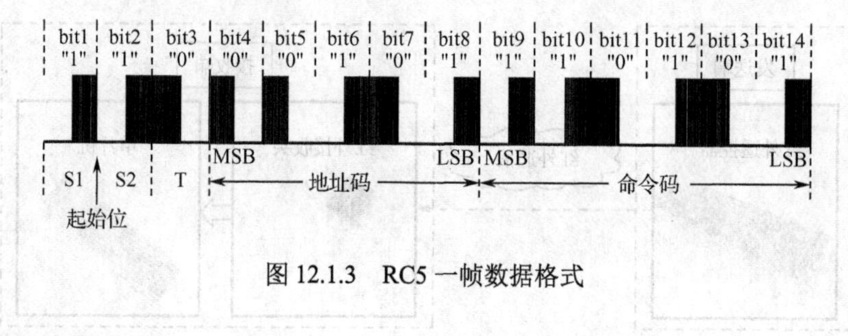

图 12.1.3　RC5 一帧数据格式

12.1.2　NEC 编码

1．NEC 的逻辑定义

NEC 协议利用脉冲长度进行编码，逻辑“0”和逻辑“1”的定义如图 12.1.4 所示。逻辑“0”由脉宽为 0.56ms 的高电平、0.56ms 的低电平、周期为 1.12ms 的组合表示；逻辑“1”由脉宽为 0.56ms 的高电平、1.69ms 的低电平、周期为 2.25ms 的组合表示。逻辑中高电平的载波频率为 38kHz。

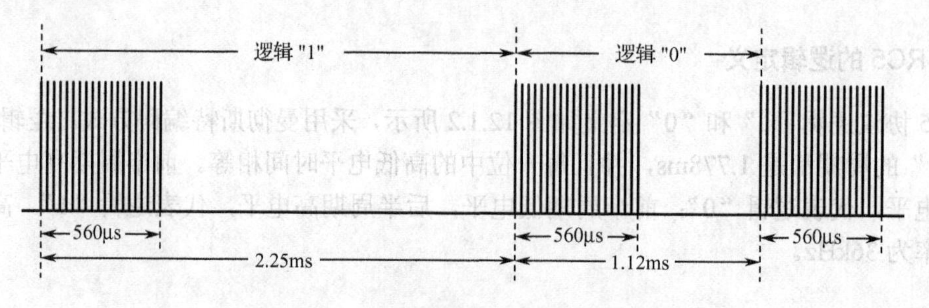

图 12.1.4　NEC 逻辑“0”和“1”的波形

2. NEC 逻辑队列

在 NEC 协议中，一帧典型的 NEC 编码如图 12.1.5 所示，依次为：

- 9ms 的 AGC 脉冲和 4.5ms 的空闲；
- 8 位的地址码，地址码发送两次，第二次发送时，将所有的位取反来验证第一次发送消息的正确性，LSB 先于 MSB 发送；
- 8 位的命令码，命令码发送格式与地址码相同。

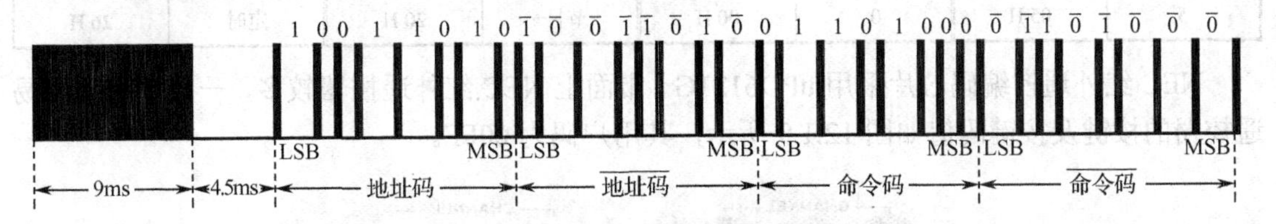

图 12.1.5 NEC 一帧数据格式

如果遥控器上的某一按键一直被按着，命令也只发送一次，但是，每隔 110ms 会发送一次重复码，直到遥控器按键被释放，如图 12.1.6 所示。

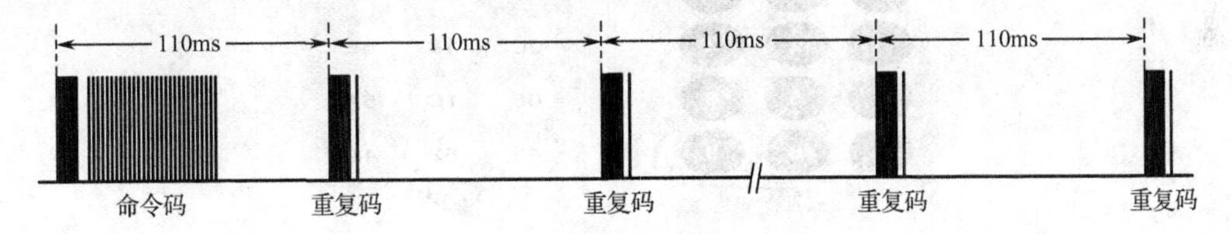

图 12.1.6 NEC 重复按键格式

重复码由 9ms 的 AGC 脉冲、2.25ms 间隔、560μs 脉冲组成，如图 12.1.7 所示。

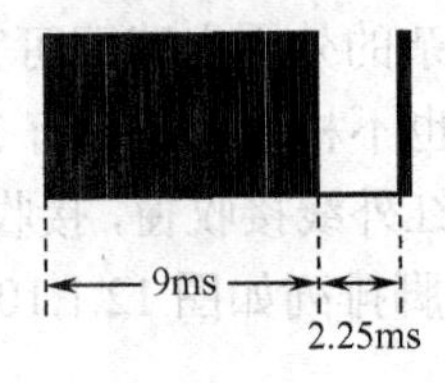

图 12.1.7 NEC 重复码格式

12.1.3 红外通信系统发送和接收

红外信号的发送可以采用红外遥控器来实现，基于 RC5 和 NEC 格式的遥控器在市面上都可以买到。RC5 红外遥控编码芯片采用 SAA3010，一种采用 RC5 编码的红外遥控器实物如图 12.1.8 所示。

图 12.1.8 RC5 红外遥控器实物

遥控器键值对应的十六进制码值如表 12.1.1 所示，其用户码为 00H。

表 12.1.1 RC5 红外遥控器按键及其码值

按键	键值	按键	键值	按键	键值	按键	键值
1	01 H	6	06 H	开/关	0C H	节目-	21 H
2	02 H	7	07 H	静音	0D H	音量+	10 H
3	03 H	8	08 H	单/双	0A H	音量-	11 H
4	04 H	9	09 H	调谐	1E H	存储	29 H
5	05 H	0	00 H	节目+	20 H	定时	26 H

NEC 红外遥控编码芯片采用 uPD6121G。市面上 NEC 红外遥控器较多，一款常见的简易遥控器的按键及按键码值如图 12.1.9 所示，其用户码为 00FF。

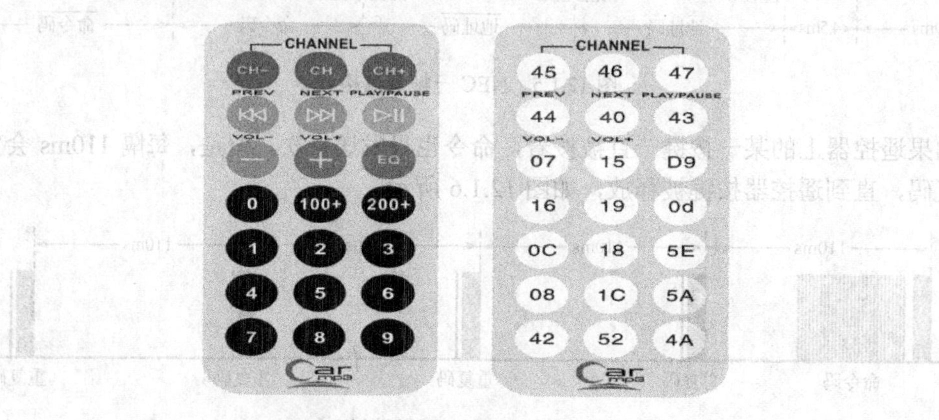

图 12.1.9 NEC 遥控器及其对应的码值

红外信号的接收可以通过一体化红外接收头实现。红外接收头是集红外接收、放大、整形于一体的红外接收器件，不需要复杂的外围电路即可完成红外信号的接收。红外一体化接收头的型号有很多，不同型号的封装也不相同，一般有 3 个引脚，包括电源 VS、地 GND 和信号输出 OUT，红外接收头都有一个红外线接收窗，接收窗面对自己时从左至右依次为 1 脚、2 脚、3 脚。3 种典型的红外接收头引脚排列如图 12.1.10 所示。

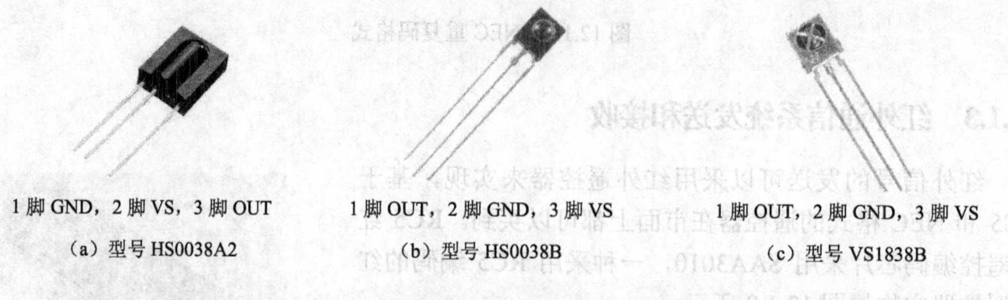

1 脚 GND，2 脚 VS，3 脚 OUT　　1 脚 OUT，2 脚 GND，3 脚 VS　　1 脚 OUT，2 脚 GND，3 脚 VS

（a）型号 HS0038A2　　（b）型号 HS0038B　　（c）型号 VS1838B

图 12.1.10 不同型号的红外接收头引脚排列

HS3800B 的典型电路如图 12.1.11 所示。

红外信号经接收头的检波放大处理后，以 TTL 电平编码的形式输送到单片机的引脚。单片机根据相关的通信协议进行解码，并根据收到的码值进行相应的控制操作。示波器采集的

红外接收头接收的 RC5 串码如图 12.1.12 所示，需要注意的是，其接收码与发送码是反向的。

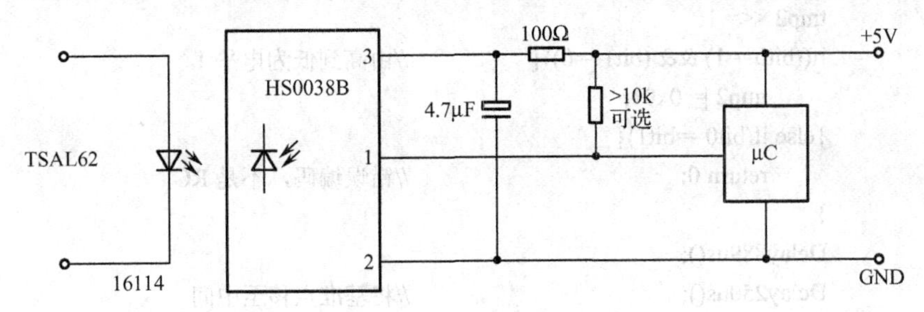

图 12.1.11　HS3800B 的典型电路

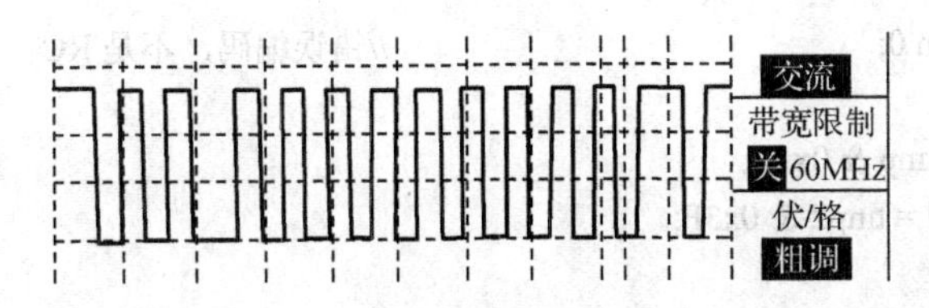

图 12.1.12　红外接头接收的 RC5 串码

例 12.1　RC5 红外接收程序，红外接收头电路见图 12.1.11，其信号输出接 IAP15W4K58S4 单片机的 P5.4。

```
sbit IR_Read = P5^4;
unsigned char IR_ReadData(unsigned char *device,unsigned char *command)
{
    unsigned char i,tmp,tmp2=0;
    unsigned char bit0,bit1;
    tmp = 1;
    Delay889us();                               //移到下一比特点
    Delay250us();
    for(i=1;i<8;i++){
        bit0 = IR_Read;
        while(bit0 == IR_Read);
        bit1 = IR_Read;
        tmp <<= 1;
        if((bit0==1) && (bit1==0)){             //由高到低为电平 1
            tmp |= 0x01;
        }else if(bit0==bit1){
            return 0;                           //错误编码，不是 RC
        }
        Delay889us();
        Delay250us();                           //将基准点移至中间
    }
    for(i=0;i<6;i++){
        bit0 = IR_Read;
        while(bit0 == IR_Read);
```

```
            bit1 = IR_Read;
            tmp2 <<= 1;
            if((bit0==1) && (bit1==0)){             //由高到低为电平 1
                tmp2 |= 0x01;
            }else if(bit0==bit1){
                return 0;                           //错误编码，不是 RC
            }
            Delay889us();
            Delay250us();                           //将基准点移至中间
        }
        if((tmp&0xE0) != 0xC0){
            return 0;                               //错误编码，不是 RC
        }
        *device = tmp & 0x1F;
        *command = tmp2 & 0x3F;
        return 1;
}
```

例 12.2 NEC 红外接收程序，红外接收头电路见图 12.1.11，其信号输出接 IAP15W4K58S4 单片机的 P5.4。

```
sbit Ir_Pin=P5^4;
unsigned char IR_Delay_Receive_GetData(unsigned char *mydata)
{
    unsigned char k,i,j;
    unsigned char CodeTemp;
    unsigned char Ir_Buf[4];
    while(Ir_Pin);
    for(k=0;k<9;k++){
        Delay900us();
        if (Ir_Pin==1){                     //如果 0.9ms 后 Ir_Pin=1，说明不是引导码
            k=10;                           //如果持续了 10×0.9ms=9ms 的低电平，说明是引导码
            return 0;
        }
    }
    while(!Ir_Pin);
    Delay900us();                           //跳过持续 4.5ms 的高电平
    while(Ir_Pin);
    for(i=0;i<4;i++){                       //分别读取 4 字节
        CodeTemp=0;
        for(j=0;j<8;j++){                   //每字节 8 位的判断
            while(Ir_Pin==0);               //等待上升沿
            Delay900us();                   //从上升沿那一时刻开始延时 0.9ms，再判断 Ir_Pin
            if(Ir_Pin==1){                  //如果 Ir_Pin 是"1",则向右移入一位"1"
                if(j<8) CodeTemp=CodeTemp>>1;
                CodeTemp |= 0x80;
```

```
                while(Ir_Pin);
            }
            else if(j<8)
                CodeTemp=CodeTemp>>1; //如果 Ir_Pin 是"0"，则向右移一位，自动补"0"
            }
            Ir_Buf[i]=CodeTemp;
        }
        if(Ir_Buf[2]==~Ir_Buf[3]){                    //验证解码是否正确
            for(i=0;i<4;i++){
                mydata[i]=Ir_Buf[i];
            }
            return 1;
        }
        else
            return 0;
    }
```

12.2　蓝牙无线通信

12.2.1　HC05 蓝牙无线通信模块介绍

HC05 蓝牙无线通信模块是高性能主从一体蓝牙串口模块，可以同各种带蓝牙功能的设备如手机、计算机等智能终端配对连接，连接成功后，可以通过串口进行通信，而无须考虑蓝牙相关协议。HC05 模块如图 12.2.1 所示。

图 12.2.1　RC5 蓝牙 HC05 模块正反面图

该模块主从一体，可以通过 AT 指令设置让其工作于主模块或从模块。支持的波特率有 4800bps、9600bps、19200bps、38400bps、57600bps、115200bps、230400bps、460800bps、921600bps、1382400bps；模块兼容 5V 或 3.3V 单片机系统；在空旷地带，通信距离为 10m。HC05 模块引脚定义如表 12.2.1 所示。

表 12.2.1　HC05 模块引脚定义

序　号	名　称	描　述
1	STATE	蓝牙状态引出脚，未连接输出低电平，连接后输出高电平
2	RXD	蓝牙串口接收端口，通信时接另一个设备的 TXD
3	TXD	蓝牙串口发送端口，通信时接另一个设备的 RXD
4	GND	接电源地
5	Vcc	3.3～5V
6	EN	使能端，需要进入 AT 模式时接高电平

HC-05 嵌入式蓝牙串口通信模块具有两种工作模式：命令响应工作模式和自动连接工作模式。在命令响应工作模式下，用户可向模块发送各种 AT 指令，为模块设定控制参数或发送控制命令。在自动连接工作模式下模块又可分为三种工作模式：主角色（Master），查询周围蓝牙设备，并主动发起连接，建立设备间的透明数据传输通道；从角色（Slave），被动连接；回环角色（Loopback），被动连接，接收蓝牙主设备数据并将数据原样返回。

HC-05 模块通过 LED 指示蓝牙连接状态：快闪表示没有蓝牙连接；慢闪表示进入 AT 模式；双闪表示蓝牙已连接并打开了端口。

12.2.2 AT 命令设置

当模块处于命令响应工作模式时，用户可向模块发送 AT 指令，为模块设置名称、密码、波特率、工作模式等参数。AT 的命令格式为："AT+命令=参数\r\n"，成功返回"OK\r\n"或相应的参数，其中"\r\n"为回车换行。

注意：AT 指令中的"\r\n"为回车换行，只能回车一次，设置指令里的符号不能在中文状态下输入，否则会因为格式不符而无法返回相应的指令。

HC05 模块的部分 AT 指令如表 12.2.2 所示。

表 12.2.2　部分 HC05 模块的 AT 指令

功　能	指　令	响　应	参　数
测试指令	AT	OK	无
模块复位（重启）	AT+RESET	OK	无
恢复默认状态	AT+ORGL	OK	无
设置设备名称	AT+NAME=<Param>	OK	Param：蓝牙设备名称
查询设备名称	AT+NAME?	1．+NAME:<Param> OK——成功 2．FAIL——失败	
设置模块角色	AT+ROLE=<Param>	OK	Param：参数取值如下： 0——从角色（Slave）； 1——主角色（Master）； 2——回环角色（Slave-Loop）。 默认值：0
查询模块角色	AT+ ROLE?	+ ROLE:<Param> OK	
获取模块蓝牙地址	AT+ADDR?	+ADDR：<Param> OK	Param：模块蓝牙地址
设置模块角色	AT+ROLE=<Param>	OK	Param：参数取值如下： 0——从角色（Slave）； 1——主角色（Master）； 2——回环（Slave-Loop）
查询模块角色	AT+ ROLE?	+ ROLE:<Param> OK	
设置配对码	AT+PSWD=<Param>	OK	Param：配对码
查询配对码	AT+ PSWD?	+ PSWD ：<Param> OK	

续表

功　能	指　　令	响　　应	参　　数
设置串口参数	AT+UART=<Param>,<Param2>,<Param3>	OK	Param1：波特率（bits/s）。 取值如下（十进制）： 4800，9600，19200，38400，57600，115200，23400，460800，921600，1382400 Param2：停止位。 0——1 位，1——2 位。 Param3：校验位。 0——None； 1——Odd； 2——Even
查询串口参数	AT+ UART?	+UART=<Param>,<Param2>,<Param3> OK	

12.2.3　HC05 模块的命令设置步骤

将 USB 转 TTL 下载线与 HC05 模块进行连接。USB 转 TLL 模块有基于 PL2303 或 CH340 的，在使用下载线前，计算机需要安装相关的驱动程序。下载线一般包括 4 个接口：VCC、GND、RXD、TXD，具体的线序需要看厂家的定义。HC05 模块与下载线的引脚连接如图 12.2.2 所示，需要注意的是下载线的 RXD 要接 HC05 模块的 TXD，下载线的 TXD 要接 HC05 模块的 RXD。

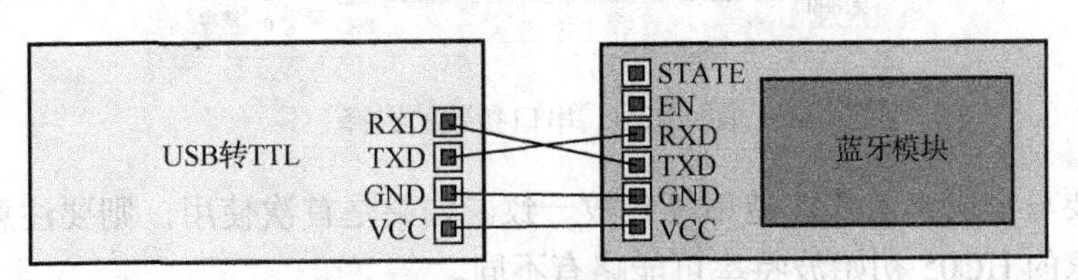

（a）HC05与下载线连接示意图

（b）HC05与下载线连接实物图

图 12.2.2　蓝牙模块与 USB 转 TTL 下载线连接图

一直按住 HC05 的按键，将模块连接至计算机，模块的 LED 慢闪，表示 HC05 进入 AT 模式，在快闪模式下，按住 HC05 的按键，也可以进入 AT 模式。在 AT 模式下，可以进行相应的设置，如图 12.2.3（a）所示。打开 STC-ISP 软件，在串口选择位置可以看到计算机分配给 USB 转 TTL 模块的端口，在这里，计算机分配给模块的串口号为 COM11。如图 12.2.3（b）所示。

选择“串口助手”选项卡，选择下载线分配的当前串口号，选择串口的波特率、校验位和停止位，如图 12.2.4 所示，选择“9600”，“无校验”，“1 位停止位”，单击“打开串口”。

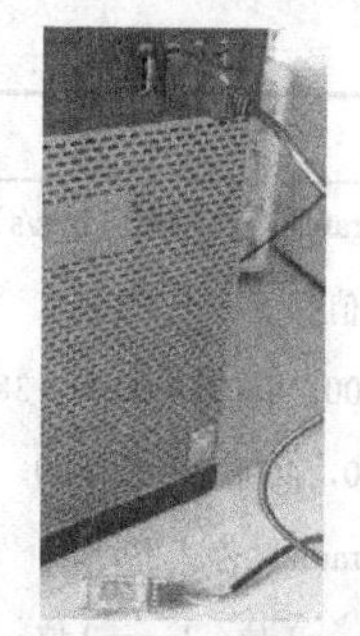

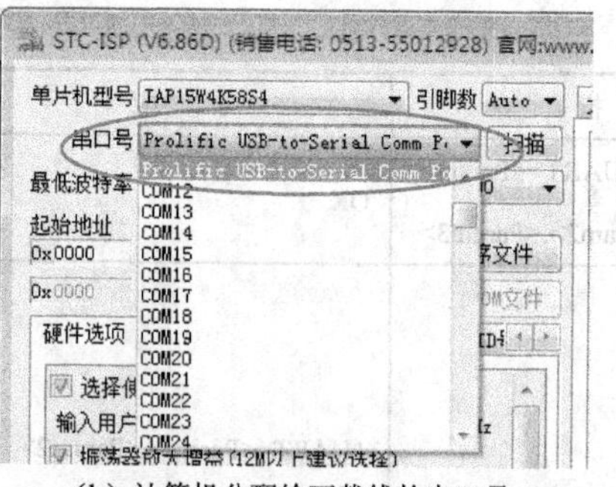

（a）下载线与计算机相连　　　　（b）计算机分配给下载线的串口号

图 12.2.3　实物连接及计算机分配给下载线的端口

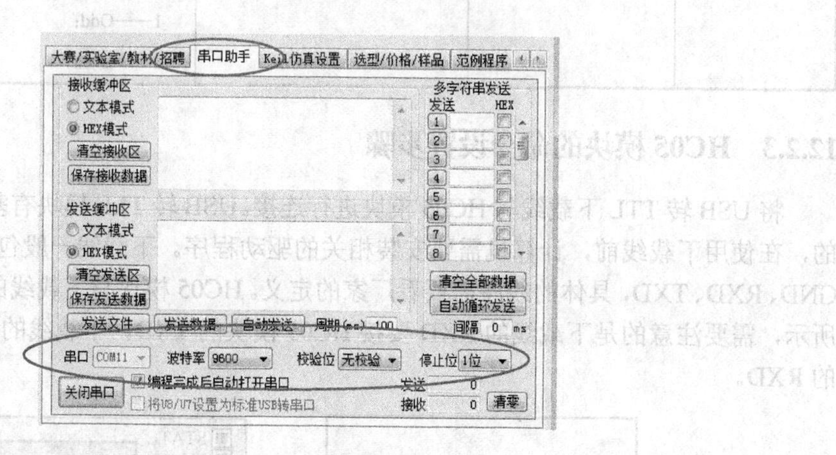

图 12.2.4　串口参数的选择

此处设置要与模块当前的波特率等参数一致。如果是首次使用，则要注意模块的默认波特率，不同厂家的 HC05 初始波特率可能略有不同。

发送 AT 命令进行测试。发送接收都选择“文本模式”，在发送缓冲区输入“AT\r\n”（“\r\n”表示回车换行，而且只能回车换行一次），单击“发送数据”按钮，相应返回“OK”，表示主机可以和蓝牙模块进行正常通信，如图 12.2.5 所示。

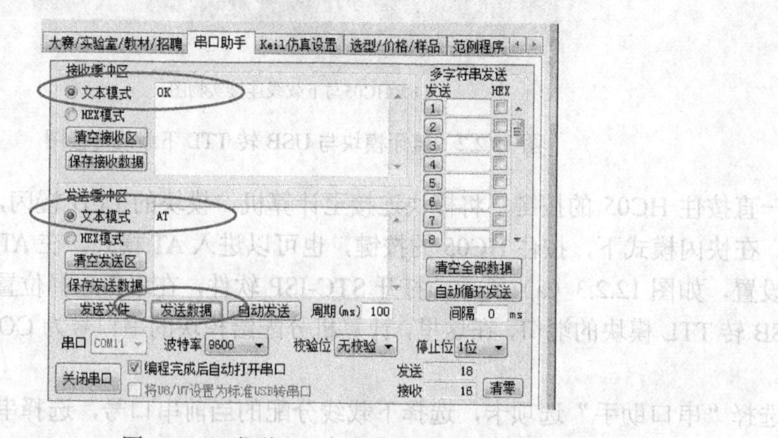

图 12.2.5　发送 AT 命令进行测试

设置名称，发送 AT 命令：AT+NAME=Cui215\r\n，单击“发送数据”按钮，返回“OK”，如图 12.2.6（a）所示。发送 AT 命令：AT+NAME?\r\n，单击“发送数据”按钮，返回“+NAME:Cui215\r\n OK”，如图 12.2.6（b）所示。

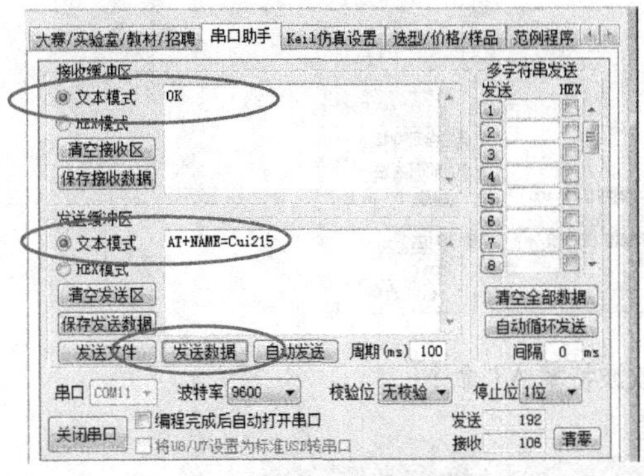

（a）发送设置名字 AT 命令

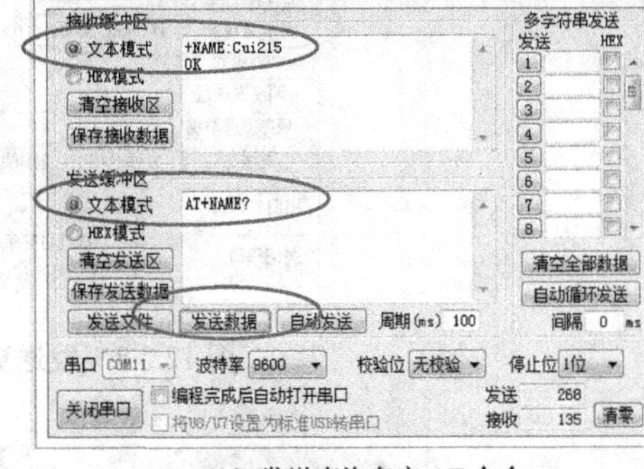

（b）发送查询名字 AT 命令

图 12.2.6 发送命名相关 AT 命令

设置密码，发送 AT 命令：AT+PSWD=123456\r\n，单击“发送数据”按钮，返回“OK”，将密码设置为“123456”，如图 12.2.7 所示。

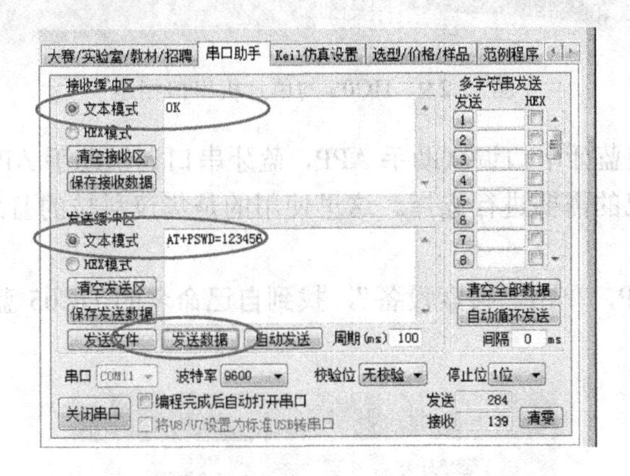

图 12.2.7 发送更改密码 AT 命令

设置波特率，发送 AT 命令：AT+UART=38400,0,0\r\n，单击“发送数据”按钮，返回“OK”。将波特率设置为“38400”，“无校验”，“1 位停止位”，如图 12.2.8 所示。

HC05 模块的默认角色是从角色，如果要更换为主模式，则发送 AT 命令 “AT+ROLE=1\r\n”进行设置。

蓝牙模块设置好之后，将蓝牙模块连接到单片机的串口，这里选择 IAP15W4K58S4 单片机的串口 1。将 HC05 的 VCC 和 GND 接到单片机的 VCC 和 GND；HC05 的 TXD 接到单片机的 P3.0(RXD)，HC05 的 RXD 接到单片机的 P3.1(TXD)。电路连接实物如图 12.2.9 所示。

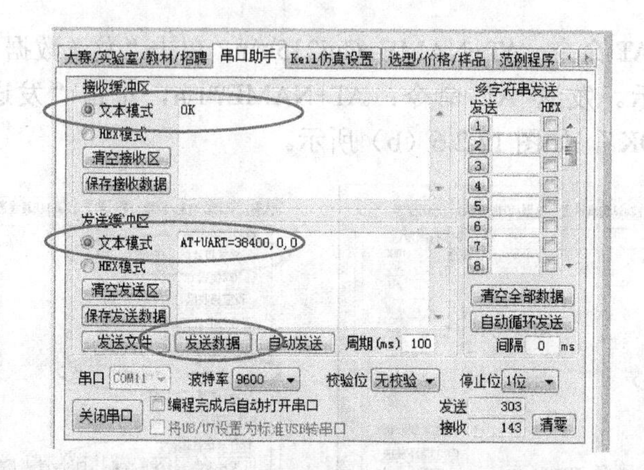

图 12.2.8　发送更改波特率 AT 命令

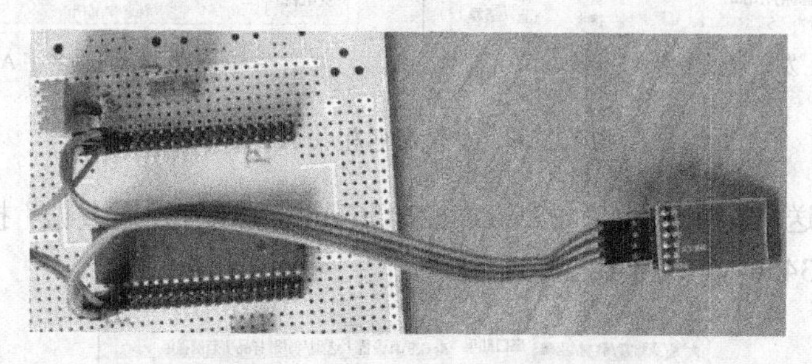

图 12.2.9　HC05 与单片机串口相连

手机端下载并安装蓝牙串口调试助手 APP，蓝牙串口调试助手 APP 有很多种，功能大致相同，用户可根据自己的需要进行选择。这里使用的是华茂科技的蓝牙串口调试助手。连接过程如下。

（1）首先打开 APP，单击“搜索设备”，找到自己命名的 HC05 蓝牙模块，如图 12.2.10 所示。

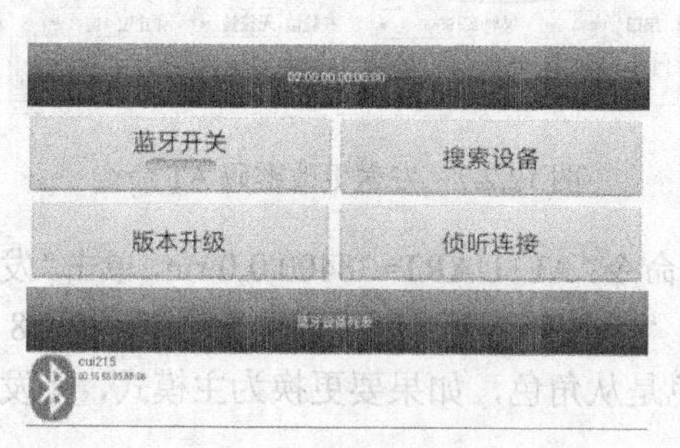

图 12.2.10　搜索蓝牙设备

（2）单击该蓝牙模块，输入连接密码，单击“确定”按钮后进行连接，如图 12.2.11（a）所示。连接成功后，HC05 模块的 LED 灯进入双闪模式。

（3）在 APP 的数据发送界面发送相应的信息，与蓝牙模块进行数据通信。例程中蓝牙模块收到数据后，会将收到的数据返回并且显示“Bluetooth transfer successfully”，如图 12.2.11（b）所示。

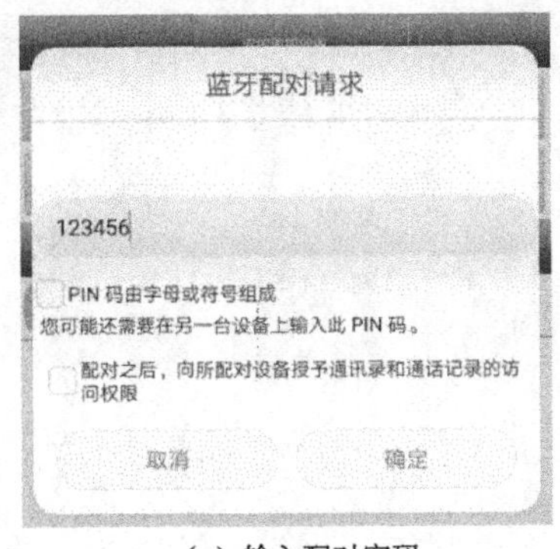

（a）输入配对密码

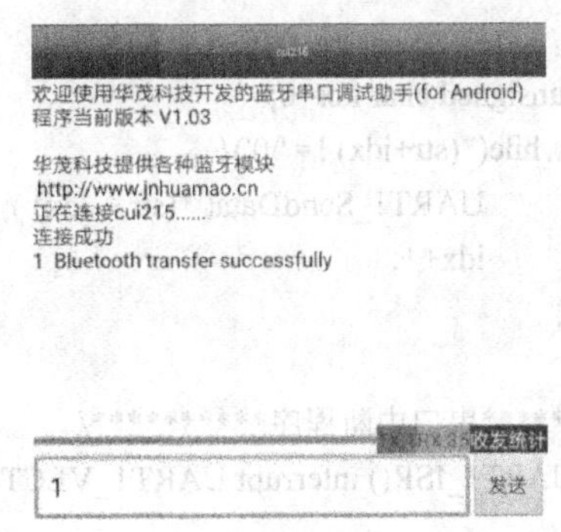

（b）发送数据

图 12.2.11　APP 与蓝牙模块的设置与通信

例 12.3　手机或计算机与单片机的蓝牙无线通信。

设置串口参数 9600bps，1 位停止位，无校验。HC05 的 TXD 接到单片机的 P3.0(RXD)，HC05 的 RXD 接到单片机的 P3.1(TXD)。

程序现象为：手机或计算机的蓝牙设备为主设备，连上 HC05 蓝牙模块后向单片机发送信息，单片机接收到信息后将信息返回，并发送“Bluetooth transfer successfully”给主设备。

```
#include <STC15Fxxxx.H>
bit rx_flag=0;                          //接收标志位
unsigned char rxbuf;                    //接收缓冲区
/**************波特率设置************/
void UART_Init(void)                    //9600bps@12.000MHz
{
    SCON = 0x50;                        //8 位数据，可变波特率
    AUXR &= 0xBF;                       //定时器 1 时钟为 Fosc/12，即 12T
    AUXR &= 0xFE;                       //串口 1 选择定时器 1 为波特率发生器
    TMOD &= 0x0F;                       //设定定时器 1 为 16 位自动重装方式
    TL1 = 0xE6;                         //设定定时初值
    TH1 = 0xFF;                         //设定定时初值
    ET1 = 0;                            //禁止定时器 1 中断
    TR1 = 1;                            //启动定时器 1
    REN = 1;                            //允许接收
    ES = 1;                             //允许中断
}
/*********串口发送数据************/
void UART1_SendData(unsigned char dat)
{
SBUF = dat;
TI = 0;
while(!TI);
}
/*********串口发送字符串**********/
void UART1_SendString(char *str)
```

```
{
    unsigned char idx=0;
    while(*(str+idx) != '\0'){
        UART1_SendData( *(str + idx) );
        idx++;
    }
}
/*********串口中断程序**********/
void UART1_ISR() interrupt UART1_VECTOR
{
    if(RI){
        RI = 0;                              //清除 RI 位
        rxbuf = SBUF;                        //在 PC 接收数据
        rx_flag = 1;
    }

    if (TI){
        TI = 0;                              //清除 TI 位
    }
}

/************主函数***********/
void main()
{
    UART_Init();
    EA = 1;
    while(1){
        if(rx_flag){              //接收到数据，然后返回成功，说明实现蓝牙传输功能
            rx_flag = 0;
            UART1_SendData(rxbuf);  //数据送回给 PC
            UART1_SendString("    Bluetooth transfer successfully\n");
        }
    }
}
```

第 13 章　电机及驱动介绍

13.1　电机驱动电路设计

13.1.1　三极管 H 桥设计

H 桥是一个典型的直流电机控制电路，因为它的电路形状酷似字母 H，故得名“H 桥”。常用于逆变器（D-A 转换），通过开关的开合将直流电（来自电池等）逆变为某个频率或可变频率的交流电，用于驱动交流电机（异步电机等）。

1．H 桥驱动电路

图 13.1.1 为一个典型的 H 桥直流电机驱动电路。图中电路包括 4 个三极管和一个电机。要使电机运转，需要使对角位置的三极管导通，根据不同三极管对的导通情况，电流可能会从左至右或从右至左流过电机，从而控制电机的转向。

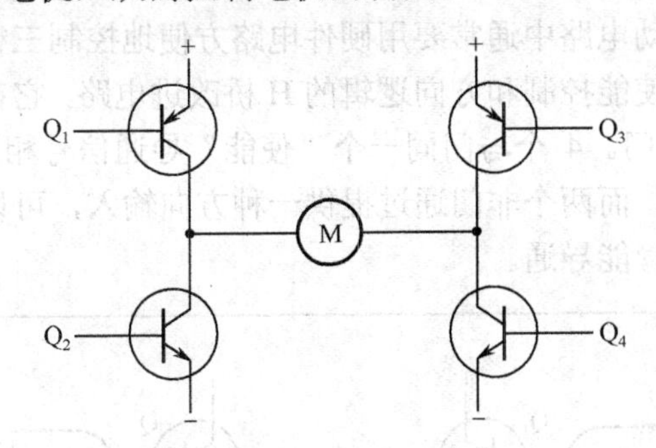

图 13.1.1　H 桥驱动电路

如图 13.1.2 所示，当三极管 Q_1 和 Q_4 导通时，电流从电源正极经 Q_1，从左至右流过电机，再经 Q_4 回到电源负极。电流方向如图 13.1.2 所示，该方向的电流将驱动电机顺时针转动。

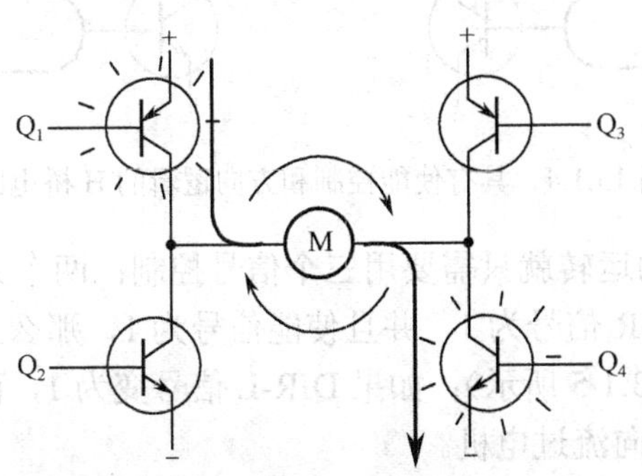

图 13.1.2　H 桥电路驱动电机顺时针转动

图 13.1.3 所示为另一对三极管 Q_2 和 Q_3 导通的情况，电流将从右至左流过电机，从而驱动电机逆时针转动。

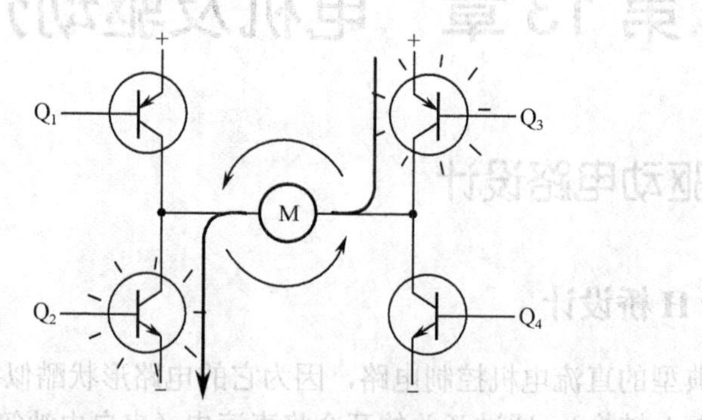

图 13.1.3　H 桥驱动电机逆时针转动

2．使能控制和方向逻辑

驱动电机时，必须保证 H 桥两个同侧的三极管不会同时导通。如果三极管 Q_1 和 Q_2 同时导通，那么电流就会从正极穿过 Q_1 和 Q_2 直接回到负极。此时，电路中除了三极管外没有其他任何负载，因此电路上的电流就可能达到最大值（电流仅与电源大小有关），很可能会烧坏三极管。因此，在实际驱动电路中通常要用硬件电路方便地控制三极管的开关。

图 13.1.4 所示是具有使能控制和方向逻辑的 H 桥改进电路，它在基本 H 桥电路的基础上增加了 4 个与门和两个非门。4 个与门同一个“使能”导通信号相连，这样，用这一个信号就能控制整个电路的开关。而两个非门通过提供一种方向输入，可以保证任何时候在 H 桥的同侧腿上都只有一个三极管能导通。

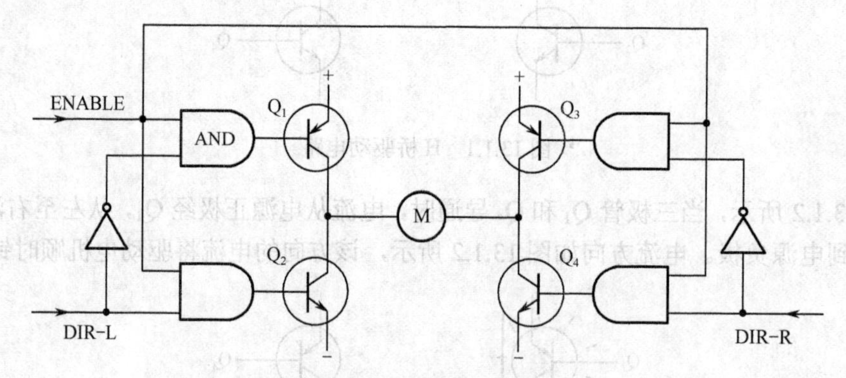

图 13.1.4　具有使能控制和方向逻辑的 H 桥电路

采用以上方法，电机的运转就只需要用三个信号控制：两个方向信号和一个使能信号。如果 DIR-L 信号为 0，DIR-R 信号为 1，并且使能信号为 1，那么三极管 Q_1 和 Q_4 导通，电流从左至右流经电机（如图 13.1.5 所示）；如果 DIR-L 信号变为 1，而 DIR-R 信号变为 0，那么 Q_2 和 Q_3 将导通，电流则反向流过电机。

图 13.1.6 是一分立元件的 H 桥驱动电路。在实际使用中，用分立元件搭建 H 桥电路是非常麻烦的，目前市面上有很多封装好的 H 桥集成电路，如 L298N、L9110、L293D、TA7257P、

SN754410 等，使用起来非常方便。

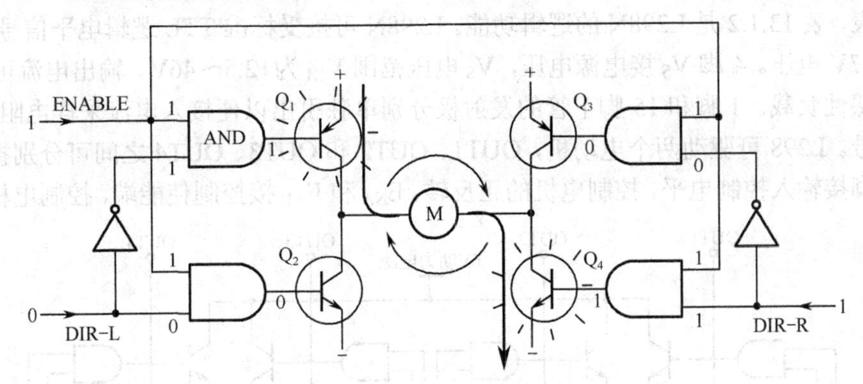

图 13.1.5　使能信号与方向信号的使用

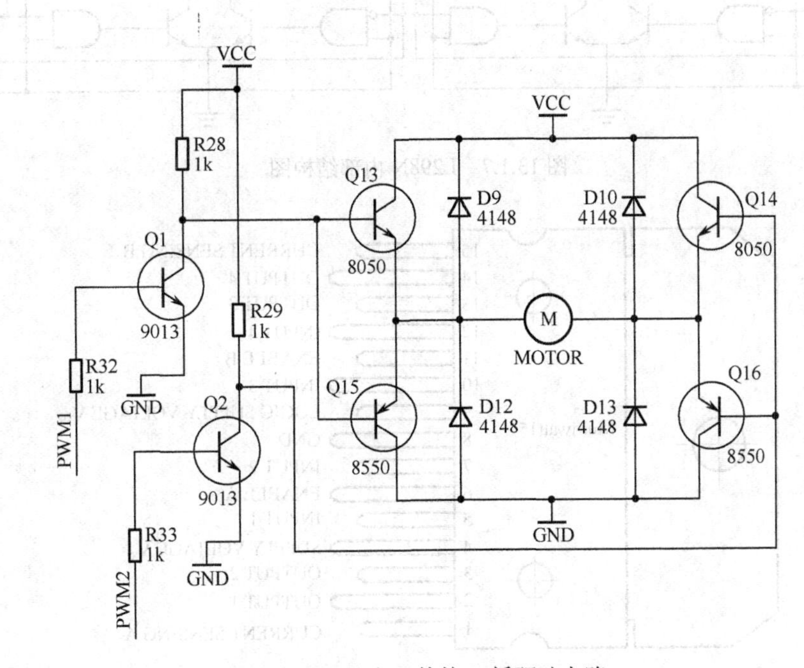

图 13.1.6　分立元件的 H 桥驱动电路

13.1.2　L298N 驱动芯片介绍

L298N 是 ST 公司生产的一种高电压、大电流电机驱动芯片。该芯片采用 15 脚封装。主要特点是：工作电压高，最高工作电压可达 46V；输出电流大，瞬间峰值电流可达 3A，持续工作电流为 2A；额定功率 25W。内含两个 H 桥的高电压大电流全桥式驱动器，可以用来驱动直流电动机和步进电动机、继电器线圈等感性负载；采用标准逻辑电平信号控制；具有两个使能控制端，在不受输入信号影响的情况下允许或禁止器件工作，有一个逻辑电源输入端，使内部逻辑电路部分在低电压下工作；可以外接检测电阻，将变化量反馈给控制电路。使用 L298N 芯片驱动电机，该芯片可以驱动一台两相步进电机或四相步进电机，也可以驱动两台直流电机。

图 13.1.7 是 L298N 内部结构图，图 13.1.8 是 L298N 引脚图，表 13.1.1 是 L298N 引脚符号及功能表，表 13.1.2 是 L298N 的逻辑功能。L298N 可接受标准 TTL 逻辑电平信号 V_{SS}，V_{SS} 可接 4.5～7V 电压。4 脚 V_S 接电源电压，V_S 电压范围 V_{IH} 为+2.5～46V。输出电流可达 2.5A，可驱动电感性负载。1 脚和 15 脚下管的发射极分别单独引出以便接入电流采样电阻，形成电流传感信号。L298 可驱动两个电动机，OUT1、OUT2 和 OUT3、OUT4 之间可分别接电动机。5,7,10,12 脚接输入控制电平，控制电机的正反转。E_{NA} 和 E_{NB} 接控制使能端，控制电机的停转。

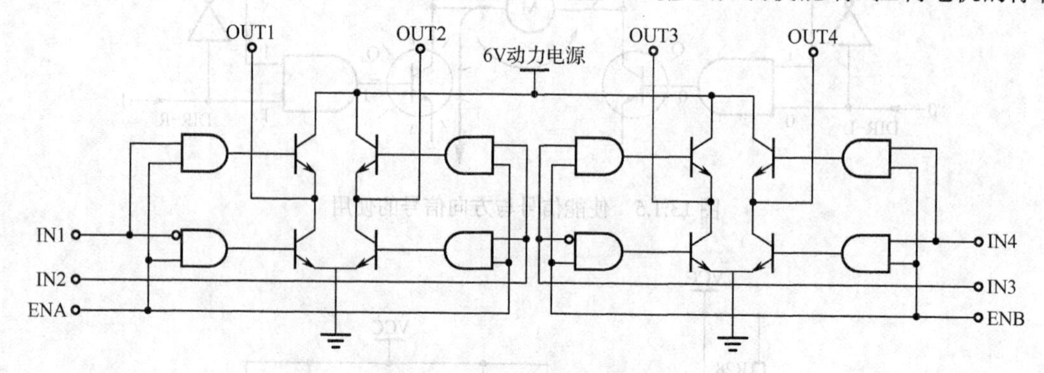

图 13.1.7　L298N 内部结构图

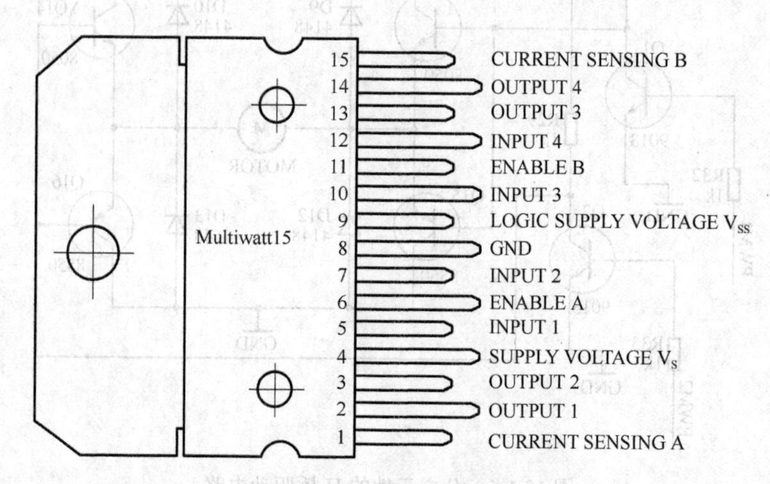

图 13.1.8　L298N 引脚图

表 13.1.1　L298N 引脚符号及功能表

引　脚	功　能
SENSA、SENSB	分别为两个 H 桥的电流反馈脚，不用时可以直接接地
ENA、ENB	使能端，输入 PWM 信号
IN1、IN2、IN3、IN4	输入端，TTL 逻辑电平信号
OUT1、OUT2、OUT3、OUT4	输出端，与对应输入端同逻辑
V_{CC}	逻辑控制电源，4.5～7V
V_{SS}	电机驱动电源，最小值需比输入的低电平电压高
GND	地

表 13.1.2　L298N 的逻辑功能

IN1	IN2	ENA	电 机 状 态
X	X	0	停止
1	0	1	顺时针
0	1	1	逆时针
0	0	0	停止
1	1	0	停止

13.1.3　L9110 芯片介绍

L9110 是为控制和驱动电机设计的两通道推挽式功率放大专用集成电路器件，将分立电路集成在单片 IC 之中，使外围器件成本降低，整机可靠性提高。图 13.1.9 是 L9110 引脚图，图 13.1.10 是 L9110 引脚波形图，该芯片有两个 TTL/CMOS 兼容电平的输入，具有良好的抗干扰性；两个输出端能直接驱动电机的正反向运动，它具有较大的电流驱动能力，每通道能通过 750～800mA 的持续电流，峰值电流能力可达 1.5～2.0A。同时它具有较低的输出饱和压降；内置的钳位二极管能释放感性负载的反向冲击电流，使它在驱动继电器、直流电机、步进电机或开关功率管的使用上安全可靠。L9110 被广泛应用于玩具汽车电机驱动、步进电机驱动和开关功率管等电路上。表 13.1.3 是 L9110 引脚定义，表 13.1.4 是 L9110 逻辑功能真值表。

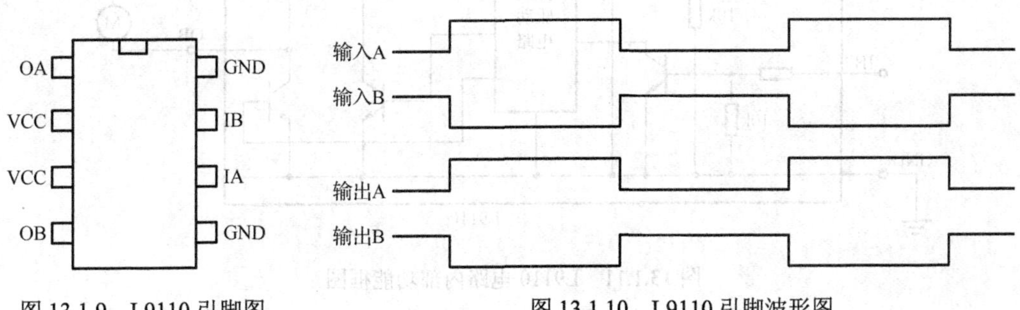

图 13.1.9　L9110 引脚图　　图 13.1.10　L9110 引脚波形图

L9110 具有以下特点：低静态工作电流；宽电源电压范围（2.5V～12V）；每通道具有 800mA 连续电流输出能力；较低的饱和压降；输出具有正转、反转、高阻和刹车四种状态；TTL/CMOS 输出电平兼容，可直接连 CPU；输出内置钳位二极管，适用于感性负载；控制和驱动集成于单片 IC 之中；具备引脚高压保护功能；工作温度为-20℃～80℃。图 13.1.11 是 L9110 电路内部功能框图，图 13.1.12 是 L9110 应用电路图。

表 13.1.3　L9110 引脚定义

序　号	符　号	功　能
1	OA	A 路输出
2	VCC	电源电压
3	VCC	电源电压

续表

序 号	符 号	功 能
4	OB	B 路输出
5	GND	地线
6	IA	A 路输入
7	IB	B 路输入
8	GND	地线

表 13.1.4 L9110 逻辑功能真值表

IA	IB	OA	OB
H	L	H	L
L	H	L	H
L	L	L（刹车）	L（刹车）
H	H	Z（高阻）	Z（高阻）

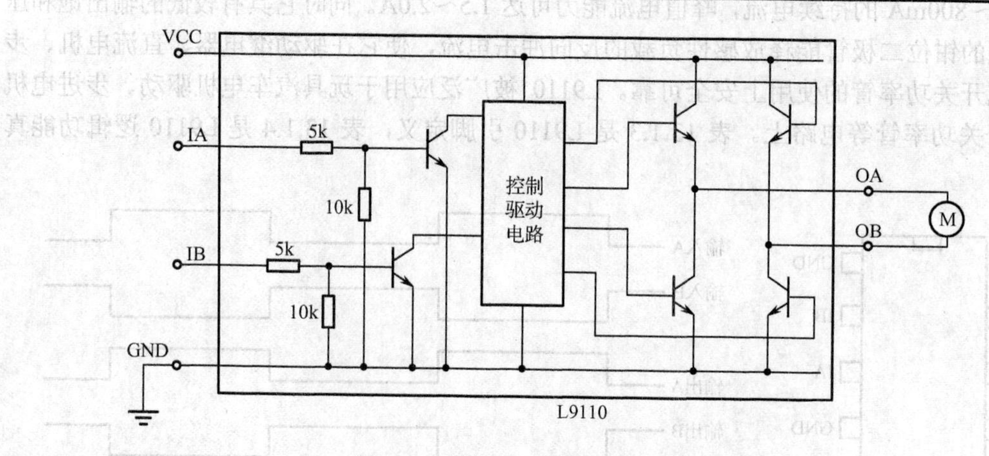

图 13.1.11 L9110 电路内部功能框图

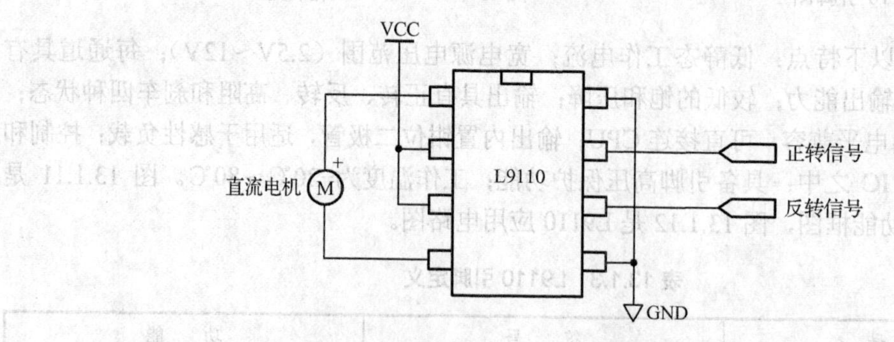

图 13.1.12 L9110 应用电路图

13.2　直流电机控制

13.2.1　L298N 双 H 桥直流电机驱动芯片介绍

实验中，我们使用 L298N 双 H 桥直流电机驱动芯片，图 13.2.1 是 L298N 电机驱动模块实物图，图 13.2.2 是 L298N 电机驱动应用电路。驱动部分端子供电范围为+5～+35V；如需要板内取电，则供电范围为+7～+35V；驱动部分峰值电流为 2A；逻辑部分端子供电范围为+5～+7V（可板内取电+5V）；逻辑部分工作电流范围为 0～36mA。控制信号输入电压范围为：低电平−0.3V≤V_{in}≤1.5V，高电平 2.3≤V_{in}≤Vss。使能信号输入电压范围为：低电平−0.3≤V_{in}≤1.5V（控制信号无效），高电平 2.3V≤V_{in}≤Vss（控制信号有效）。最大功耗：20W（温度 T=75℃时）；存储温度：−25℃～+130℃；驱动板尺寸：55mm×49mm×33mm（带固定铜柱和散热片高度）；驱动板重量 33g；其他扩展：控制方向指示灯、逻辑部分板内取电接口。

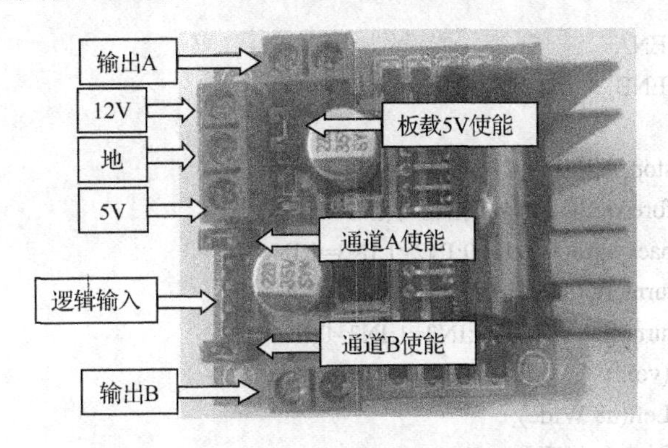

图 13.2.1　L298N 电机驱动模块实物图

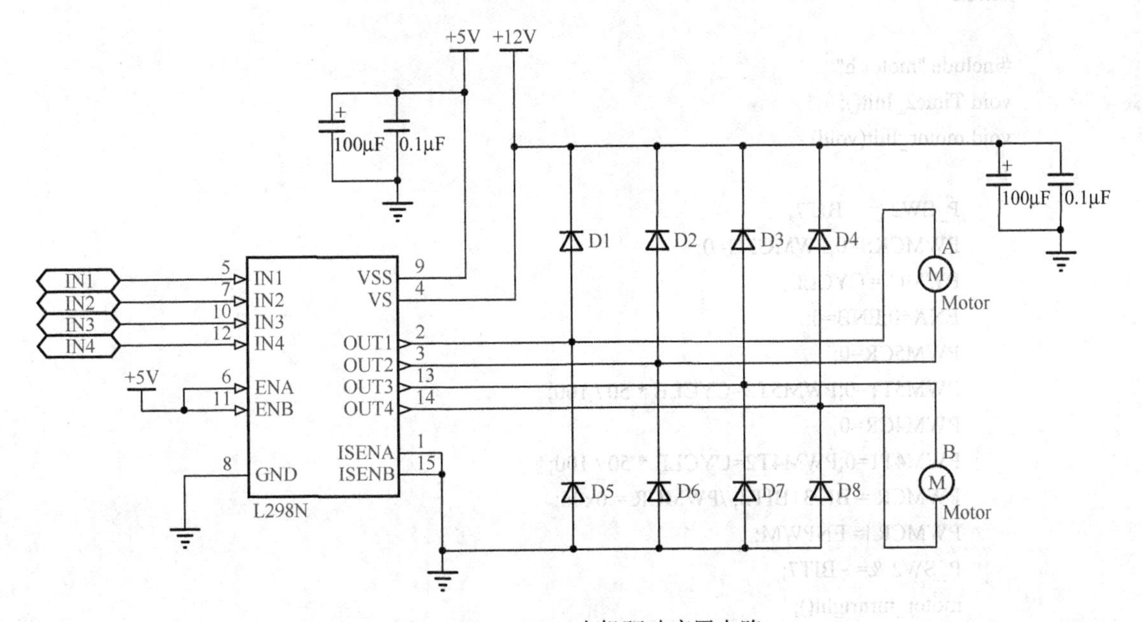

图 13.2.2　L298N 电机驱动应用电路

```
MOTOR.H
#ifndef _MOTOR_H
#define _MOTOR_H

#include <STC15Fxxxx.H>

sbit IN1=P2^7;
sbit IN2=P2^6;
sbit IN3=P2^5;
sbit IN4=P2^4;

sbit ENA=P2^3;
sbit ENB=P2^2;

#define PWM4 ENA
#define PWM5 ENB

#define motor_stop() {IN1=0;IN2=0;IN3=0;IN4=0;}
#define motor_foreward() {IN1=1;IN2=0;IN3=0;IN4=1;}
#define motor_backward() {IN1=0;IN2=1;IN3=1;IN4=0;}
#define motor_turnleft() {IN1=1;IN2=0;IN3=1;IN4=0;}
#define motor_turnright() {IN1=0;IN2=1;IN3=0;IN4=1;}
void motor_Init(void);
void SetSpeed_Left(u8 Wide);
void SetSpeed_Right(u8 Wide);
#endif

#include "motor.h"
void Time2_Init();
void motor_Init(void)
{
    P_SW2 |=    BIT7;
    PWMCKS=0;PWMCFG=0;
    PWMC = CYCLE;
    ENA=0;ENB=0;
    PWM5CR=0;
    PWM5T1=0;PWM5T2=CYCLE * 50 / 100;
    PWM4CR=0;
    PWM4T1=0;PWM4T2=CYCLE * 50 / 100;
    PWMCR = BIT3+BIT2;//PWMCR = 0x06;
    PWMCR |= ENPWM;
    P_SW2 &= ~BIT7;
    motor_turnright();
```

```
        SetSpeed_Left(20);
        SetSpeed_Right(20);
}
void SetSpeed_Left(u8 wide)
{
    if(wide){
        P_SW2 |= BIT7;
        PWM4T2=(u16)(CYCLE/(100.0/wide));
        P_SW2 &= ~BIT7;
        PWMCR |= BIT2;
    }else{
        PWMCR &= ~BIT2;
        PWM4=1;
    }
}
void SetSpeed_Right(u8 wide)
{
    if(wide){
        P_SW2 |= BIT7;
        PWM5T2=(u16)(CYCLE/(100.0/wide));
        P_SW2 &= ~BIT7;
        PWMCR |= BIT3;
    }else{
        PWMCR &= ~BIT3;
        PWM5=1;
    }
}
```

13.2.2 L298N 双 H 桥直流电机驱动

L298N 双 H 桥驱动板可驱动两路直流电机，使能端 ENA、ENB 为高电平时有效，控制方式及直流电机状态表如表 13.2.1 所示。

表 13.2.1 控制方式及直流电机状态表

ENA	IN1	IN2	直流电机状态
0	X	X	停止
1	0	0	制动
1	0	1	正转
1	1	0	反转
1	1	1	制动

若要对直流电机进行 PWM 调速，需设置 IN1 和 IN2，确定电机的转动方向，然后对使能端输出 PWM 脉冲，即可实现调速。注意：当使能信号为 0 时，电机处于自由停止状态；当使能信号为 1，且 IN1 和 IN2 为 00 或 11 时，电机处于制动态，阻止电机转动。

13.3 步进电机

步进电机有多种减速比，如 1∶64、1∶32、1∶16。以 28BYJ-48 为例，对步进电机基本原理进行简单介绍，28BYJ-48 参数如表 13.3.1 和表 13.3.2 所示。

表 13.3.1 28BYJ-48 参数

型　号	电　压	相　数	步 距 角	减 速 比
28BYJ-48	5V	4	5.625/16	1∶16

表 13.3.2 28BYJ-48 参数

序　号	颜　色	描　述
1	红	+5V
2	橙	A
3	黄	B
4	粉	C
5	蓝	D

该步进电机为四相八拍步进电机，采用单极性直流电源供电。只要对步进电机的各相绕组按合适的时序通电，就能使步进电机步进转动。图 13.3.1 是该四相反应式步进电机工作原理示意图。

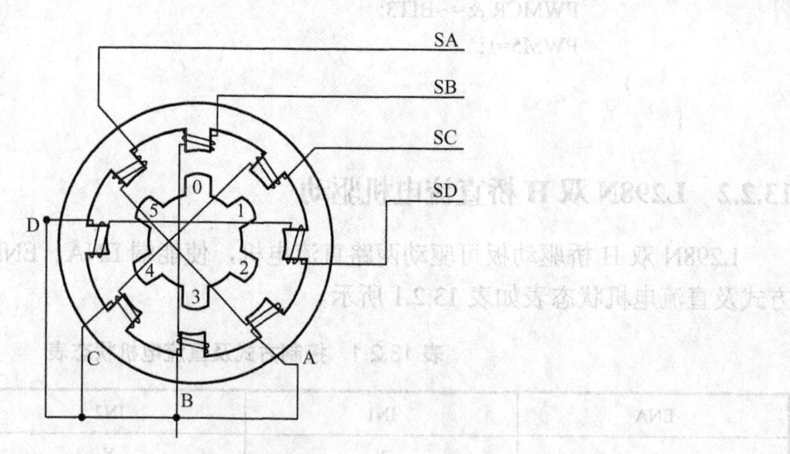

图 13.3.1 四相步进电机步进示意图

开始时，开关 SB 接通电源，SA、SC、SD 断开，B 相磁极和转子 0、3 号齿对齐，同时，转子的 1、4 号齿就和 C、D 相绕组磁极产生错齿，2、5 号齿就和 D、A 相绕组磁极产生错齿。

当开关 SC 接通电源，SB、SA、SD 断开时，由于 C 相绕组的磁力线和 1、4 号齿之间磁力线的作用，使转子转动，1、4 号齿和 C 相绕组的磁极对齐。而 0、3 号齿和 A、B 相绕组产生错齿，2、5 号齿就和 A、D 相绕组磁极产生错齿。依次类推，A、B、C、D 四相绕组轮流供电，则转子会沿着 A→B→C→D 方向转动。

四相步进电机按照通电顺序的不同，可分为单四拍、双四拍、八拍三种工作方式。单四拍与双四拍的步距相等，但单四拍的转动力矩小。八拍工作方式的步距角是单四拍与双四拍的一半，因此，八拍工作方式既可以保持较高的转动力矩又可以提高控制精度。单四拍、双四拍与八拍工作方式的电源通电时序与波形如图 13.3.2 所示。

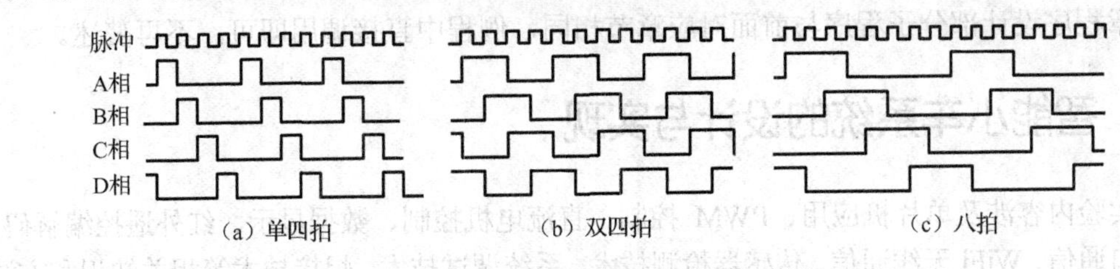

图 13.3.2 步进电机工作时序波形图

旋转度的算法：给予一个脉冲，该步进电机内部转子旋转 5.625°，由于自带减速齿轮组，故外部主轴旋转度为 5.625/减速比，根据要转动的度即可推算出脉冲数。

第14章 实训项目

本章程序设计部分子程序与前面对应章节相同，例程中直接调用即可，不再赘述。

14.1 智能小车系统的设计与实现

本实验内容涉及单片机应用、PWM 控制、直流电机控制、数据显示、红外遥控编解码、蓝牙串口通信、WiFi 无线通信、传感器检测技术、系统调试技术、焊接技术等相关知识和方法。

14.1.1 项目功能要求

设计基于 IAP15W4K58S4 单片机的智能小车控制系统，实验内容分为三个层次：基础层、提高层和研究层。

（1）基础层（必做）：设计并焊接实现小车的各种运行状态。

① 设计并焊接实现按键控制小车的各种运行状态，包括启动停止、前进倒退、加速减速等；

② 设计并焊接实现使用数码管、LCD 等显示器件监测小车的运行状态，请自行定义要显示的内容，如运行状态、运行速度挡位等。

（2）提高层（可三选一）：设计并焊接实现无线数据传输控制小车的运行状态。

① 使用具有蓝牙功能的 PC 或手机，设计通过蓝牙实现无线数据传输，进而遥控小车的各种运行状态；

② 使用具有 WiFi 功能的 PC 或手机，设计通过 WiFi 实现无线数据传输进而遥控小车的各种运行状态；

③ 使用多种编码格式的红外遥控器设计解码算法，实现红外遥控小车的各种运行状态。

（3）创新层（选做）：使用多种传感器件设计实现小车的智能控制。

① 基于超声波传感器实现小车自动避障；

② 基于红外线传感器实现小车自动寻迹；

③ 可自行补充其他功能。

14.1.2 项目设计方案

实验系统采用 IAP15W4K58S4 单片机作为整个控制系统电路的核心部件，需要设计 6 个功能模块：电源模块、显示模块、控制模块、报警模块、直流电机驱动模块及选做模块，系统设计框图如图 14.1.1 所示。

电源模块可选择将市电转换成直流+5V 电源给整个系统供电，或选择安装移动电源供电。显示模块监测直流电机的运行模式，显示器件可以选用 LCD1602、四位一体数码管或点阵。控制模块用于控制单片机输出不同 PWM 波，控制电机的多种运行模式，可以选用按键、红外遥控、蓝牙串口控制或 WiFi 数据控制，其中红外遥控可选择 NEC、RC5 等多种编码格式，蓝牙和 WiFi 可选择 PC 或带蓝牙功能的手机。报警模块可以选用有源蜂鸣器或扬声器实现。

直流电机驱动模块可选择三极管构成的 H 桥驱动电路，或选择电机驱动专用芯片 L298N、L9110 等。

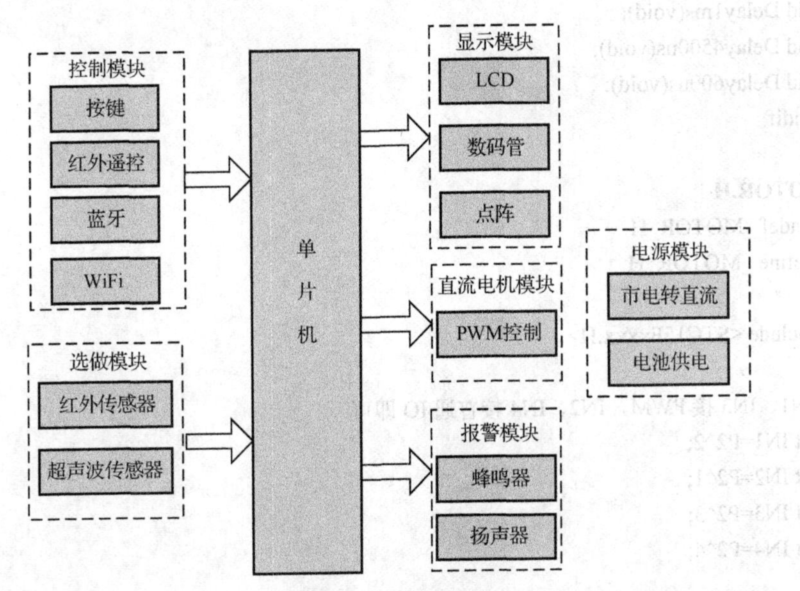

图 14.1.1 系统设计框图

14.1.3 部分功能程序设计

设计并焊接实现按键控制小车的各种运行状态，包括启动停止、前进倒退、加速减速等；并通过蓝牙无线通信控制小车的状态。

在本例中，手机连上蓝牙模块后发送（每个指令最后以换行结束）：

发送 so 表示启动（set open）；

发送 sq 表示停止（set quit）；

发送 sf 表示前进（set forward）；

发送 sb 表示后退（set backward）；

发送 sa 表示加速（set accelerate）；

发送 sd 表示减速（set decelerate）。

```
DELAY.H
#ifndef _DELAY_H
#define _DELAY_H
#include <STC15Fxxxx.H>
#include <intrins.h>
void Delay_200ms(void);
void Delay500us(void);
void Delay50us(void);
void Delay3us(void);
void Delay_Nms(unsigned int n_ms);
void Delay30us(void);
```

```
void Delay10us(void);
void Delay900us(void);
void Delay1ms(void);
void Delay4500us(void);
void Delay600us(void);
#endif
```

MOTOR.H

```
#ifndef _MOTOR_H
#define _MOTOR_H

#include <STC15Fxxxx.H>

//IN1、IN3 接 PWM，IN2、IN4 接普通 IO 即可
sbit IN1=P2^2;
sbit IN2=P2^1;
sbit IN3=P2^3;
sbit IN4=P2^4;

#define PWM4 IN1
#define PWM5 IN3
#define BIT0 (1<<0)
#define BIT1 (1<<1)
#define BIT2 (1<<2)
#define BIT3 (1<<3)
#define BIT4 (1<<4)
#define BIT5 (1<<5)
#define BIT6 (1<<6)
#define BIT7 (1<<7)
#define CYCLE 0x7fffl

void MT_Init(void);
void MT_SetSpeed(unsigned char wide);
void MT_Stop(void);
void MT_Start(void);
void MT_Backward(void);
void MT_Forward(void);

#endif
```

MOTOR.C

```
#include "motor.h"

unsigned char curr_speed;
unsigned char run_flag=1;                    //1 代表当前正在运行，0 代表当前为停止状态
```

```
unsigned char run_direct=1;                    //1 表示当前为正转，0 表示当前为反转

void MT_Init(void)
{
    P2M0 = 0; P2M1 = 0;
    P_SW2 |=   BIT7;
    PWMCKS = 0;
    PWMCFG = 0;
    PWMC = CYCLE;                              //设置周期

    PWM5CR = 0;
    PWM5T1 = 0;
    PWM5T2 = CYCLE * 50 / 100;                 //双路占空比
    PWM4CR = 0;
    PWM4T1 = 0;
    PWM4T2 = CYCLE * 50 / 100;

    PWMCR = BIT3+BIT2;                         //使能 pwm 输出
    PWMCR |= ENPWM;
    P_SW2 &= ~BIT7;

    MT_Forward();
    MT_SetSpeed(0);
    curr_speed = 0;
    run_flag = 1;
}

//设置小车速度
void MT_SetSpeed(unsigned char wide)
{
    if(run_flag){                              //只有在启动模式才能改变速度
        curr_speed = wide;
        if(!run_direct) wide = 100-wide;       //正反转占空比需要反转
        if(wide){
            P_SW2 |= BIT7;
            PWM5T2 = (u16)(CYCLE/(100.0/wide));     //设置占空比
            PWM4T2 = (u16)(CYCLE/(100.0/wide));
            P_SW2 &= ~BIT7;
            PWMCR |= BIT3+BIT2;

        }
    else{
            PWMCR &= ~(BIT3+BIT2);
            IN1 = 0;IN2 = 0;IN3 = 0;IN4 = 0;
        }
```

```
        }
    }
    //正转
    void MT_Forward(void)
    {
        IN2 = 0;IN4 = 0;
        run_direct = 1;
        MT_SetSpeed(curr_speed);
    }
    //反转
    void MT_Backward(void)
    {
        IN2 = 1;IN4 = 1;
        run_direct = 0;
        MT_SetSpeed(curr_speed);
    }

    //小车停止
    void MT_Stop(void)
    {
        PWMCR &= ~(BIT3+BIT2);
        IN1 = 0;IN2 = 0;IN3 = 0;IN4 = 0;
        run_flag = 0;
    }
    //小车启动
    void MT_Start(void)
    {
        run_flag = 1;
        MT_SetSpeed(curr_speed);
    }
```

DELAY.C

```
#include "Delay.h"
/*************延时程序************/
void Delay_200ms(void)
{
    unsigned char i, j, k;
    _nop_();
    _nop_();
    i = 10;
    j = 31;
    k = 147;
    do{
        do{
            while(--k);
```

```
            } while(--j);
        } while(--i);
}

void Delay_Nms(unsigned int n_ms)              //@12.000MHz
{
        unsigned char i, j;
        while(n_ms--){
                i = 12;
                j = 169;
                do
                {
                        while (--j);
                } while (--i);
        }
}

/***********延时函数****************/
void Delay500us()                              //@12.000MHz
{
        unsigned char i, j;
        i = 6;
        j = 211;
        do
        {
                while (--j);
        } while (--i);
}
void Delay50us()                               //@12.000MHz
{
        unsigned char i, j;
        i = 1;
        j = 146;
        do
        {
                while (--j);
        } while (--i);
}
void Delay3us()                                //@12.000MHz
{
        unsigned char i;
        _nop_();
        _nop_();
        i = 6;
        while (--i);
```

```
}
void Delay30us()                              //@12.000MHz
{
    unsigned char i;
    _nop_();
    _nop_();
    i = 87;
    while (--i);
}
void Delay10us()                              //@12.000MHz
{
    unsigned char i;
    _nop_();
    _nop_();
    i = 27;
    while (--i);
}
void Delay900us()                             //@12.000MHz
{
    unsigned char i, j;
    i = 11;
    j = 126;
    do
    {
        while (--j);
    } while (--i);
}
void Delay1ms()                               //@12.000MHz
{
    unsigned char i, j;

    i = 12;
    j = 169;
    do
    {
        while (--j);
    } while (--i);
}
void Delay4500us()                            //@12.000MHz
{
    unsigned char i, j;

    i = 53;
    j = 132;
    do
```

```
        {
            while (--j);
        } while (--i);
}
void Delay600us()                                    //@12.000MHz
{
        unsigned char i, j;

        i = 7;
        j = 254;
        do
        {
            while (--j);
        } while (--i);
}
```

MAIN.C

```
#include <STC15Fxxxx.H>
#include "Delay.h"
#include "uart.h"
#include "LCD1602.h"
#include "motor.h"

unsigned char recData[32],recIdx=0;
unsigned char speed=0;
unsigned char rec_flag=0;
unsigned char sys_state;
unsigned char cnt=0;

void main()
{
        unsigned char i=0;
        P5M0 = 0;P5M1 = 0;
        P0M0 = 0;P0M1 = 0;
        P1M0 = 0;P1M1 = 0;
        P2M0 = 0;P2M1 = 0;
        UART1_Init();
        MT_Init();
        LCD1602_Init();
        EA = 1;

        LCD1602_ClearLine(0);LCD1602_ClearLine(1);
        LCD1602_DisplayString(0,0,"State:          ");
        LCD1602_DisplayString(1,0,"Speed:          ");
        LCD1602_WriteNum(1,6,speed);
```

```
        LCD1602_DisplayString(0,6,"run          ");

        while(1){
            Delay_Nms(100);
            if(rec_flag){
                rec_flag = 0;
                switch(recData[1]){
                    case 'o':                       //启动
                        UART1_SendString("start\n");
                        MT_Start();
                        LCD1602_DisplayString(0,6,"run          ");
                    break;
                    case 'q':                       //停止
                        UART1_SendString("quit\n");
                        sys_state = 0;
                        MT_Stop();
                        LCD1602_DisplayString(0,6,"quit         ");
                    break;
                    case 'f':                       //前进
                        UART1_SendString("forward\n");
                        MT_Forward();
                        LCD1602_DisplayString(0,6,"forward     ");
                    break;
                    case 'b':                       //后退
                        UART1_SendString("backward\n");
                        MT_Backward();
                        LCD1602_DisplayString(0,6,"backward  ");
                    break;
                    case 'a':                       //加速
                        UART1_SendString("accelerate\n");
                        sys_state = 1;
                        LCD1602_DisplayString(0,6,"accelerate");
                    break;
                    case 'd':                       //减速
                        UART1_SendString("decelerate\n");
                        sys_state = 2;
                        LCD1602_DisplayString(0,6,"decelerate");
                    break;
                    default:break;
                }
            }

            switch(sys_state){
                case 0x01:                          //加速
                    if(cnt++>10){
```

```
                cnt = 0;
                if(speed<99)     speed ++;
                MT_SetSpeed(speed);

            }
        break;
        case 0x02:                              //减速
            if(cnt++>10){
                cnt = 0;
                if(speed>1)speed --;
                MT_SetSpeed(speed);
            }
        break;
        default:break;
    }
    LCD1602_DisplayString(1,6,"  ");
    LCD1602_WriteNum(1,6,speed);
  }
}

void Uart_Handler() interrupt 4
{
    static unsigned char bTemp;
    /* 串口接收 */
    if(RI)
    {
        RI = 0;                                 //清除中断标志
        bTemp = SBUF;                           //读出数据
        recData[recIdx] = bTemp;
        if(recData[recIdx] == 's')    recIdx = 0;
        else if(recData[recIdx]==0x0A && recIdx>1){
            if(recData[recIdx-1] == 0x0D)       //以接收到 0D 0A 为帧结束符
                rec_flag = 1;

        }
        recIdx ++;
        if(recIdx>32) recIdx = 0;
    }
    if (TI){
        TI = 0;                                 //清除 TI 位
    }
}
```

14.2 智能调速风扇的设计与实现

本实验内容涉及单片机应用、PWM 控制、直流电机控制、数据显示、蓝牙串口通信、

WiFi 无线通信、传感器检测技术、系统调试技术、焊接技术等相关知识和方法。

14.2.1 项目功能要求

设计并制作基于 51 单片机的智能风扇系统，具体内容包括基础层、提高层和创新层。

（1）基础层（必做）：设计并焊接实现智能风扇的基本功能，各功能模块的实现方式任选。

① 设计并焊接实现使用按键、红外遥控设置并控制风扇的各种状态，包括设置温度上下限值，控制风扇启动、停止、转速变换等；

② 采用 DS18B20 温度传感器进行温度检测，温度测量范围为 0～99.9℃。

③ 设计并焊接实现使用数码管、LCD 等显示器件显示温度值，显示当前温度值、设定温度值等，温度精确到小数点显示。

④ 设计并焊接实现极限速度报警功能。

（2）提高层（至少选做其一）：利用无线通信或其他传感器件设计实现风扇的智能控制。

① 利用蓝牙模块或 WiFi 无线模块设置并控制风扇状态；

② 利用红外热释电传感器对人体进行感应，从而控制风扇的停止和启动。

（3）创新层（选做）。

在完成以上两层内容的基础上自主开发设计其他功能。

14.2.2 项目设计方案

实验系统采用 IAP15W4K58S4 单片机作为整个控制系统电路的核心部件，需要设计 6 个功能模块：电源模块、控制模块、显示模块、直流电机驱动模块、人体感应模块及选做的智能模块。实现方案多样，系统设计框图如图 14.2.1 所示。

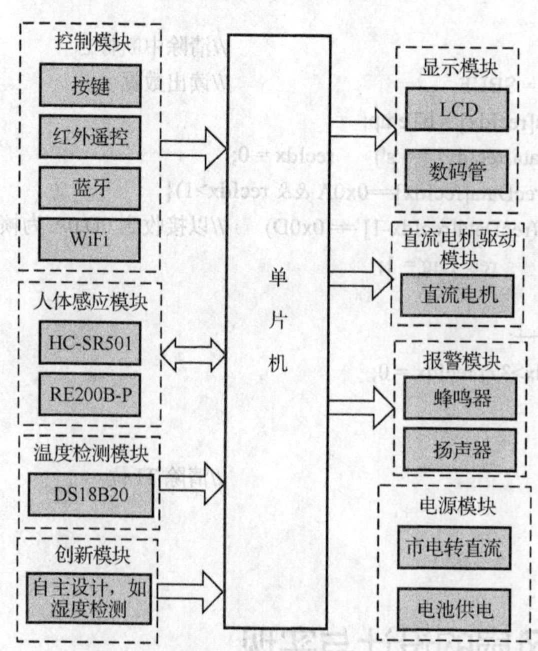

图 14.2.1 系统设计框图

电源模块中，可选择将市电转换成直流+5V 电源给整个系统供电，或选择安装电池盒或充电宝供电。显示模块显示当前温度和设置温度，显示器件可以选用 LCD1602、LCD12864 或数码管。直流电机驱动模块可选择三极管构成的H桥驱动电路，或选择电机驱动专用芯片 L298N、L9110 等。控制模块可以选用按键、红外遥控、蓝牙串口控制或 WiFi 数据控制，其中红外遥控可选择 NEC、RC5 等多种编码格式，蓝牙和 WiFi 可选择 PC 或带蓝牙功能的手机；利用控制器控制单片机发出不同的 PWM 波，控制电机的多种运行模式。报警模块可以选用蜂鸣器或扬声器实现极限速度报警。人体感应模块可以选用 HC-RS501 或 RE200B-P 等红外热释电人体感应模块对人员进行检测，从而控制风扇启动和停止。

14.2.3 部分功能程序设计

采用 DS18B20 温度传感器进行温度检测，温度测量范围为 0～99.9℃。采用 LCD1602 显示当前温度值与设定温度值，并可通过红外遥控设置风扇转速及状态（暂停、运行）及设置温度上下限。

在例子中，按红外遥控器按红色 CH-键，温度上限 Up 减 1；按红色 CH+键，温度上限 Up 加 1；按深绿往左键，温度下限 Dw 减 1；按深绿往右键，温度下限 Dw 加 1；按浅绿播放暂停键，风扇暂停或运行；按紫色-键，风扇速度加 10；按紫色+键，风扇速度减 10。

IR_RECEIVE.H

```
#ifndef _IR_RECEIVE_H
#define _IR_RECEIVE_H

#include "main.h"

sbit Ir_Pin=P5^4;

//#define IR_LENGTH 48
//unsigned char IR_Yima(unsigned char tmp);
unsigned char IR_Delay_Receive_GetData(unsigned char *mydata);

#endif
```

AIRFAN.H

```
#ifndef _AIRFAN_H
#define _AIRFAN_H

#include <STC15Fxxxx.H>

#define CYCLE 0x7fffl

#define BIT0 (1<<0)
#define BIT1 (1<<1)
#define BIT2 (1<<2)
#define BIT3 (1<<3)
```

```
#define BIT4 (1<<4)
#define BIT5 (1<<5)
#define BIT6 (1<<6)
#define BIT7 (1<<7)

sbit AirFan_IO = P2^2;
void AirFan_Init(void);
void AirFan_SetSpeed(unsigned char speed);
void AirFan_Start(void);
void AirFan_Stop(void);

#endif
```

AIRFAN.C

```
#include "AirFan.h"
unsigned char curr_s=0;
//风扇初始化，输出 PWM
void AirFan_Init(void)
{
    P_SW2 |=   BIT7;
    PWMCKS = 0;
    PWMCFG = 0;
    PWMC = CYCLE;                          //设置周期
    AirFan_IO = 0;
    PWM4CR = 0;
    PWM4T1 = 0;
    PWM4T2 = CYCLE * 50/100;               //设置占空比
    PWMCR = BIT2;
    PWMCR |= ENPWM;
    P_SW2 &= ~BIT7;
    AirFan_SetSpeed(0);                    //设置速度为 0
    curr_s = 0;
}

void AirFan_SetSpeed(unsigned char speed)
{
    curr_s = speed;
    if(speed){
        P_SW2 |= BIT7;
        PWM4T2=(u16)(CYCLE/(100.0/speed));
        P_SW2 &= ~BIT7;
        PWMCR |= BIT2;

    }else{
```

```
            PWMCR &= ~BIT2;
            AirFan_IO = 0;
        }
}
//启动
void AirFan_Start(void)
{
        if(curr_s){
            P_SW2 |= BIT7;
            PWM4T2=(u16)(CYCLE/(100.0/curr_s));
            P_SW2 &= ~BIT7;
            PWMCR |= BIT2;
        }
else{
            PWMCR &= ~BIT2;
            AirFan_IO = 0;
        }
}
//停止
void AirFan_Stop(void)
{
        PWMCR &= ~BIT2;
        AirFan_IO = 0;
}

IR_RECEIVE.C
#include "IR_Receive.h"
#include "uart.h"

unsigned char IR_Delay_Receive_GetData(unsigned char *mydata)
{
        unsigned char k,i,j;
        unsigned char CodeTemp;
        unsigned char Ir_Buf[4];
        while(Ir_Pin);
    for(k=0;k<9;k++){
            Delay900us();
            if (Ir_Pin==1){                    //如果 0.9ms 后 Ir_Pin=1，说明不是引导码
                k=10;                          //如果持续了 10×0.9ms=9ms 的低电平，说明是引导码
                return 0;
            }
        }
        while(!Ir_Pin);
        Delay900us();                          //跳过持续 4.5ms 的高电平
        while(Ir_Pin);
```

```
    for(i=0;i<4;i++){                          //分别读取 4 字节
        CodeTemp=0;
        for(j=0;j<8;j++){                      //每字节 8bit 的判断
            while(Ir_Pin==0);                  //等待上升沿
            Delay900us();                      //从上升沿那一时刻开始延时 0.9ms，再判断 Ir_Pin
            if(Ir_Pin==1){                     //如果 Ir_Pin 是"1"，则向右移入一位"1"
                if(j<8) CodeTemp=CodeTemp>>1;
                CodeTemp |= 0x80;
                while(Ir_Pin);
            }
            else if(j<8)
                CodeTemp=CodeTemp>>1; //如果 Ir_Pin 是"0"，则向右移一位，自动补"0"
        }
        Ir_Buf[i]=CodeTemp;
    }
    if(Ir_Buf[2]==~Ir_Buf[3]){                 //验证解码是否正确
        for(i=0;i<4;i++){
            mydata[i]=Ir_Buf[i];
        }
        return 1;
    }
    else
        return 0;
}
```

MAIN.C

```
#include <STC15Fxxxx.H>
#include "Delay.h"
#include "uart.h"
#include "IR_Receive.h"
#include "LCD1602.h"
#include "AirFan.h"

unsigned char ir_buf[4];                        //用于保存解码结果
unsigned char limit_up=30,limit_dw=20;
unsigned char run_flag=1;
unsigned char speed=0;
void main()
{
    unsigned char rec_flag=0,i=0;
    P5M0 = 0;P5M1 = 0;
    P0M0 = 0;P0M1 = 0;
    P1M0 = 0;P1M1 = 0;
    P2M0 = 0;P2M1 = 0;
    UART1_Init();
    LCD1602_Init();
```

```
AirFan_Init();

LCD1602_ClearLine(0);LCD1602_ClearLine(1);
LCD1602_DisplayString(0,0,"Up:    C  Dw:    C");
LCD1602_DisplayString(1,0,"STA:       Sp:    ");
LCD1602_WriteNum(0,2,limit_up);
LCD1602_WriteNum(0,11,limit_dw);
LCD1602_WriteNum(1,12,speed);
LCD1602_DisplayString(1,4,"run ");
while(1){
    Delay_Nms(100);
    while(!Ir_Pin);          //为低电平时为未接收到数据，需要等待
    rec_flag = IR_Delay_Receive_GetData(ir_buf);    //接收数据，为1表明接收成功
    if(rec_flag){                                   //接收成功后做出反应
        rec_flag = 0;
        if(ir_buf[0]==0 && ir_buf[1]==0xff){         //校验
            switch(ir_buf[2]){
                case 0x45:                            //温度上限减1
                    limit_up--;
                    LCD1602_WriteNum(0,2,limit_up);
                break;
                case 0x46:                            //温度上限加1
                    limit_up++;
                    LCD1602_WriteNum(0,2,limit_up);
                break;
                case 0x44:          //温度下限减1
                    limit_dw--;
                    LCD1602_WriteNum(0,11,limit_dw);
                break;
                case 0x40:          //温度下限加1
                    limit_dw++;
                    LCD1602_WriteNum(0,11,limit_dw);
                break;
                case 0x43:          //暂停、启动
                    if(run_flag){
                        LCD1602_DisplayString(1,4,"stop");
                        AirFan_SetSpeed(0);
                        run_flag = 0;  //run_flag为0表示当前为暂停状态,为1运行
                    }
                    else {
                        LCD1602_DisplayString(1,4,"run ");
                        AirFan_SetSpeed(speed);
                        run_flag = 1;  //run_flag为0表示当前为暂停状态,为1运行
                    }
```

```
                    break;
                    case 0x15:              //风速加 10
                        if(speed<99)    speed = speed+10;
                        LCD1602_DisplayString(1,12,"    ");
                        LCD1602_WriteNum(1,12,speed);
                        if(run_flag)AirFan_SetSpeed(speed);
                    break;
                    case 0x07:              //风速减 10
                        if(speed>9)     speed = speed-10;
                        LCD1602_DisplayString(1,12,"    ");
                        LCD1602_WriteNum(1,12,speed);
                        if(run_flag)        AirFan_SetSpeed(speed);
                    break;
                    default:break;
                }
            }
        }
    }
}
```

14.3 智能车库门的设计与实现

本实验内容涉及单片机应用、PWM 控制、直流电机控制、数据显示、红外遥控编解码、蓝牙串口通信、传感器检测技术、系统调试技术、焊接技术等相关知识和方法。

14.3.1 项目功能要求

根据所学知识，设计实现基于 C51 单片机的智能车库门控制系统。系统设计内容包括基础层、提高层和创新层。

（1）基础层（必做）：实现对车库门运行状态的基本控制。

① 设计并焊接实现按键控制车库门的开启与关闭，同时点亮开关指示灯。开启过程经过慢速、加速、减速和停止四个状态，关闭过程状态相同。

② 设计并焊接实现使用 LCD、数码管、点阵等显示器件显示车库门的运行状态，请自行定义要显示的内容，如门的开启和关闭状态、开启和关闭时长等。

（2）提高层（二选一）：实现对车库门运行状态的远程遥控。

① 利用装配蓝牙无线模块的手机或计算机实现无线数据传输，控制车库门的开启与关闭状态。

② 基于具有多种编码格式的红外遥控器，设计解码算法，实现红外遥控车库门的开启与关闭功能。

（3）创新层（选做）：利用多种传感器件设计实现车库门的智能控制。

① 基于重力传感器检测车辆出入情况，实现车库门的自动控制。

② 基于红外线传感器检测车辆的出入情况，实现车库门的自动控制。

③ 可自行补充实现其他功能，如增设密码、车牌识别等。

14.3.2　项目设计方案

实验系统采用 IAP15W4K58S4 单片机作为整个控制系统电路的核心部件，需要设计 5 个功能模块：电源模块、控制模块、显示模块、直流电机驱动模块、选做的远程控制模块。系统设计框图如图 14.3.1 所示。

电源模块将市电转换成直流+5V 电源，给整个系统供电，或选择安装电池盒供电。显示模块监测直流电机的运行模式，显示器件可以选用 LCD1602、数码管或点阵。直流电机驱动模块可选择三极管构成的 H 桥驱动电路，或选择电机驱动专用芯片 L298N、L9110 等。在设计使用按键控制的基础上，可以选用红外遥控或蓝牙串口控制，其中红外遥控可选择 NEC、RC5 等多种编码格式，蓝牙可选择 PC 或带蓝牙功能的手机。利用控制器控制单片机发出不同的 PWM 波，控制电机的多种运行模式。引入重力传感器、红外传感器，检测车辆的出入状态，或自行设计其他功能，如设置密码、车牌识别等。

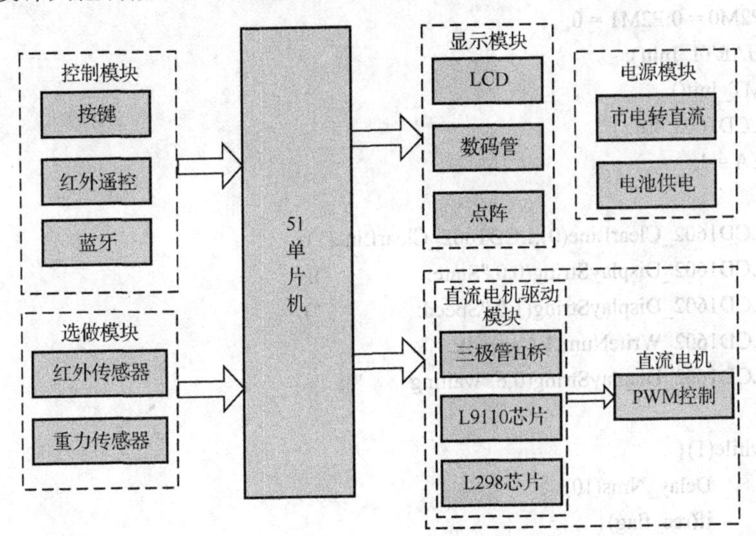

图 14.3.1　系统设计框图

14.3.3　部分功能程序设计

本实验为蓝牙遥控设置车库门的运行状态，包括开启与关闭，同时点亮开关指示灯，开启过程经过慢速、加速、减速和停止四个状态，关闭过程状态相同，通过 LCD1602 显示出状态。

MAIN.C

```
#include <STC15Fxxxx.H>
#include "Delay.h"
#include "uart.h"
#include "LCD1602.h"
#include "motor.h"
```

```
sbit LED_OPEN = P2^7;
sbit LED_CLOSE = P2^6;

unsigned char recData[32],recIdx=0;
unsigned char speed=0;
unsigned char rec_flag=0;
unsigned char sys_state;
unsigned char cnt=0;

void main()
{
    unsigned char i=0;
    P5M0 = 0;P5M1 = 0;
    P0M0 = 0;P0M1 = 0;
    P1M0 = 0;P1M1 = 0;
    P2M0 = 0;P2M1 = 0;
    UART1_Init();
    MT_Init();
    LCD1602_Init();
    EA = 1;

    LCD1602_ClearLine(0);LCD1602_ClearLine(1);
    LCD1602_DisplayString(0,0,"State:          ");
    LCD1602_DisplayString(1,0,"Speed:          ");
    LCD1602_WriteNum(1,6,speed);
    LCD1602_DisplayString(0,6,"waiting     ");

    while(1){
        Delay_Nms(10);
        if(rec_flag){
            rec_flag = 0;
            switch(recData[1]){
                case 'o'://开车库门
                    UART1_SendString("opening\n");
                    sys_state = 1;
                    MT_Start();
                    MT_Forward();
                    LCD1602_DisplayString(0,6,"opening     ");
                    LED_OPEN = 1;
                    LED_CLOSE = 0;
                break;
                case 'c':                          //关车库门，与开的方向相反
                    UART1_SendString("closing\n");
                    sys_state = 1;
                    MT_Start();
```

```
                MT_Backward();
                LCD1602_DisplayString(0,6,"closing        ");
                LED_OPEN = 0;
                LED_CLOSE = 1;
            break;
            default:break;
        }
    }

    switch(sys_state){
        case 0x00:
            LCD1602_DisplayString(0,6,"waiting        ");
            MT_SetSpeed(0);
            speed = 0;
            LED_OPEN = 0;
            LED_CLOSE = 0;
        break;
        case 0x01://加速
            if(cnt++>10){
                cnt = 0;
                if(speed<80)speed ++;          //最高速度为 80
                else sys_state = 3;            //加速阶段后进入匀速
                MT_SetSpeed(speed);

            }
        break;
        case 0x02:                             //减速
            if(cnt++>10){
                cnt = 0;
                if(speed>1)speed --;
                else sys_state = 0;            //减速阶段后停止
                MT_SetSpeed(speed);
            }
        break;
        case 0x03:                             //匀速
            if(cnt++>254)
            {                                  //匀速时间
                cnt = 0;
                sys_state = 2;          //匀速阶段后进入减速
            }
        break;
        default:break;
    }
    LCD1602_DisplayString(1,6,"        ");
    LCD1602_WriteNum(1,6,speed);
}
```

```
}

void Uart_Handler() interrupt 4
{
    static unsigned char bTemp;
    /* 串口接收 */
    if(RI)
    {
        RI = 0;                                //清除中断标志
        bTemp = SBUF;                          //读出数据
        recData[recIdx] = bTemp;
        if(recData[recIdx] == 'g')  recIdx = 0;
        else if(recData[recIdx]==0x0A && recIdx>1){
            if(recData[recIdx-1] == 0x0D)      //以接收到 0D 0A 为帧结束符
                rec_flag = 1;
        }
        recIdx ++;
        if(recIdx>32) recIdx = 0;
    }
    if (TI)
    {
        TI = 0;                                //清除 TI 位
    }
}
```

14.4 空气质量检测系统的设计与实现

本实验内容涉及单片机应用、数据显示、无线通信、传感器检测技术、系统调试技术、焊接技术等相关知识和方法。

14.4.1 项目功能要求

设计基于 IAP15W4K58S4 单片机的空气质量检测系统，实验内容分为三个层次：基础层、提高层和研究层。

（1）**基础层（必做）**：设计并焊接实现实时检测空气中的 PM2.5 值。

① 设计并焊接实现通过粉尘传感器检测空气中的 PM2.5 值并通过温、湿度传感器采集温、湿度值。

② 设计并焊机实现通过按键设定浓度报警值。

③ 设计并焊接实现使用 LCD 显示器件显示当前 PM2.5 空气质量值及温、湿度值。

（2）**提高层（可二选一）**：设计并焊接实现无线数据设置浓度报警值。

① 使用具有蓝牙模块的 PC 或手机，设计通过蓝牙实现无线数据传输，进而设置浓度报警值。

② 使用具有 WiFi 模块的 PC 或手机，设计通过 WiFi 实现无线数据传输，进而设置浓度

报警值。

③ 使用多种编码格式的红外遥控器，设计解码算法，实现红外遥控小车的各种运行状态。

（3）**创新层（选做）：**

① 将系统分为主从两块板，采用 NRF24L01 无线通信，从板负责温、湿度和 PM2.5 值的采集和无线发射，主板负责无线信号的接收显示和报警。

② 可自行补充其他功能。

14.4.2 项目设计方案

实验系统采用 IAP15W4K58S4 单片机作为整个控制系统电路的核心部件，需要设计 6 个功能模块：电源模块、控制模块、显示模块、报警模块、传感器检测模块和选做模块。具体实现方案如图 14.4.1 所示。

电源模块可将市电转换成直流+5V 电源给整个系统供电，或安装电池盒供电。显示模块显示当前检测值，显示器件可以选用 LCD1602、LCD12864。控制模块在使用按键设置报警值的基础上，可以选用蓝牙串口或 WiFi 对报警值进行设置。传感器检测模块选用粉尘传感器和温、湿度传感器检测当前空气值。选做模块可以使用 NRF24L01 实现主从板之间的无线通信。

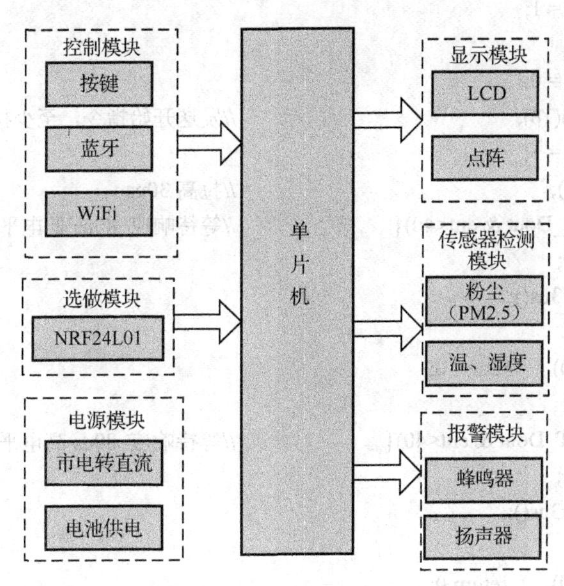

图 14.4.1 实施方案框图

14.4.3 部分功能程序设计

通过温、湿度传感器采集温、湿度值并通过 LCD1602 显示出当前温、湿度值。

```
DHT11.H
#ifndef _DHT11_H
#define _DHT11_H
```

```
#include <STC15Fxxxx.H>
sbit DHT_Dout = P1^6;
unsigned char DHT11_Init(void);
unsigned char DHT11_ReadByte(void);
void DHT11_GetTpmHumi(float *tpm,float *humidity);

#endif


DHT11.C
#include "DHT11.h"
#include "intrins.h"
#include "Delay.h"
/***********DHT11 初始化************/
unsigned char DHT11_Init(void)
{
    unsigned char cnt=0;
    P1M0 = 0;P1M1 = 0;
    P0M0 = 0;P0M1 = 0;                          //设置双向输入输出
    DHT_Dout = 1;
    Delay3us();
    DHT_Dout = 0;
    Delay_Nms(18);                              //发送开始指令，至少拉低 18ms
    DHT_Dout = 1;
    Delay30us();                                //拉高 30us
    while(DHT_Dout & cnt<40){                   //等待响应 80us 低电平
        cnt++;
        Delay3us();
    }
    if(cnt == 40)     return 0;
    cnt = 0;
    while(!DHT_Dout & cnt<40){                  //等待响应 80us 高电平
        cnt++;
        Delay3us();
    }
    if(cnt == 40)     return 0;
    else
        return 1;
}
/***********DHT11 读字节************/
unsigned char DHT11_ReadByte(void)
{
    unsigned char dat=0,i=0,cnt;
    for(i = 0;i < 8;i++){
        dat <<= 1;                      //高位在前，低位在后
        cnt = 0;
```

```
            while(DHT_Dout);
            while(!DHT_Dout);                    //等待低电平结束
            Delay50us();                         //延时 50us
            dat |= DHT_Dout;                     //接收数据，因为 0 电平 26-28us，1 电平 116-118us
            cnt = 0;
        }
        return dat;
}
/***********DHT11 获得温度湿度************/
void DHT11_GetTpmHumi(float *tpm,float *humidity)
{
        unsigned char buf[6],idx;
        buf[5] = 0;
        while(!DHT11_Init());                    //发送数据请求指令
        buf[0] = DHT11_ReadByte();               //开始传送数据
        buf[1] = DHT11_ReadByte();               //前两位为湿度
        buf[2] = DHT11_ReadByte();
        buf[3] = DHT11_ReadByte();               //后两位为温度
        buf[4] = DHT11_ReadByte();               //最后位为校验和
        DHT_Dout = 0;

        buf[5] = buf[0]+buf[1]+buf[2]+buf[3];
        Delay50us();
        *tpm = 0;*humidity = 0;
        if(buf[5] == buf[4]){                    //校验和，然后进行数据转换
            *tpm = ((float)buf[3]) * 1.0 / 256.0;
            *tpm += buf[2];
            *humidity = ((float)buf[1]) * 1.0 /256.0;
            *humidity +=      buf[0];
        }
}
```

MAIN.C

```
#include <STC15Fxxxx.H>
#include "Delay.h"
#include "DHT11.h"
#include "LCD12864.h"

unsigned char code display1[] = {"大连理工大学"};

void main()
{
        unsigned char i=0;
        float tpm,humidity;
        P0M1 = 0; P0M0 = 0;                      //设置为准双向口
```

```
    P1M1 = 0; P1M0 = 0;                     //设置为准双向口
    P2M1 = 0; P2M0 = 0;                     //设置为准双向口
    Delay_Nms(100);                          //启动等待，等 LCD 进入工作状态
    LCD12864_Init();                         //LCD 初始化
    LCD12864_Clear();
    LCD12864_DisplayString(1,1,display1);
    while(!DHT11_Init());                    //初始化 DHT11

    while(1){
        Delay_200ms();
        DHT11_GetTpmHumi(&tpm,&humidity);            //DHT11 获取温湿度值
        LCD12864_DisplayString(0,2,"温度为：  C");
        LCD12864_DisplayNum(3,2,(unsigned char)tpm);
        LCD12864_DisplayString(0,3,"湿度为：  %");
        LCD12864_DisplayNum(3,3,(unsigned char)humidity);
    }
}
```

参考文献

[1] 宏晶科技. STC15 系列单片机技术手册. 2015. http://www.stcmcu.com/.

[2] Keil. C51 Compiler User's Guide. Keil Elektronik GmbH. And Keil Software, Inc. 2010.

[3] 徐爱钧. STC15 单片机 C 语言编程与应用：基于可在线仿真的 IAP15W4K58S4[M]. 北京：电子工业出版社，2016.

[4] 李友全. 51 单片机轻松入门（C 语言版）：基于 STC15W4K 系列[M]. 北京：北京航空航天大学出版社，2015.

[5] 徐爱钧. STC15 增强型 8051 单片机 C 语言编程与应用[M]. 北京：电子工业出版社，2014.

[6] 丁向荣. 嵌入式 C 语言程序设计：基于 STC15W4K32S4 系列单片机[M]. 北京：电子工业出版社，2014.

[7] 何宾. STC 单片机原理及应用[M]. 北京：清华大学出版社，2015.

[8] 郭天祥. 新概念 51 单片机 C 语言教程：入门、提高、开发、拓展全攻略[M]. 北京：电子工业出版社，2009.

[9] 朱兆优，姚永平. 单片微机原理及接口技术：基于 STC15W4K32S4 系列高性能 8051 单片机[M]. 北京：机械工业出版社，2015.

[10] DS18B20 手册. https://datasheets.maximintegrated.com/en/ds/DS18B20.pdf.

[11] DHT11 手册. https://cdn-shop.adafruit.com/datasheets/DHT11-chinese.pdf.

[12] HCSR04 手册. http://www.mouser.com/ds/2/813/HCSR04-1022824.pdf.

反侵权盗版声明